国际老龄科学研究院（NIIA）暖心策划
点亮幸福美好生活 · 创新设计系列丛书

点亮银发设计：100个国际创意案例

北京服装学院艺术设计学院
南开大学文学院艺术设计系　倾力打造
杨一帆　丁肇辰　吴立行　主　编

西南交通大学出版社
· 成 都 ·

内容提要

当前，我们正面临老龄化社会的严峻挑战，第七次全国人口普查结果显示全国老龄人口已达到2.64亿，这些老年人在生活和情感上都面临诸多待解决的问题。老年人在认知功能等各方面都与年轻人大相径庭，无法平等地获取信息和服务。此外，农村大量年轻人涌入城市，也迫使许多老年人独自生活，因缺少陪伴而更加孤独。医学技术的发展延长了人类的平均寿命，促使我们对于老龄生活的观念从过去的"讨生活"转换成"享生活"，并逐步思考如何为退休后的生活提供更好、更全面的设计方案与服务。

优秀的设计，不仅可以解决用户自身生活问题，甚至可以更好地解决社会、国际及全球问题。本书是一本国际创意案例集，也是一套注重运用设计语言和方法的资源库，点评了优秀健康设计案例，并且全面介绍了相关组织、企业与设计师等资源，旨在为从业人员提供灵感，为老龄化社会的到来出一份力。

图书在版编目（CIP）数据

点亮银发设计：100个国际创意案例 / 杨一帆，丁肇辰，吴立行主编. —成都：西南交通大学出版社，2021.8

ISBN 978-7-5643-8207-0

Ⅰ. ①点… Ⅱ. ①杨… ②丁… ③吴… Ⅲ. ①老年人－发型－设计－案例－世界 Ⅳ. ①TS974.21

中国版本图书馆CIP数据核字（2021）第165113号

点亮银发设计：100个国际创意案例

Dianliang Yinfa Sheji：100 Ge Guoji Chuangyi Anli

杨一帆　丁肇辰　吴立行　/主编

责任编辑/罗爱林

封面设计/陈奕冰

西南交通大学出版社出版发行

（四川省成都市金牛区二环路北一段111号西南交通大学创新大厦21楼　610031）

发行部电话：028-87600564　028-87600533

网址：http://www.xnjdcbs.com

印刷：四川玖艺呈现印刷有限公司

成品尺寸　210 mm×235 mm

印张　19.25　　字数　378千

版次　2021年8月第1版　　印次　2021年8月第1次

书号　ISBN 978-7-5643-8207-0

定价　128.00元

总序

为幸福城市“美好生活”而设计

人的幸福是由主观感受和客观福祉共同决定的，幸福城市是把规模经济效益同归属认同和社会价值结合起来，把城市安全和现代化功能品质放在更加突出的位置，拥有高质量城市生态系统、安全系统和市民家庭支持系统的现代都市形态。成都、杭州、珠海等一批最具幸福感城市的实践表明，市民乐天达观、市井烟火的幸福基因，浸润着多元文化、平等开放、包容友善的社会氛围，再加上让城市更健康、更安全、更宜居，建设高品质生活空间的制度安排和政策举措，就是当代幸福城市“美好生活”的中国表达。

幸福城市是由经济发展、人的全面发展、可持续发展三目标而均衡构建的。

前几年，有些地方走了“弯路”。比如，“面子”思维造成不计成本整治中心街区、主干道和重要出入口区域，却不把背街小巷视为“里子”；将大量资金用于形象改造、景观提升，却始终没管好淤塞的下水道、拥堵的十字路口；有烟火气的地方缺乏设计感和美学体验，而有设计感的场所又热衷于建地标、造“盆景”，忽略了市民住有所居、居有所安、商有所营的基本需求。幸福城市的规划设计应该把握多目标的平衡，做到无“盲点”，避免“噪点”，甚至有时候还要少“热点”，不追“网红”。

幸福城市是由不同人群相互创造需求，相互提供供给而平等构建的。

市民人人不同，却又人人“相同”。比如，有人生产服装鞋帽，有人供应油盐酱醋；你给我教书看病，我给你打扫卫生、清理垃圾。科学家、金融人士、教师、医生也要吃住行，也要有人为他们提供服务。所以，幸福城市既要有白领也要有蓝领，既要有大学生也要有农民工，既要有年轻人也要有老少，既要支持健全人也要帮助残疾人。幸福城市的服务设计应该包容和接纳所有人，做到有人性、有人文、有温情，发扬自立互助的城市精神。

幸福城市是以互联网信息化为时代背景，尊重保护人的数字权利而发展构建的。

数字鸿沟容易使一些人被社会边缘化，沦为数字时代的“无用一族”，引发数字贫困。数字时代的社会公平，要为每个人提供自主选择社会服务的机会和能力，而不是代替他们做选择。不仅要帮助有意愿的人包括老年人、残疾人加速联网，还要用改进创新的“传统”方法帮助暂时不愿或不能联网的人享受数字生活的便利，综合考虑儿童、老人、残障人等群体的需求，以全新的数字权利观引领城乡社区包容发展。幸福城市的技术设计，要倡导科技向善、技术利人，探索全龄友好包容的数字化技术标准和应用场景，建立终身学习型社会。

幸福城市是以民生民心为依循，依靠强有力的制度安排而稳定构建的。

关于幸福城市的定义，最朴素的逻辑是回答“什么样的城市是人们需要和喜欢的”，从民生福祉、社会治理到产业布局、经济发展，涵盖面非常广。但当前“闻老幼弱病残就色变”的现象仍然比较突出，一些地方没有意识到养老、托育、助残、家政等工作不仅是“只花钱”“能省则省”的福利事业，也是民生工程、民心工程，更是同招引人才、营商环境、稳定预期、提振消费等经济工作密切关联的基础性工作。幸福城市的制度设计应该以全力补齐民生短板为首要任务，稳定并强化公共财政、保障民生的刚性，解决好群众“急难愁盼”问题，以普惠可及提高幸福城市的温度和质感。

幸福城市是由一系列“幸福方略”的有机集成而系统构建的。

政府有相关部门，却不能让市民自己“找门”。比如，奔波在上下班路上的“打工人”，无法分辨拥堵不堪、糟糕的通勤到底应该找“交管”还是“规划”又或者“住建”；高龄独居的“空巢老人”，无法分辨合适的健康照护到底应该找养老机构还是医院又或者社区。所以，幸福城市的社会公共服务，零敲碎打调整不行，碎片化修补也不行，必须是全面系统的改革和改进，是各领域改革和改进的协同联动。幸福城市的治理设计应该着力在交叉领域凝练重点问题，改变“各炒一盘菜”“零敲碎打搞调整”“碎片化搞修补”的局面，切实提高部门间、层级间政策和行动的协调性、联动性，同时构建制度规范体系加以约束。

显然，幸福城市的最显著特性是“人民性”。

“人民性”必须落实到个体层面上来，以具体的个人作为基本的治理单元，发展面向个人的精准治理，以城市性来呈现“人民性”，以个人权利来发扬“城市性”，把更多善意与温暖体现在城市生活的每个场景、每个流程、每个细节中，努力让这座城市没有一个在局外的人、没有一个掉了队的人、没有一个受冷落的人、没有一个被遗弃的人。

怀着善意的思考与设计，总是能让人民生活变得更美好。看得到地标区域的灯火辉煌，听得见老旧街区的欢笑盈盈。如此设计而诞生的幸福城市，定是“盛民”之都。

杨一帆

西南交通大学教授，国际老龄科学研究院副院长

国际行政科学学会世界幸福城市治理研究中心拟任主任

四川师范大学中国幸福家庭建设研究中心联席主任

中国质量认证中心现代服务业评测中心康养服务首席专家

成都幸福美好生活十大工程首批市民观察员

美与设计是老龄社会中的巨大力量

人口老龄化不是一道摆在我们面前的选择题，而是一道全新的开放式命题，其所涉及的领域之宽广，纵然可以列举很多，但仍无法穷尽：适老龄化基础设施设计、改造和建设；年龄友好的就业与中老年劳动力发展；养老金和社会保障可持续；性别平等与生育养育；城乡平衡和乡村振兴；全龄包容和年龄数字鸿沟；医疗健康与照护服务；老年教育与终身学习；孤独感与心理健康；社会交往与社会贡献；公益慈善与社会企业；等等。公共部门、社会组织、企业和市场、家庭和个人都需要立足老龄社会的长期前景，更新理念、协调行动，不懈探索兼具社会效益、经济效益、文化效益和政治效益的产品创新、产业创新、公共政策和制度创新。而这一切如果用一个词来概括，那就是“银发设计”。

银发设计，尚没有一个标准的学术定义。它大概是指在老龄化背景之下，运用科技力量，以设计思维解决核心养老关切：应对老年人逐渐减退的生理机能和引起的一系列问题，为他们提供尽可能人道、尊严和温情的支持性服务。理想状态下，从老年人生活的各个场景出发，不难对能够为老年人独立生活提供基本支持的设计产品进行分类，涉及衣、食、住、用、行各个方面，从个人护理设计到公共交通和城市设计，林林总总，包罗万象。除此之外，还有对老年人群认知、情感/社交支持、照护及医疗等方面的产品和服务设计。显然，产品和服务层面的银发设计是多学科交叉的产物，不仅需要适应老年人的生活习惯，还要考虑各类社会文化因素，甚至还肩负着倡导老龄社会积极养老价值观的使命。好的银发设计一定是善良的，要能够帮助老年人更好地实现自我价值。

然而，在现实中，这些“美好的”银发设计却是严重短缺的。不仅青年设计师无法百分之百“感同身受”地理解老年人面临的种种不便和尴尬，就连城市基础设施和服务也大多基于年轻人、健康居民的需要，是年轻型社会搭建的产物。整个社会普遍存在着“年龄盲视”，甚至是“年龄歧视”。作为吸纳老年人口超过一半的城市，没有预先充分考虑到应对人口老龄社会、城市化迅速发展的特点和要求，造成老年人使用城市系统和社会服务时存在明显障碍。第四次中国城乡老年人生活状况抽样调查表明，58.7%的城乡老年人认为住房存在不适应老年人生存和发展的问题。在城市生活的老年人中，尚且有四成以上（44.7%）的老年人认为社区活动不便捷，超过六成（65.4%）的老年人认为社区设施不齐全，多数老年人（60.6%）认为社区服务不完善。城市尚且如此，更遑论农村。老年人对环境的敏感性、脆弱性和不适应性的程度，真实反映出当前城市设计、建筑设计、空间设计、服务设计、产品设计等难以满足老年人群日益增长的对美好生活的向往。

似乎每个人、每个城市都害怕变老。然而不只是人无法抵御“变老”，城市也是有“年龄”的。城市年龄，一方面是指这座城市的市民如何从日复一日、年复一年的经历中保留下来种种“获得”，进而凝聚升华成为一种城市记忆、一种文化反思和一系列的改变进步。另一方面也指在共同认知人口老龄化对社会经济文化深刻影响的基础之上，重塑新的城市形象、气质、个性和符号，并利用好这些促进城市寻找发展动力的过程。人口老龄化，对一个城市来说的确意味着年龄中位数的增长，但这并不等于城市就此进入了危险时刻。我们要把这一人口现象作为一笔城市思想与历史财富，推动未来城市在此基石之上，以新的价值认知、城市面貌、产业体系、基础设施、公共服务，构建一座新城市。而美好的艺术和设计是最能够吸纳、消化和反哺这一期望的路径。简单来说，要在经济创收和基础设施重建之外，把以文化艺术为工具路径的方式广泛运用到老龄社会的城市振兴之中。这就是“银色与青色互动”“继承与更新共进”的城市主题。

在城市空间环境和系统设计中，要深刻把握可持续发展治理趋势和借鉴联合国老年友好型城市社区的政策框架，提升城市服务系统为所有人而不是一部分人服务的能力，保证每个年龄段的人群获得公平可比的服务效益。要坚决反对年龄歧视和老年刻板印象，创建友善的老年人生活环境，从金融经济、信息技术、交通出行、人居环境、教育文化、就业创业等方面入手，促进相关规划、设施和监管发挥协同效应。要尊重和发挥老年人的主体性地位，鼓励广大老年人尽可能地融入社会，量力而行地积极参与社会经济，促进其物质和精神的全面发展，增强老龄社会的内在活力。要推动养老服务跨界合作，协调化解行业利益冲突，构筑养老金融、养老住宅、养老服务、养老产品、文化旅游、健康医疗相融通的产业价值链，积极创造养老价值。要注重在纪念广场、纪念馆/碑、博物馆、遗址遗迹、公共空间中，在纪念日、艺术节、音乐节、文创节、创新节中，在医院、养老院、学校、工业遗存等特殊设施中，通过创新设计融入年龄意识和美学感知，建立与老龄社会相适应的城市品质、商业伦理与基础设施。

当然，21世纪的人口老龄化更是与数字时代并存的非凡的老龄化。数字赋能的本质是整合多种生产要素协同共创服务价值的机制再造，要利用数字化技术提升老龄社会现代服务的治理效能，以现代科学技术特别是信息网络技术为主要支撑，建立新的商业模式、服务方式和管理方法。这既包括随着技术发展而产生的新兴服务业态，也包括运用现代技术对传统服务业的提升。信息技术和现代化管理理念深刻地改变了服务行业生产组织形式和服务传递方式，衍生出许多具有跨界性、综合性、混业性的新经济、新服务。借助互联网平台，这些跨界融合的产品或服务交易体系放大为无边界的非现场市场交易场景。面向老龄社会的服务和产品设计，要改变过去“人围着服务转”的模式，系统性地衡量对老年人来说重要的养老效果，精准计量养老服务全程中为确保效果而产生的必要成本，持续追踪服务对不同老年群体的效果和收益，细分老年群体的功能补偿，量身定制精准干预措施，大幅度改善针对老年群体的服务效果。

本书的更早版本是我和国际老龄科学研究院第一批学生共同完成的课堂作业《点亮银发社会的100个创意》（该书已于2017年10月由西南交通大学出版社出版）。尔后，幸蒙北京服装学院丁肇辰教授看重，邀我加入他从2017年开始每年举办一届的“设计马拉松”。设计马拉松致力于推动企业与学术共赢，快速集结行业师生与专家，一起动脑动手为企业与机构棘手的设计问题找到解答，也为输出企业需要的设计人才提供有效渠道。2019年，我们联合举办的设计马拉松以“青银共创未来”为题，让跨代银发老年人与青年学生共同参与设计挑战，集结了全球60多所高校、15位跨界导师、200多位学员，产出了数十个具有商业价值的创新适老设计方案，深化了对“年龄价值”的理解，促使更多人知晓“健康老龄化”。这期间诞生了很多温暖、精巧的设计案例，不但以“青银共创美好社区”为主题，集体亮相2019成都设计周主展馆，此次也被编入本书。

一本好书的诞生，除了善良的初衷、前瞻的视野、丰裕的内容、精美的装帧，还离不开相关机构的协同，更离不开周密的组织资源。在此，我要特别感谢北京服装学院丁肇辰教授及其团队，正是缘于他们高度的敬业专业和倾力奉献，才促成了本书的高质量出版。也要感谢西南交通大学文科建设处和出版社领导及同仁的支持，特别是黄庆斌分社长和祁素玲编辑为出版所做的大量烦琐细致的工作。本书也得到2019年中央高校基本业务费重点团队项目和国家社会科学基金项目“全球应对老龄化治理与构建年龄友好城市研究”（18BZZ044）的经费支持，在此一并致谢。

在国际老龄科学研究院建院的第六个年头，我越来越坚信，“让老年人拥有幸福的晚年，后来人就有可期的未来”，正是美与设计在老龄社会的终极追求和根本宗旨。唯有努力创造出更多更美更有人性光辉的产品设计、服务设计、制度和治理设计，切实保障老年人获得有健康、有尊严、有活力、有质量的老年期生活，点亮每一个人在晚年的银发生命价值，才能不断增强全体人民的幸福感、获得感和安全感，把积极应对人口老龄化行动及其影响，源源不断地转化为国家保持稳定发展、形成可持续竞争力的有利因素和不竭动力，从而实现中华民族伟大复兴中国梦，实现亿万人民健康长寿的幸福梦。

杨一帆
西南交通大学教授，国际老龄科学研究院副院长
国际行政科学学会世界幸福城市治理研究中心拟任主任
四川师范大学中国幸福家庭建设研究中心联席主任
中国质量认证中心现代服务业评测中心康养服务首席专家
成都幸福美好生活十大工程首批市民观察员

老龄化社会来了而设计产业正在其风口上

依据 WHO（世界卫生组织）的统计，到 2030 年 60 岁及以上人口的数量将增长 56%，增加至 14 亿。到 2050 年，全球老年人口将增加一倍多，达到 21 亿。人口老龄化是一个不可逆的事实，我们所面临的老龄化社会的挑战已经开始。

各国纷纷制定相关对策迎来老龄化社会的设计

人口老龄化引起世界关注，纷纷提出相关对策。联合国推动“国家永续发展指标”，直接指向超高龄社会发展规划和设计基础设施、重新制定能源政策、引入资本等，并避免人口老龄化带来的社会发展弊端；欧盟提出“活跃老龄化指数”，从就业、社会参与、独立健康及安全的生活、活跃老龄化能力及有利环境五方面衡量老年人口在各领域活跃的情况，为评估社会制度和政策的适老龄化程度提供依据；世界卫生组织主导“2020—2030 年的老龄化行动十年”，将以老年人为行动主体，联合世界各国政府、民间社会、国际机构、学术界、媒体等，为改善老年人及其家庭以及所在社区的生活而努力。

包容性社会下的老龄化设计对我们有非常多机会

关于老龄化设计相关的研究，经过多年的努力已有多项成果，其中跨代设计（Transgenerational Design）、包容性设计（Inclusive Design）、通用设计（Universal Design）的设计理论和体系较为完善。学术机构和行业正积极研发出兼顾功能优越和符合用户心理的成功产品，并明确了老龄化产品更应该把其心理需求、个性、风格和情趣放在首位的设计原则。

以我国台湾地区的老龄化设计为例，中国台湾新北市的银光未来馆（Next Aging Lab）是由政府牵头的老龄化设计机构。坐落在社区里的银光未来馆被打造为银发产业的生活实验室，通过不同的设计工作坊，努力让年轻人和老年人一起参与到设计实践中，鼓励老年人和青年设计师探索银发设计的边界。现已成为中国台湾引领银发产业的重要实践基地，以及设计经验交流和老龄产业创意孵化器。

过去几年内我们所做的教学实践与课题研究

身为国内引领老龄化政策与设计研究的高等院校，西南交通大学与北京服装学院在过去两年来成果卓著，分别在教学实践、课题研究、展览展示方面有着具体且显著的成果。

在教学实践方面，连续两年举办大型国际设计工作坊——设计马拉松。2018年的主题为“设计良好银发互联网用户体验”，目的在于探索更优质的银发互联网用户体验。活动历时 45天，共 150 多名中外学生参与，围绕网站使用、社交软件和智能设备等的体验感不足，涉及生活、娱乐、健康、环境、幸福感等课题。2019 年的主题为“青银共创未来”，跨代银发老年人与青年学生共同参与设计挑战。活动历时60天，共15名跨界导师，260名中外学生参与，涉及老年人饮食、老年新闻、社区公共服务系统、音乐产品设计、银发艺术生活、隔代教养服务设计、AI伴侣、乐龄游戏、银发网红等课题。

在课题研究方面，2019年的“时光鸡”为一款基于智能语音交互系统的音乐播放APP。此产品基于物理怀旧疗法疗程而设计，原理是利用音乐和图片等怀旧信息，刺激患者衰老的脑神经。该产品基于百度DuerOS 系统进行开发，通过语音交互，主动提供怀旧音乐库，并识别和记录患者的情绪，形成个性化歌单，达到智能机器实现高频率怀旧治疗的目的。

在展览展示方面，2019年有幸受第六届成都设计周的邀请，设计马拉松作为重点创意设计单位参与到“青银共创未来”主题展览。本次“青银共创未来”主题展区将集合来自中国、意大利、澳大利亚、韩国4个国家的60所高校，其中设计马拉松展出的设计作品包含失智老年人怀旧疗法、银发艺术生活、银幸农场、老年人音乐产品服务系统设计、老年人技能商店、健康辅助睡眠台灯、智慧厨房服务餐具、智能健康云系统等，涵盖了产品设计、交互设计、公共空间设计、社区服务设计等多元设计领域。

这是个属于“全民”的未来社会，让老年人拥有属于他们的优秀设计产品

“设计一个健康愉悦的晚年生活”，这不仅是未来大家的期望，也是全社会的期望。未来社会的发展，理应不受年龄的限制而呈现出“无龄化”与“全民”的友善环境与氛围。国家、社会、组织、个人都应该重视这个“全民”社会的设计需求，让这个社会的任何一个人都能拥有属于他们的优秀设计产品，打造无年龄化的友好居住环境和生活环境，以确保社会长治久安。

丁肇辰

北京服装学院教授、博导

北京服装学院新媒体系主任

意大利米兰理工大学全球学者

序三

当我们年老的时候，希望能够过上什么样的生活

近几年来，对于“银发族群”的“设计”探讨与实践，开始受到越来越多的来自政界、社会、学术界、设计界和产业界人士的重视。虽然许多人都将其归为，是对即将来袭的超高龄社会（super aged society）所可能形成的各种难题的担忧，才终于促成了人们开始积极地试图借助设计的力量以寻求解决之道。但我却更愿意相信，对“银发族群”的关注，更多的还是来自人性的进步，以及设计学教育中，一个极为重要的价值的启蒙：那就是对“以人为本”理念的倡导。无论动机究竟是源自事到临头的“被动”寻求解决方案，还是“主动”关怀以达成一个更接近“至善”的世界的愿望，在我看来，都是属于人类的幸福。

严格来说，所有的“设计”似乎都包含跨学科的成分，“银发设计”当然也不例外。特别是近一百年来，人类寿命的增长远多于过去任何时期，这令政府、学校、健康照护系统，甚至全社会对“老化”的想法等，在面对这股前所未有的银发浪潮下，都还来不及为高龄环境的到来做好相应的准备。因此，一贯强调“观察需求”“提出解决方案”的创新设计领域，就更需要细究“银发设计”的价值核心，并且重新审视社会对“银发族群”的关注是否能够与时俱进。同时，也就更有必要进一步认真考虑如何才能将设计创新、产业创新、政策与制度创新等几个不同的层面相结合。

“银发设计”并非只是片面地将老年人视为“被照顾者”，然后为之进行设计、生产，如此浅表。它更应当是一种我们可能有所意识，但是尚未成形的当代 “养老文化”的构建和机制的完善，其中包含但不限于：致力于使老年人活得快乐又有尊严；认同和鼓励老年生活的多元性；思考世代之间如何相处、共同面对，以实现“代际共融”（Intergenerational Communion）；达成健康老化（Healthy AAging）、活跃老化（Active Aging）、生产老化（Productive Aging）的愿景等。所以，如果要为“银发设计”划定范围，那么，我认为凡是为了达到此目的的任何设计思考和设计实践，应当都可以被“银发设计”所接纳。

为了便于向读者展示“银发设计”的可能性和前瞻性，也为了尽可能帮助读者在脑海中勾勒出“银发设计”的轮廓，因此，在有限的篇幅和时间下，本书将选定的案例根据一般大众所熟知的几种类型进行分类。虽然，在不同的类别中，也会发现有相互兼容的情况。这一方面体现了设计分类方式的局限性，另一方面则也在一定程度上，体现了“银发设计”的多元性，以及意图通过跨媒介联动，寻求改善某种特定情况或同时解决多个问题的设计趋势。本着希望能够以不同的观点和侧重，帮助我们对某一具体的“银发设计”产品或项目所应该具备的条件和品质进行多角度的思考，故此，本书所邀请的点评专家，虽然每一位在自身的领域中都有着卓越不凡的成就和学识，但并不全然都是与“银发设计”有关的学者。相信这将更有助我们在对“银发族群”的关注和设计创新道路上突破盲点，日臻全面和完善。

承蒙北京服装学院丁肇辰教授、西南交通大学国际老龄科学研究院副院长杨一帆教授的看重，邀请我共同参与此书的编撰工作。参与编撰此书的初衷，是期望在新冠肺炎疫情期间居家不外出的情况下，还能够为社会的美好尽一份微薄的心力。在整个编撰过程中，除了令我自身受益匪浅之外，我对两位教授的情怀和专业、严谨的工作态度亦由衷的感佩。衷心的盼望通过此书，能够触发越来越多的朋友们参与到这一“善”的志业中来。

吴立行

南开大学文学院艺术设计系视觉传达设计专业主任

■ 大约50%的70岁及以上人群正在从事或从事志愿者活动。据庆应义塾大学运动医学研究中心健康管理研究副教授小田裕子说，运动能力与更高的认知能力有关。

日本《老龄化社会年度报告》

■《2020—2030 年健康老龄化行动十年》由世界卫生组织主导，将汇集各国政府、民间社会、国际机构、专业人员、学术界、媒体和私营部门，旨在改善老年人及其家庭所在社区的生活。

世界卫生组织《2020—2030 年健康老龄化行动十年》

■ 如果人们能身体健康地度过这些额外的岁月，那么他们做自己认为有价值的事情的能力将与年轻人没有什么不同。但如果这些额外的岁月主要都处于健康欠佳状态，则会对老年人和社会产生更加负面的影响。

世界卫生组织《2020—2030 年健康老龄化行动十年》

健康老龄化行动的十年价值：

协调各项行动和投资以改善老年人与家庭和社区间的生活；

为老龄化和健康方面的利益相关者提供由国家驱动的行动计划；

帮助各国到2030年实现对老年人有意义的承诺；

就各种健康老龄化问题提供并分享区域和全球观点；

提供一个多利益相关方平台并促进通过合作；

共同实现比任何组织或机构单独所能实现的更多的目标。

世界卫生组织《2020—2030 年健康老龄化行动十年》

■ 人口老龄化正在影响社会的各个方面，健康老龄化贯穿整个生命过程，并且与每个人都息息相关。公共健康系统应当以“健康老龄化”的概念为基础，又不止于简单的卫生系统。

世界卫生组织《2020—2030 年健康老龄化行动十年》

■ 身体功能取决于一个人的内在能力（即人的所有身体和心理能力的组合）、生活的环境（基于最广泛意义上的理解，包括实体、社会和政策环境）及其相互之间的互动。

世界卫生组织《2020—2030 年健康老龄化行动十年》

■ 有证据表明，护理老年人的成本可能并不高。相反，老年人将提供巨大的经济和社会效益，尤其是在他们健康和活跃的时候。即使是能力衰退的人，支持性环境也能确保他们有尊严地生活并继续个人发展。

世界卫生组织《2020—2030 年健康老龄化行动十年》

■ 增进健康，提高技能和知识，改善社会连通性，加强个人和财务安全，保证个人尊严。让众多民间社会团体、社区和私立部门参与政策和规划的设计与实施。为所有年龄的人创造一个共同的世界。

世界卫生组织《2020—2030 年健康老龄化行动十年》

■ 促进健康老龄化的技术、科学、医学（包括新疗法）、辅助技术和数字创新。有系统地建立和扩大关于健康老龄化的代际声音，并与老年人建立创新的伙伴关系。

世界卫生组织《2020—2030 年健康老龄化行动十年》

目 录

银发服务设计 Service Design

银发产品设计　Product Design

银发数字设计 Application Design

银发环境设计 Environment Design

资 源 Resources

致　谢　Acknowledge

银发服务设计
Service Design

S1 运动障碍综合征挑战 / Locomo Challenge

用运动测试唤起公众的健康意识

类别：广告设计，服务设计

年度：2018

地区：日本东京

作者：博报堂（HAKUHODO INC.）

标签：老龄化、运动机能、运动障碍综合征、骨科、日本

这是一个关于运动障碍综合征（Locomotive Syndrome）的诊断行动，通过简易的座椅起身动作测试，让测试者与大众对运动障碍综合征有较清晰的理解，并且及早采取治疗措施。运动障碍综合征简称Locomo，是由日本骨科学会在2007年提出的老龄族群常见病症，指的是人体骨骼、肌肉、关节、神经等运动器官因衰弱而造成站立、行走等动作困难，造成脚步不稳、跌倒受伤、卧床不起等情况。该病症给医疗体系带来极大压力，同时也给家庭带来诸多困难。

日本是世界上发展最快的老龄化社会之一，众多老年人因为Locomo常年卧床不起，无法行走。日本骨科协会希望向社会提出Locomo的问题，采取措施并提高公众认识。该诊断行动相当简单，被诊断者只需要双手合十于胸前坐在椅子上，然后用一只腿的力量从椅子上站起来，通过此测试判断被诊断者是否有潜在的运动障碍综合征危机。该测试是日本社会提供的一种全新医疗保健概念，在实施期间通过媒体宣传获得超过10亿次关注，尤其是对于70岁处于运动障碍高风险的女性族群，同时提升了相关产品和服务的市场销售。

专家点评：

健康是科学，但健康科学的研究结论应该与广阔的生活领域沟通，或者说要嵌入生活场景，才能让广大的普通人群受益，也是逐步清退“伪科学”的一种可行方式。今后希望可以有更多这样的保健概念。

——西南交通大学　张雪永

LOCOMO
Need care!
0
20
40
60
80
100
Too late

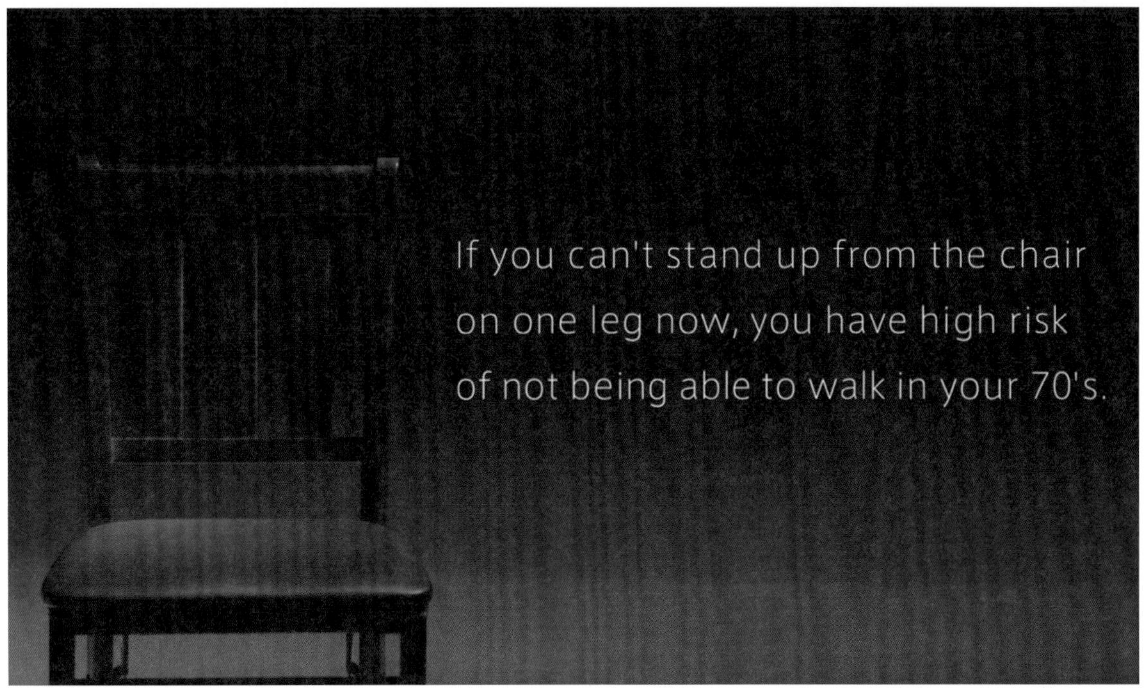
If you can't stand up from the chair
on one leg now, you have high risk
of not being able to walk in your 70's.

Loco Training

Loco Training 1 One-leg stands for improving your balance

Do three times a day, one minute for each leg

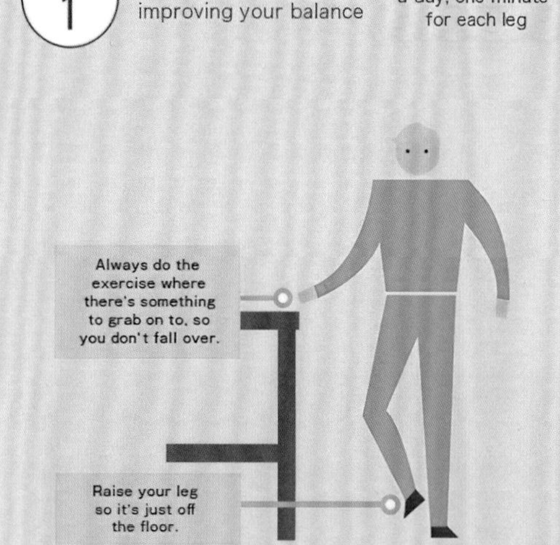

Always do the exercise where there's something to grab on to, so you don't fall over.
Raise your leg so it's just off the floor.

Loco Training 2 Squats for strengthening your leg muscles

Daily target:
Repeat 5-6 times at deep breath pace, 3 times a day

1.

Stand with your legs slightly further apart than the width of your shoulders.
Angle your feet toutward 30 degrees.

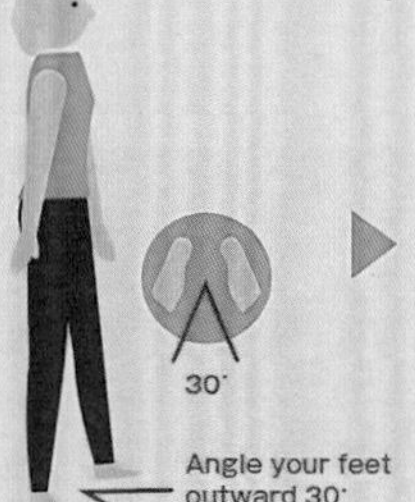

2.

Lower your body while pushing your buttocks back. Ensure your knees don't extend beyond the tips of your toes, and keep them pointed in the direction of your second toe.

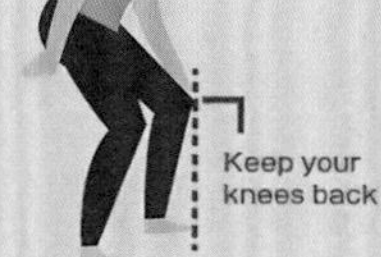

Keep your knees back

If you cannot squat:

If unable to do squats, sit on a chair with your hands on the table and repeatedly stand up and sit down.

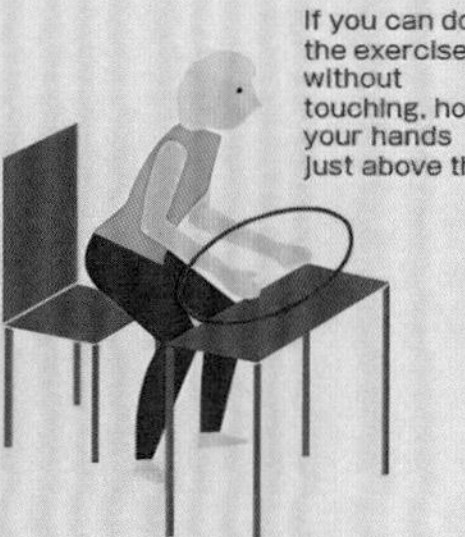

If you can do the exercise without touching, hold your hands just above the

S2 送药到家 / Medicine Delivery to Home
个性化慢性处方配药方案

类别：服务设计、信息设计、产品设计

年度：2010

地区：中国台湾

作者：iHealth政昇药局

标签：用药、送药到家、居家养老、互联网、中国台湾

这是中国台湾第一家通过网络上传慢性处方笺，提供药师送药到家服务的药局。面对即将来临的深度老龄化问题，老年人的实际生活需求也应受到重视，使用送药到家不仅能让药师把药物送到家中，也会主动提醒民众领药时间。该送药到家服务采取了较为贴心的人性化配药服务，用独立小包装将每天各个时间段要吃的药都包装好，标注患者姓名、服药时间、药品种类等信息。患者即使出门在外也只需要带齐当天要吃的药袋，然后按照医嘱服用即可。

此外，药师会帮助病人了解自己的病情和用药关系，帮助病人用最有效的方式提升健康。药师送药到家不仅便利了民众的生活，同时也建立了更健康平等的医疗环境。

专家点评：

写这个点评的时候正值疫情期间，许多医院门诊关闭，不少地区相应推出类似的互联网配药服务，解决慢性病患者的困扰。事实证明了互联网配药的有效性和必要性。这种人性化的独立小包装更加安全、贴心，值得在成本可控的前提下推广。

——中国质量认证中心　吴旭静

预约好简单
LINE
手机
网站
传真

医师
药师
每月到家
社工师
慢性病
管理
护理师
复健师
营养师
药师在这边可以扮演更积极的角色

LINE
手机
传真
电脑
iHealth
① 传送处方笺
② 药师亲自送药品
③ 到家解说用药

S3 NHK回忆图书馆 / NHK Reminiscence Library
失智症老年人的康复治疗方法

类别：服务设计、交互设计

年度：2019

地区：日本东京

作者：日本广播公司（NHK）、脑公司（Brain corporation）

标签：NHK、怀旧疗法、阿尔茨海默病、VR、日本

引自：GOOD DESIGN AWARD 2019

这是一种用于阿尔茨海默病患者的非药物康复治疗方法。身患阿尔茨海默病的老年人难以记住近期发生的事情，但是往往保留着对久远往事的记忆。因此，回忆过去的事物对于激活老年人的大脑功能是很有效的。通过怀旧物件和图像回忆的方法练习可激活大脑并稳定情绪，持续的练习过程可预防失智症状态恶化并改善老年人抑郁状况。此怀旧治疗法也可以当作预防老年人罹患失智症的预防措施。

日本电视台“NHK回忆图书馆”节目汇集了过去的电视片段，通过回放历史新闻与旧节目，让老年人可以轻松地通过电视进行怀旧治疗，或者帮助护理人员对阿尔滋海默病患者进行康复治疗。为了使参与怀旧治疗的老年人能够身临其境，该节目还将过去的影像与VR技术相结合，同时依据视频中出现的物件，创建过往日常生活中的虚拟现实数字复制品。这些举措不仅有助于医护人员对于患者的过往生活情境感同身受，还能通过倾听患者讲述以前经历的甘苦往事来帮助维持他们稳定认知机能和情绪。

专家点评：

这设计和本书中“怀旧日历疗法”“卡拉OK”疗法异曲同工。在阿尔茨海默病治疗有突破性进展之前，仍然可以在日常照护中做更多的尝试。

——西南交通大学　张雪永

台所へ

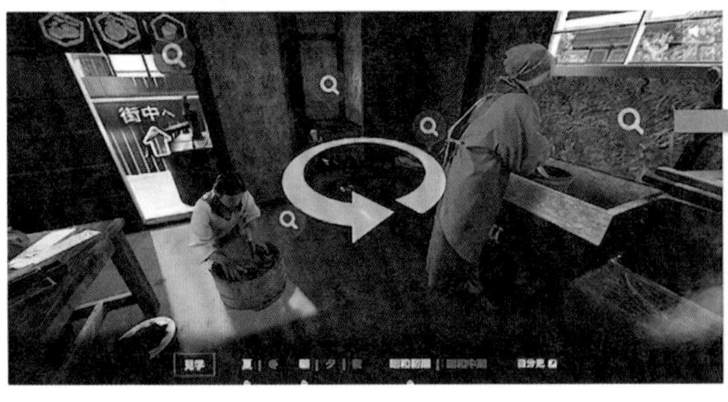
街中へ

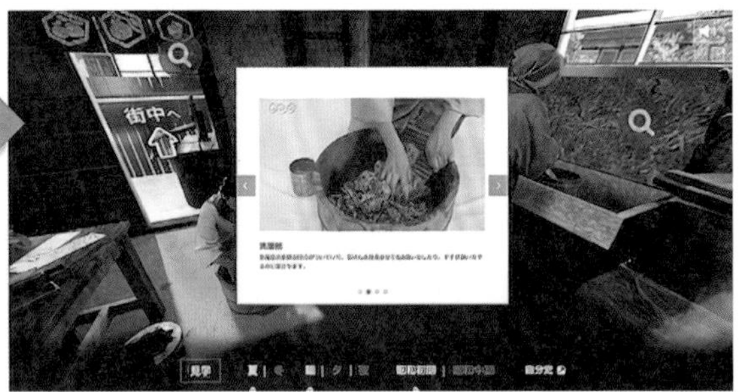
街中へ

S4 书法日历 / Calligraphy Calendar

用书法帮助失智老年人回忆过去

类别：视觉设计、产品设计、服务设计、游戏设计

年度：2019

地区：中国北京

作者：马官正、赵尔兴、林观星、胡楚涵、叶靖瑶、刘思涵、陈灿杰、丁肇辰

标签：书法、阿尔茨海默病、怀旧疗法、失智症、中国

引自：2019年设计马拉松

这是治疗阿尔茨海默病的一种心理疗法，它通过回忆过去的经历，来达到治疗的目的。有研究表明，我国失能失智老年人口已超4000万，他们的养老及医疗问题直接影响的家庭约1亿户。阿尔茨海默病的社会成本几乎相当于癌症、心脏病和中风成本的总和。病人从轻度记忆力减退及认知障碍到最后的植物状态，要经历几年甚至几十年，这对病人和家属都是一个痛苦的过程。

近年来，国内外学者对怀旧疗法在阿尔茨海默病患者中的疗效进行循环验证，证实其能有效改善患者的认知功能、情绪功能和行为症状，且在实施方式上也有了改变。研究发现，患者接受2～4周不等期间的训练后，其在短期记忆性事件、语言能力及动作定位能力和动作控制能力各方面都有相当大的进步。其手部肌肉的协调和控制能力更准确。同时在感知觉上，患者在注意力、时间感、空间定位等方面的测试成绩也显著提高。作为设计师，我们将通过视觉、听觉、触觉等感官介入心理学治疗，通过设计手段来实现怀旧疗法。怀旧日历是通过“失忆字体补全”“听歌识曲”“看字猜图”“窗花拼字”四种方式进行回忆治疗的设计疗程。

专家点评：

这一设计和本书中“回忆疗法”“卡拉OK”疗法异曲同工。在阿尔茨海默病治疗有突破性进展之前，仍然可以在日常照护中做更多的尝试。

——西南交通大学　张雪永

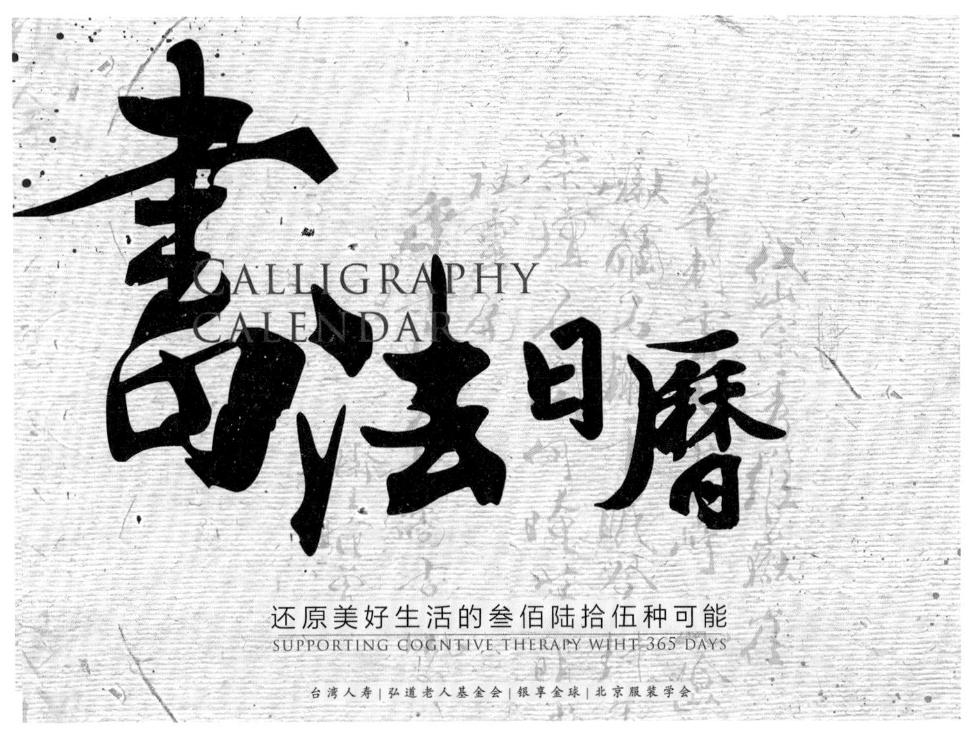
書法日曆
CALLIGRAPHY
CALENDAR
还原美好生活的叁佰陆拾伍种可能
SUPPORTING COGNTIVE THERAPY WIHT 365 DAYS
台湾人寿 | 弘道老人基金会 | 银享全球 | 北京服装学会

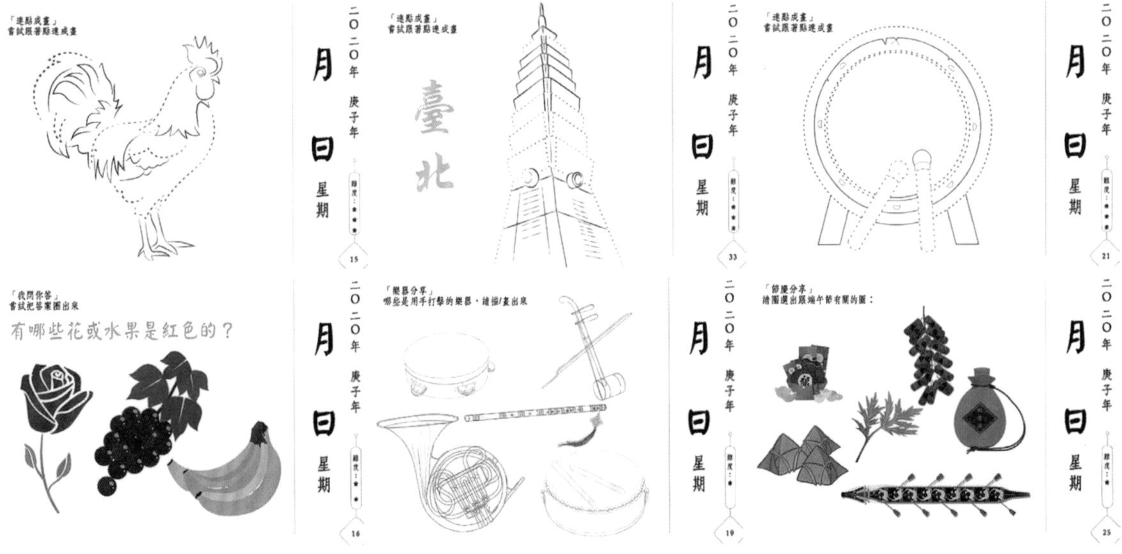
「連點成畫」
嘗試跟著點連成畫
二〇二〇年
月
日
庚子年
星期
臺北
「我問你答」
嘗試把答案圈出來
有哪些花或水果是紅色的？
「樂器分享」
「節慶分享」

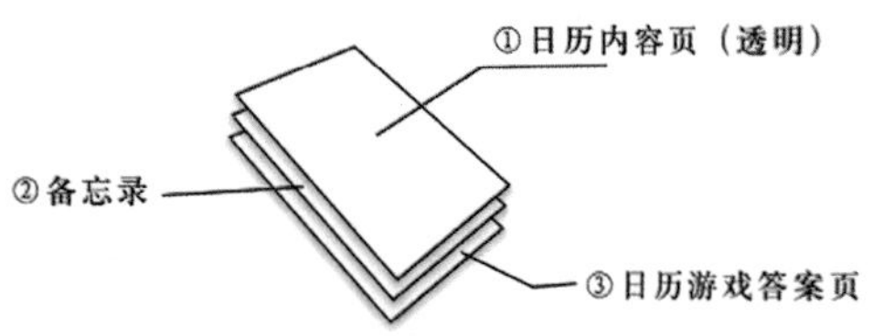

我的回忆疗程共有四个类，分别是「失忆字体补全」「听歌识曲」「看字猜图」「窗花拼字」。
我将通过这四类的疗程找回我失去的记忆。
每一天的日历上附有一个回忆治疗，每天的日历由三页纸组成

回忆治疗

通过印在半透明纸上的治疗提示，请您使用秀丽笔帮助我完成每天的治疗活动，找回失去的记忆。

备忘录

这是一张白纸，它可以成为您的备忘录，也可以成为您记录重要记录的小道具。

治疗线索

在治疗时，如果您需要帮助，可以在这一页查看日历医生为我们留下的治疗的线索。或者在完成治疗之后，撕去中间的备忘录，透过半透明纸核对治疗的效果。

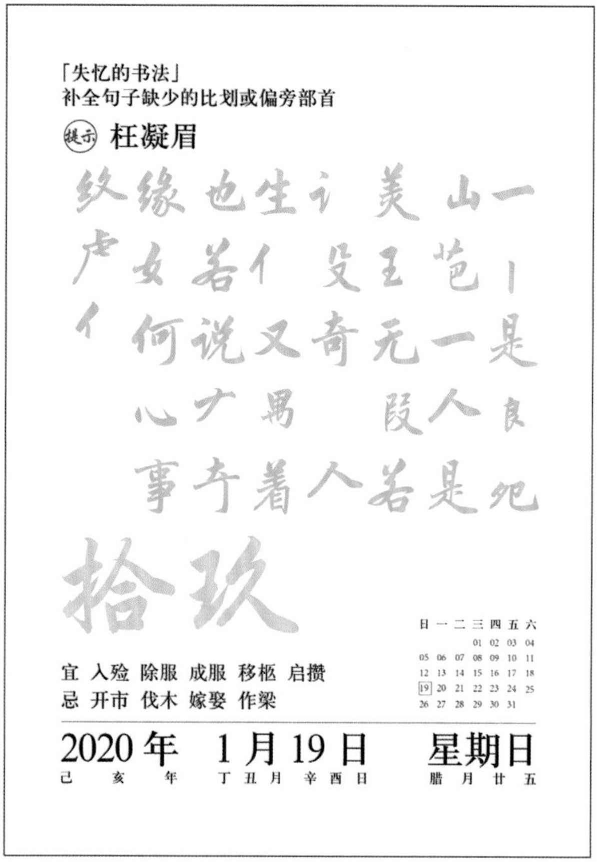

「失忆的书法」
补全句子缺少的比划或偏旁部首

提示 杠凝眉

日	一	二	三	四	五	六
			01	02	03	04
05	06	07	08	09	10	11
12	13	14	15	16	17	18
19	20	21	22	23	24	25
26	27	28	29	30	31	

宜 入殓 除服 成服 移柩 启攒
忌 开市 伐木 嫁娶 作梁

2020 年 1 月 19 日 星期日
己亥年 丁丑月 辛酉日 腊月廿五

「邏輯走步」
嘗試按照圖形順序走

燒肉粽

燒	肉	龍	舟	艾	草
龍	粽	雄	黃	燒	肉
舟	燒	肉	酒	粽	粽
艾	草	粽	燒	肉	燒
龍	舟	雄	黃	酒	肉
雄	黃	酒	艾	草	粽

終

二〇二〇年 庚子年

月 日 星期

難度：★★★

27

「邏輯走步」
嘗試按照圖形順序走

燒肉粽

燒	肉	龍	舟	艾	草
龍	粽	雄	黃	燒	肉
舟	燒	肉	酒	粽	粽
艾	草	粽	燒	肉	燒
龍	舟	雄	黃	酒	肉
雄	黃	酒	艾	草	粽

終

二〇二〇年 庚子年

月 日 星期

難度：★★★

27

「邏輯走步」
嘗試按照圖形順序走

燒肉粽

燒	肉	龍	舟	艾	草
龍	粽	雄	黃	燒	肉
舟	燒	肉	酒	粽	粽
艾	草	粽	燒	肉	燒
龍	舟	雄	黃	酒	肉
雄	黃	酒	艾	草	粽

終

二〇二〇年 庚子年

月 日 星期

難度：★★★

27

补全笔画

「失忆的书法」
补全句子缺少的比划或偏旁部首

提示 枉凝眉

纹缘也生讠 美 山一
虍 女若亻 殳王 笆 丨
亻 何说又奇元一是
心 广 禺 段人 艮
事 亐 着人若是 死

拾玖

日	一	二	三	四	五	六
			01	02	03	04
05	06	07	08	09	10	11
12	13	14	15	16	17	18
19	20	21	22	23	24	25
26	27	28	29	30	31	

宜 入殓 除服 成服 移柩 启攒
忌 开市 伐木 嫁娶 作梁

2020 年 1 月 19 日 星期日
己亥年 丁丑月 辛酉日 腊月廿五

看图猜词

「我写你画」
用笔描写文字，并根据文字描述在空白处画出图画

提示 岁寒三友之一

衙斋卧听萧萧竹，
疑是民间疾苦声。
些小吾曹州县吏，
一枝一叶总关情。

玖

日	一	二	三	四	五	六
			01	02	03	04
05	06	07	08	09	10	11
12	13	14	15	16	17	18
19	20	21	22	23	24	25
26	27	28	29	30	31	

宜 订盟 纳采 会亲友 祭祀 开光
忌 造庙 嫁娶 出行 动土 安葬

2020 年 1 月 09 日 星期四
己亥年 丁丑月 辛亥日 腊月十五

S5 记忆卡拉OK / MEMO_O_KE 用唱歌增强老年人的记忆力

类别：服务设计、声音设计、建筑设计

年度：2018

地区：泰国曼谷

作者：电通（Dentsu One of Thailand）、
泰国阿尔茨海默病基金会（The Alzheimer Foundation of Thailand）

标签：阿尔茨海默病、怀旧疗法、音乐疗法、卡拉OK、泰国

引自：戛纳国际创意节2019入围

这是一项通过音乐帮助阿尔茨海默病患者减缓发作的公关活动。泰国有80万阿尔茨海默病患者，而且每年还在以3万的速度增长。泰国阿尔茨海默病基金会研究表明，唱歌可以有效增强老年人的记忆力，并有希望帮助阿尔茨海默病患者延缓症状的恶化。

在泰国，各地的老年人也非常喜欢聚集在餐馆和公园里唱歌，由于看到了这个普及性活动与延缓失智症的关联性，该基金会委托电通广告公司创作一首卡拉OK歌曲MEMO_O_KE，通过去掉歌词的某一部分来帮助或激发老年人的记忆，以减缓阿尔茨海默病的恶化。一般大众可以在MEMO_O_KE的YouTube频道和Metro Records的播放列表中演唱这些歌曲，或者在合作的音乐商店购买CD。该项活动同时获得了泰国著名唱片发行商的大力支持。

专家点评：

这一设计和本书中“怀旧日历疗法”“回忆疗法”异曲同工。在阿尔茨海默病治疗有突破性进展之前，仍然可以在日常照护中做更多的尝试。

——西南交通大学　张雪永

MEMO
_o_ke

MEMO
_o_ke
Let's sing to remember
or take a CD from partnering stores.

S6 代际学习中心 / Intergenerational Learning Center
破除代际隔离的幼儿园与养老院设计

类别：服务设计、室内设计

年度：2015

地区：美国华盛顿州

作者：华盛顿普罗维登斯医疗服务公司（Providence Health & Services Washington）

标签：代际隔离、社会融入、跨代社区、美国

代际学习中心（Intergenerational Learning Center，ILC）是一所幼儿园，位于西雅图西部的圣文森特山（Providence Mount St. Vincent）。他们和附近的养老院合作了一个实验项目，有计划地安排幼儿园的各种生活活动，如音乐会、舞蹈表演、艺术参观、讲故事等，让住在养老院里的400多名老年人有机会密集地跟幼儿互动，增进代际的友好沟通。

这些老年人由于平常很少见到自己的儿女和孙辈，当生活中突如其来有了幼儿们的参与后，就如同有了一群天使进入他们的生活一般有了全新的乐趣，也使这些离群索居的养老生活重新融入了家庭和社会，促进了和幼儿之间的友谊关系，打破了世代之间存在的可能障碍。从这个案例中，我们能发现当前社会已存在的世代隔离问题，也说明我们所处的老龄化社会需要积极解决不可避免的代际困境。

专家点评：

养老院和幼儿园的结合是非常有趣的一种尝试，碰撞出不可思议的火花：一方面，让老年人重新发现并肯定了自我价值，他们在跟孩子接触中也获得了更多乐趣和欢笑；另一方面，孩童比之前更能接受老年人，更清楚地懂得人的衰老过程，从老年人那里收获了无条件付出的爱，还能意识到“大人有时也是需要帮助的”。

——中国质量认证中心　吴旭静

INTERGENERATIONAL
Learning Center
ARE + PRESCHOOL

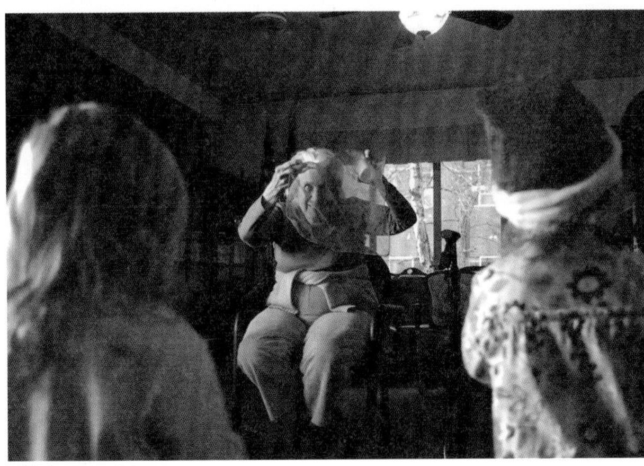

S7 车站治疗中心 / Station Treatment Center

用伪装的车站保护阿尔茨海默病患者的安全

类别：视觉设计、信息设计、服务设计

年度：2019

地区：英国伦敦

作者：伦敦圣乔治医院（St. George's Hospital）

标签：回家、公车站、失智症、精神关怀

一个大红色的“STOP”招牌，一张木质的长凳子，一个公交站点，这个坐落在绿树浓荫且怡人的花园公交站牌，每天都会有人在这里等车，但是从没有一台车子从这儿经过。这个不通车的公交站点，是什么意思呢？这个位于英国伦敦圣乔治医院内的不通车公交站点，背后的建筑恰巧是该医院的失智症病房。该医院的护理人员根据病人想回家的心理，修建了这样一个伪装车站，而大多数从治疗中心走失的患者，几乎都会选择在这个公交站点等车。因此医护人员可以很快地找到他们，从而防止患者走散或遇上危险。

这个设计为迷路或迷失方向的失智症患者提供了熟悉的生活物件，帮助患者与过去记忆建立联系，并创造一个安静的休息地。至今为止，失智症没有办法有效治愈，只能靠药物延缓发病速度。相较于药物治疗，患者在人格和尊严丧失上所受到的精神折磨更胜于他们记不住过去事物本身。我们虽然无法帮助患者复原记忆，但是可以在生活细节上带给他们多一点关怀，就如同伦敦这个公交车站，细节虽小但却有大善意。

专家点评：

这是个最具善意，也是最不可缺少的公交车站。

——中国质量认证中心　吴旭静

STOP

BUS STOP
St George's Hospital
towards Safety, stay here for help
Do you feel lost?
Wait here
Someone will be with you soon

BUS STOP
St George's Hospital

S8 居家照料三格漫画 / Home Care Three Grid Comics
协助家人照料失能失智患者的漫画

类别：视觉设计、插画设计、包装设计、信息设计

年度：2019

地区：日本东京

作者：关口由美、川村顺子、菊池一郎、比贺优子、大田惠美、工藤隆、关口俊成+铃田富佐子、长门幸休

标签：失能失智、漫画、居家照料、居家养老、日本

引自：OiOiOiten老龄展（日本studio-L）

这是一本由养老行业专业人员绘制而成的漫画，用来协助家庭护理人员照料失能失智患者。失智症是一种因脑部伤害或疾病所导致的渐进性认知功能退化性疾病。导致失智症的病因有很多种，有退化性失智症（如阿尔茨海默病）、血管性失智症等。失智症不是单纯的记忆力退化，而是一群症状的组合，其中甚至包含了忧郁、妄想和幻觉等精神症状。在发病的不同阶段，患者会出现不同症状。

该漫画的内容根据阿尔茨海默病的严重程度划分了不同类别，配合生动有趣的漫画插图，对相关病症和护理过程进行介绍说明。该漫画部分内容还被截取下来当成生活小贴士，通过简单、夸张、幽默、轻松的手法加以描绘，并将其粘贴在饮料瓶、茶杯、咖啡杯上作为礼品。此做法可以破解送礼时可能面临的忌讳与尴尬，又能够对受礼人在使用时起到提醒和教育作用。

专家点评：

礼品设计和包装设计是视觉创意设计的一个传统领域。如何在这个传统领域中寻求新的意义、发现新的可能性，显然是对创意人的一大挑战。一般而言，用途、内容与对象通常主导了视觉创意人的思考方向。想对正在实施居家照料的家庭送上一份贴心的礼物，对于大多数人而言，也许并非难事。但是既要是礼物，同时又能向受礼者提供如何照料失能失智患者的注意事项和方案恐怕就得费点心思了。对于视觉创意人而言，除了有精湛的表现技术和造型创意能力之外，能够提出一个有价值的命题，准确把握使用者心态、使用情境、文化背景等因素，然后对设计专案进行综合性的评估，才可能发现并实现真正有价值的创意。在我看来，这件设计创意可以总结为“贴心”两字，从一定程度来说，我们可以将其理解为这就是对于“细节”的把握。

——南开大学文学院艺术设计系视觉传达设计专业主任　吴立行

あふれだす感情
認知症の人は
感情を上手くコントロール出来ないことも
わあぁあーっ
いい
キーッ
そんな時はそっと見守り
落ち着いた頃
プンプン
お茶でも飲みましょう
どうぞー
おっ美味しいねぇ

忘れていても…
トメさんはすぐ忘れてしまいます
にこにこ
にこにこ
でも大好きな人に会った感情は
誰か来たの？
いいや誰も
きげんいいネ
ちゃんと残っています
また来るねー
おばーちゃん

幻覚には否定も肯定もせずグレーな回答で
クマがでたっっ！
ガオー
うわーっ
あんた!!みえんのかね?!
え…クマが?!
ほらそこに!!
へえ～
あ…最近老眼で…
みえないなァ…
…え?!
そうなのか…？
…なら仕方がないか…
ナットク

S9 瓜子饮食服务 / Melon Diet Food Service
老年餐饮服务平台

类别：服务设计、食物设计、交互设计

年度：2018

地区：中国北京

作者：梁月辉、吴丝羽、马官正、徐初民、王若妤

标签：老年人、生活方式、食材、营销手段、中国

引自：2018年设计马拉松

这是一个为老年人群体提供餐饮服务的系统。考虑到高油、高糖、高盐与深加工食物会给老年人带来高血压、心脏病、糖尿病等健康危害，依据现代老年人的生理特点和生活方式，思考老年人合理的食物形态、营养品质、就餐方式、饮食习惯和服务体验，系统性地考虑老年人“饮食生活方式”，提供更健康的饮食服务。该课题的设计师们进行了一系列老年餐饮的服务设计，包括食物设计、餐饮产品设计和服务体验设计三部分。在服务体验设计这部分，设计师们还规划了老年人和儿孙共同参与的快闪店活动，让同行者一起选择健康食材与完成菜品制作，并评选出最健康食物的相关营销活动。

专家点评：

这个活动能加强老年人的参与感，同时与小辈互动增强趣味性，拉近距离。餐厅也因此增加了菜肴种类，扩大了影响力，提升了销售额。

——中国质量认证中心　吴旭静

老年人饮食相关问题
Elderly people's diet related issues

变质食物Deteriorated food

安全风险大High security risk **习惯精打细算Careful calculation**

纯慈善项目Charity project **吃饭并不讲究Eating is not stressful**

饮食习惯不同Different eating habits 不舍得花钱Not willing to spend money

经常食用剩菜剩饭Regular consumption of leftovers **配送上门成本高High cost of delivery**

吃饭得过且过Have had dinner too much

缺乏健康合理饮食Lack of healthy and reasonable diet

就近用餐行动不便Inconvenient to eat nearby

独自用餐没人陪伴的孤独Alone to eat alone, no one to accompany

身体机能退化Physical deterioration **关注身体健康Focus on physical health**

瓜子饮食设计体验馆食谱
Melon Seed Design Experience Recipe

瓜子饮食设计体验馆（快闪店）
Melon Seed Food Design Experience Hall(Flash Shop)

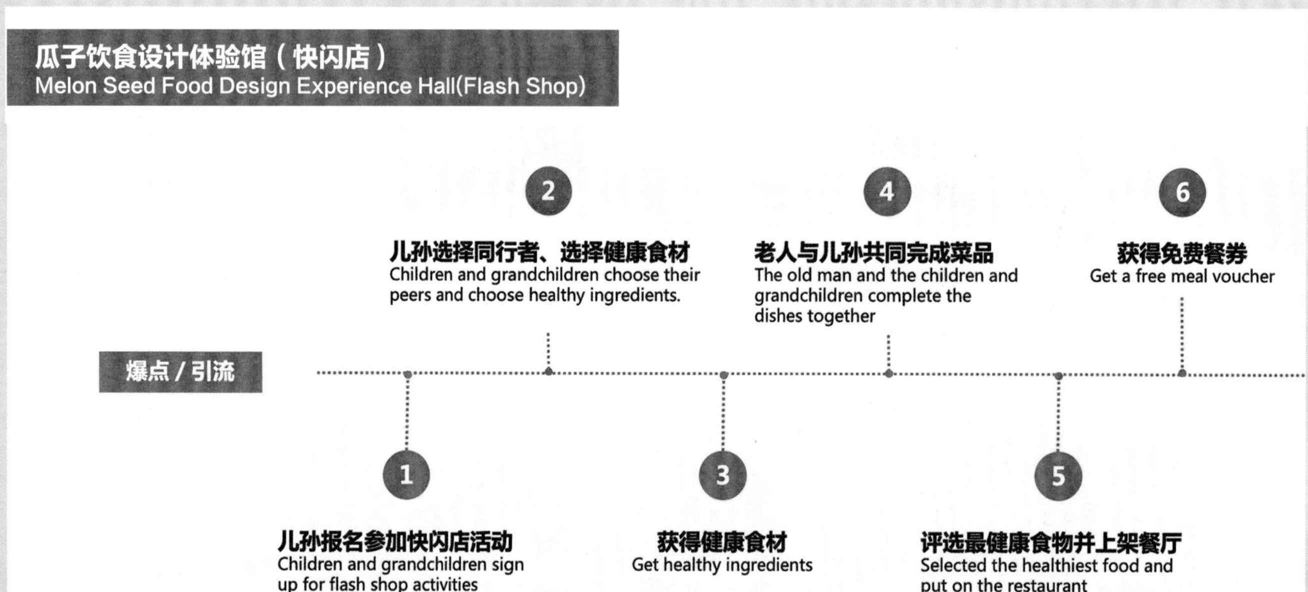

瓜子饮食老年餐饮服务平台
Melon diet elderly catering service platform

餐券
Meal coupon

S10 卫生署送货上门服务 / Health Depot Direct-to-Door Prescription

处方药送货上门服务保护老年人的安全

类别：服务设计、交互设计

年度：2019

地区：加拿大安大略省

作者：健得宝（Health Depot）

标签：专业药剂师、送货上门、新冠病毒、加拿大

引自：TRENDHUNTER社区

这是一个针对老年人药物送货上门的服务系统设计。加拿大的医疗保健电子商务公司健得宝（Health Depot）为了简化和保护老年慢性病患者的药物取得，启动了直接送药上门的服务，向加拿大各省用户分发处方药。该公司的核心业务是通过数字手段让患者更健康，并使安大略省的居民在药房和医疗保健的购物体验更加便捷。

健得宝拥有数千种保健必需品，可用于在线购买和交付，这些保健品可与处方药一起免费运送给客户。此外，健得宝还提供每日剂量小包装服务，为正在服用多种药物的老龄患者提供较为简洁的每日小包装药品。这个举措让老年慢性病患者和其看护人员感受到更为贴心的健康服务。

专家点评：

这个针对老年人处方药物派送上门的服务，对于患有慢性病、需要长期服用药物的老年人而言是一个贴心的举措。现在，虽然派送到家的服务已经在许多国家、地区都非常普及而且成为常态化，但是对于药物，尤其是处方药物的线上购买，在管理上还是比较严格。作为"服务设计"，这个项目真正的价值实际上更多地体现在整个服务系统到底是如何与医疗机构在病患信息上的对接以及药物发放的管理机制上。例如：病患如何购买药物？需要哪些条件？服务方如何有效管理药物购买的次数、数量等。因为只有妥善解决了这些问题，这个服务设计才能真正有效地落实，也只有当我们了解了他们的解决方案，才能在此基础上更进一步地优化服务。

——南开大学文学院艺术设计系视觉传达设计专业主任　吴立行

The Health Depot
PHARMACY

The Health Depot
Stay Healthy. Stay Home.

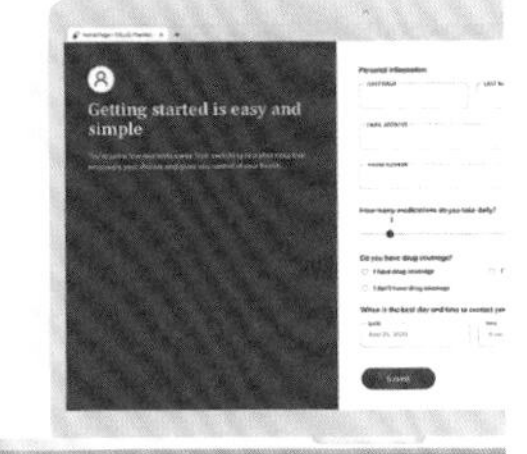
Getting started is easy and simple

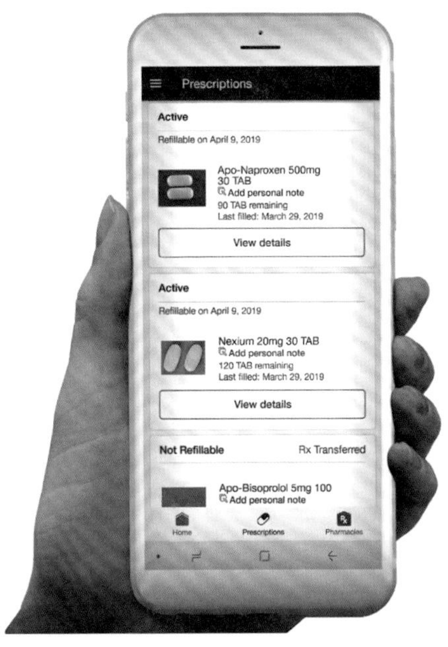
Prescriptions
Active
Refillable on April 9, 2019
Apo-Naproxen 500mg 30 TAB
Add personal note
90 TAB remaining
Last filled: March 29, 2019
View details
Active
Refillable on April 9, 2019
Nexium 20mg 30 TAB
Add personal note
120 TAB remaining
Last filled: March 29, 2019
View details
Not Refillable
Rx Transferred
Apo-Bisoprolol 5mg 100
Add personal note
Home
Prescriptions
Pharmacies

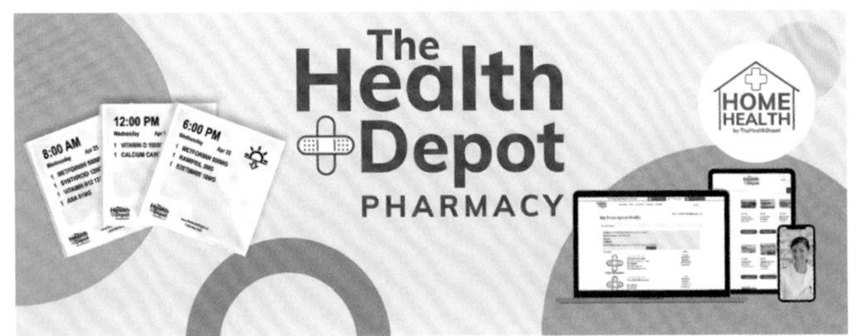
8:00 AM
12:00 PM
6:00 PM
The Health Depot
PHARMACY
HOME HEALTH

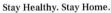

S11 私人定制师 / Personal Customizer
老龄化社区公共服务系统设计

类别：服务设计、信息设计、交互设计

年度：2019

地区：中国北京

作者：张鹏勃、赵鑫、郭家欣、徐佳轶、胡浩宇、李靖

标签：服务设计系统、私人定制、互助型社区、银发社交圈、中国

引自：2019年设计马拉松

这是一项专为银发生活而打造的老龄化社区服务设计系统。该系统可以更好地提升老年人自身的社会认可度，帮助老年人重拾自信，改善老年人情绪。老龄化社区是指60岁及以上人口占总人口的10%，或65岁及以上人口占总人口的7%的社区。目前国内大城市内环的大部分老旧社区都是老龄化社区，社区的公共服务不能满足老年人的需求，因而需要重新定义并加以合理设计。

私人定制师通过社区平台来为老年人进行私人订制类生活服务，通过安排有趣的活动构建银发社交圈，帮助老年人继续发挥社会价值，实现老年人再就业的梦想。这里的老年人可通过常规测试，提供健康证明来向社区谋取职位，打造“互助型”社区模式，实现“一帮一”或“一帮多”的互助社区生活模型，让他们的生活具备灵活性、多样性、自愿性、自治性等特征。

专家点评：

这个项目充分运用了互联网思维，将原来一个个割裂的服务过程联系在一起，使各个环节的资源得到充分利用。在社区这个基层社会单元内完成自给自足，同时也让老年人从中获得各种服务以及精神上的愉悦。

——中国质量认证中心　吴旭静

PERSONAL
CUSTOMIZER

私人订制师

机会点&价值点
Opportunity &value

及时提供信息
Provide timely information

家人—社区—第三方关系建立
Family – community – third party relationship building

同龄人的伙伴友谊建立
Peer companionship builds

提供社会工作
Provide social work

体现自身价值
Reflect your own value

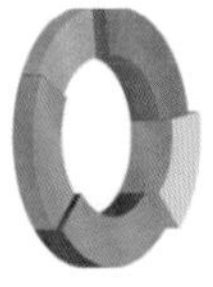

参加有趣新颖的娱乐活动
Get involved in fun and new activities

SERVICE DESIGN

PERSONAL CUSTOMIZER
私人订制师
老龄化社区公共服务系统设计

PERSONAL CUSTOMIZER

私人订制师

利益相关者图

Stakeholders Maps

“互助型”社区模式

"Mutual aid" community model

社区建立人性化制度，对低领老人采取

“一帮一” 或 **“一帮多”** 的互助模式

"one gang one" or "one gang many"

具有**灵活性、多样性、自愿性、自治性**等特征

满足了老人对朋友、和社区邻里的依恋，高效利用社区的功能

Flexibility, Diversity, Voluntariness, Autonomy

为**创新社区模式**、打造**多元化**老人生活格局奠定基础

Innovative community model

Diversified

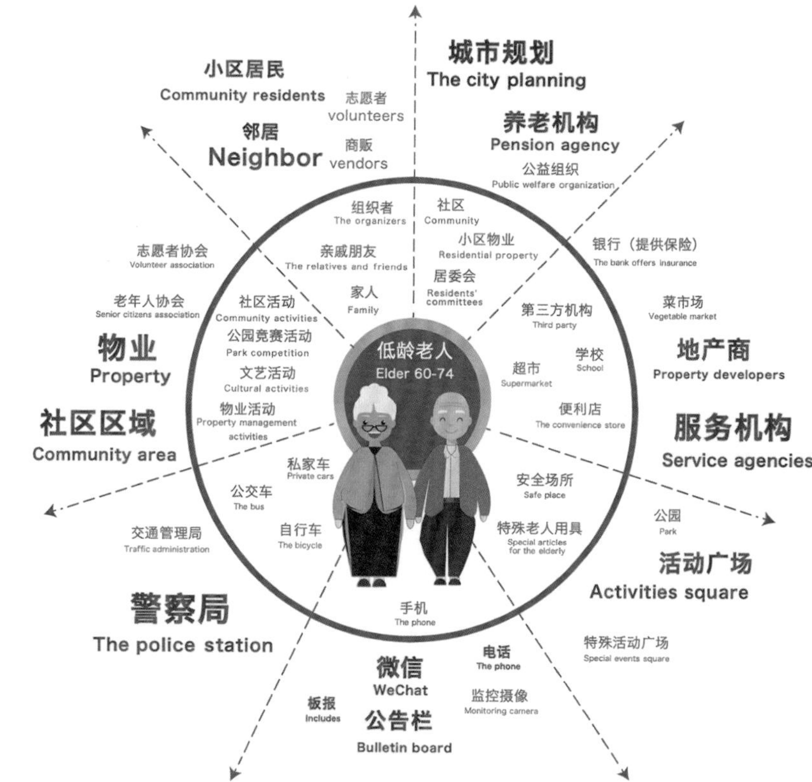

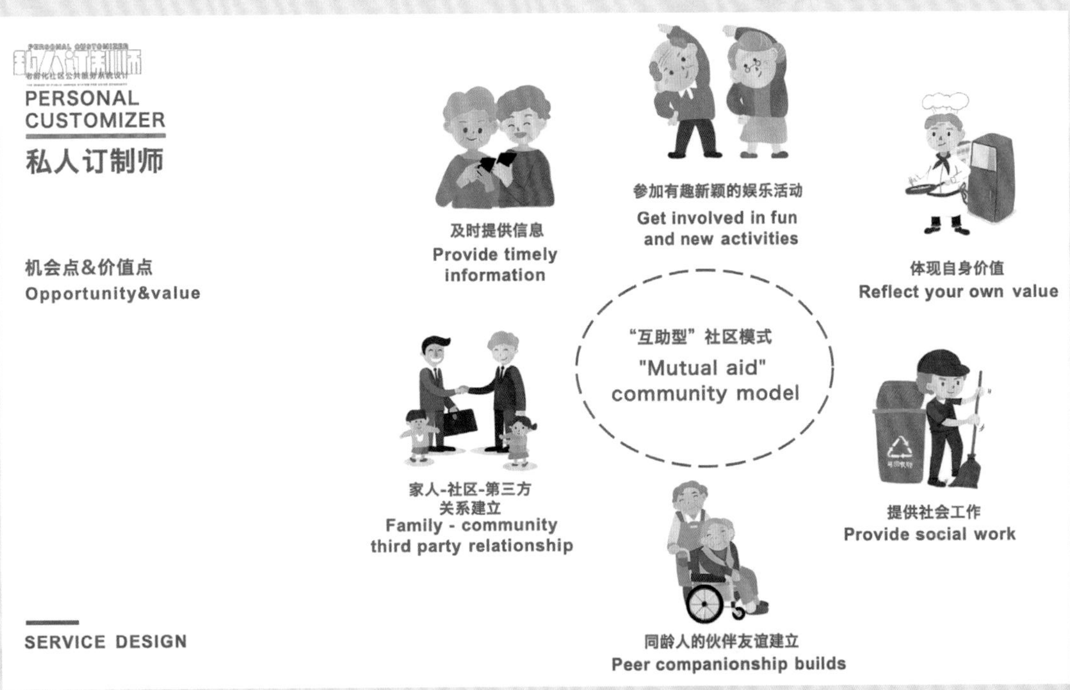
PERSONAL CUSTOMIZER
私人订制师
机会点&价值点
Opportunity&value
及时提供信息
Provide timely information
参加有趣新颖的娱乐活动
Get involved in fun and new activities
体现自身价值
Reflect your own value
"互助型"社区模式
"Mutual aid" community model
家人-社区-第三方关系建立
Family - community third party relationship
提供社会工作
Provide social work
同龄人的伙伴友谊建立
Peer companionship builds
SERVICE DESIGN

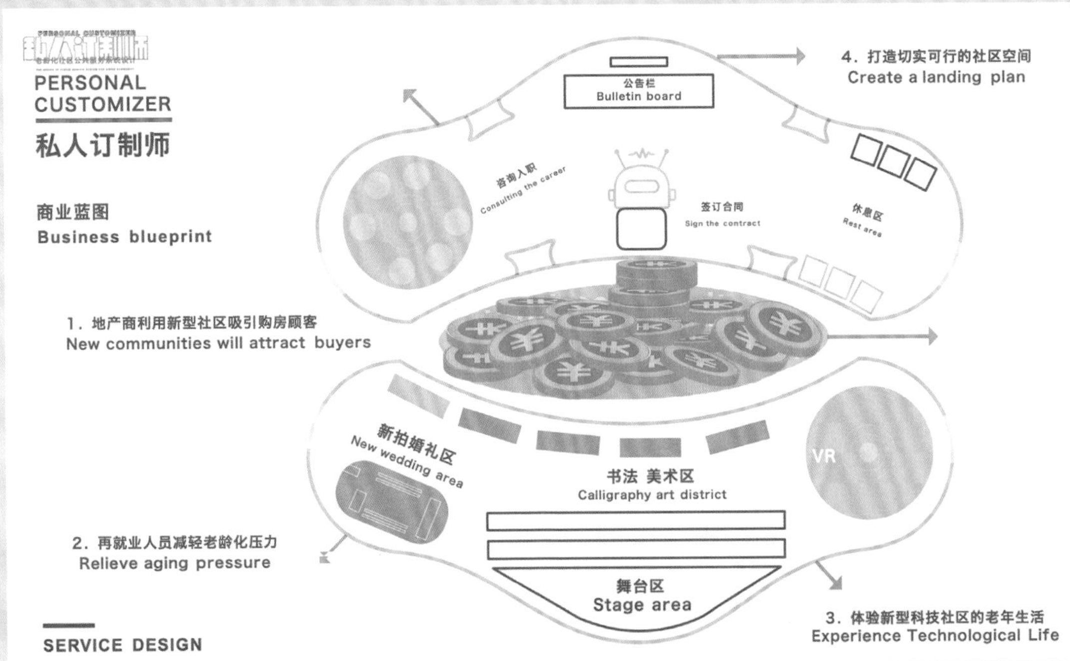
PERSONAL CUSTOMIZER
私人订制师
商业蓝图
Business blueprint
公告栏
Bulletin board
4. 打造切实可行的社区空间
Create a landing plan
签订合同
Sign the contract
休息区
Rest area
1. 地产商利用新型社区吸引购房顾客
New communities will attract buyers
新拍婚礼区
New wedding area
书法 美术区
Calligraphy art district
VR
2. 再就业人员减轻老龄化压力
Relieve aging pressure
舞台区
Stage area
3. 体验新型科技社区的老年生活
Experience Technological Life
SERVICE DESIGN

S12 退休安排 / Retirement Arrangement
具体而且有尊严的规划人生的最终章

类别：服务设计、信息设计

年度：2019

地区：日本东京

作者：坂冈洋子（Sakaoka Yooko）

标签：老前整理、终活、断舍离、笔记本、日本

这是一本专门为老年人退休生活所设计的书籍。作者冈坂洋子鼓励读者重新检视身边的事物，提倡将老年后生活中不需要的东西都清理掉，以度过轻松、愉快的老年生活。书中不仅介绍了整理方法，还通过老前整理传达出作者对老年生活的思考。人们逐渐老去之后更应当整理自己的物品与思绪，抛弃过去不需要的事物，制定新的目标，让自己的退休生活充满活力并且简单方便。

有调查指出，已经有三到四成的日本人开始考虑“终活”（中老年人为临终做准备而参加的各项活动），其中女性比例最高，有77％的中老年女性进行某种程度的终活规划，大部分的人投入终活的理由则是“不想造成家人后续的困扰”。老前整理既是对自己未来生活的再思考，也是对家人与社会的责任体现。简单整洁的生活有利于老年人的安全，及时整理自己的财产，如信用卡、银行卡、房屋契约、墓地等，则可以大大减少离世后对家人造成的困扰。

好好活，好好走，事先规划好自己人生最后一里路，显现了正面对待生命凋谢的态度。

专家点评：

很喜欢这本书背后的积极态度，能够正视并且接受老龄这个事实，并且对未来做好充分的规划。整本书透着独立、自信和对生活的美好向往。

——中国质量认证中心　吴旭静

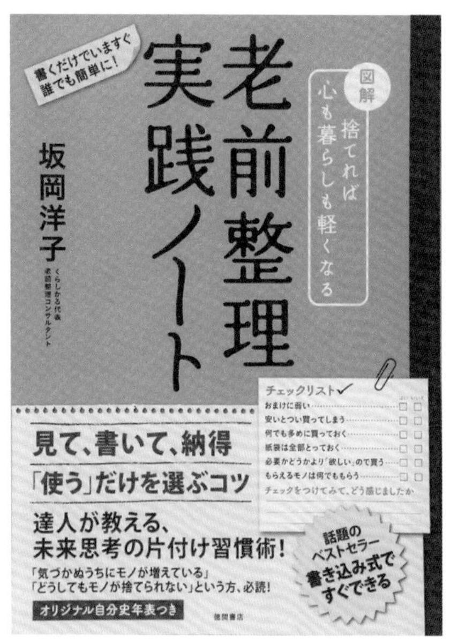
図解
捨てれば心も暮らしも軽くなる
老前整理実践ノート
書くだけでいますぐ誰でも簡単に!
坂岡洋子
チェックリスト
おまけに弱い
安いとつい買ってしまう
何でも多めに買っておく
紙袋は全部とっておく
必要かどうかより「欲しい」ので買う
もらえるモノは何でももらう
チェックをつけてみて、どう感じましたか
見て、書いて、納得
「使う」だけを選ぶコツ
達人が教える、
未来思考の片付け習慣術!
「気づかぬうちにモノが増えている」
「どうしてもモノが捨てられない」という方、必読!
オリジナル自分史年表つき
話題のベストセラー
書き込み式ですぐできる

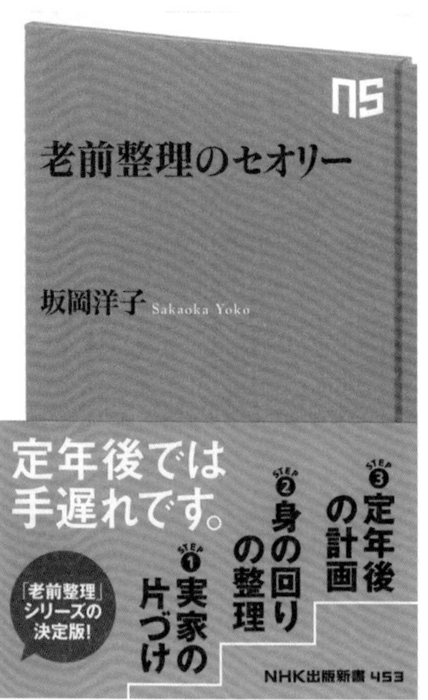
NS
老前整理のセオリー
坂岡洋子 Sakaoka Yoko
定年後では
手遅れです。
STEP 1 実家の片づけ
STEP 2 身の回りの整理
STEP 3 定年後の計画
「老前整理」シリーズの決定版!
NHK出版新書 453

転ばぬ先の
「老前整理」
捨てる？捨てない？もう迷わない！
坂岡洋子 著

NHKテキスト
こころをよむ
2018年4月～6月
老前整理の極意
モノから解放される
暮らしへ
坂岡洋子
Sakaoka Yoko
ラジオ第2放送
インターネットで番組が聴けます!
らじる★らじる

整理，決定你的老後生活
「老前整理」教你重組腦袋，幫助你老後生活更輕鬆自在！
坂岡洋子／著

S13 最后的晚餐作业本 / The Last Supper Exercise Book
人生最后一餐想要吃些什么

类别：服务设计、展示设计、视觉设计

年度：2019

地区：日本东京

作者：浅井环、滨田乡子、广田茜、泉山有希子、nicona DESIGN

标签：临终关怀、晚年规划、笔记本、日本

引自：OiOiOiten老龄展（日本studio-L）

这是一本为老年人设计的晚餐练习册，让人们思考“人生最后一餐想要吃些什么”，让他们了解如何幸福地活到生命尽头。“最后一餐”这个问题的答案其实是对于人生最后一段路的所有期望，通过循序渐进的问题来逐步引导老年人思考自己人生的最后一刻要跟谁度过？在哪里度过？该练习册为用户创造了一个思考变老过程的机会，以食物为载体来到达“自我”和“挚爱者”理想的生命终点。

专家点评：

对于个人生命的意义与存在价值的思考，不单单只是年轻人需要关注的事。我们同样有理由相信这对于忙碌奔波一生的老年人而言，可能更有其必要！“人生最后一餐想要吃些什么呢？”这个出于善意的创意方案，不仅能够帮助老年人认清现实、寻找目标，同时也成为家人了解老年人的桥梁，甚至能够更进一步成为老年人在面临“临终关怀”阶段，家人们彼此关照、认同的一个重要索引！从视觉设计的角度而言，这个作业本在色彩与图形的搭配上似乎稍显严肃与单调，有可能是因为文化习惯、发行单位或发布情境的原因。如果能够通过视觉设计尽可能让作业本以轻松愉悦的形式呈现，可能更能减轻老年人在总结自己一生时的心理负担与情绪压力吧！

——南开大学文学院艺术设计系视觉传达设计专业主任　吴立行

最後の晩餐
練習帖
練習ノート

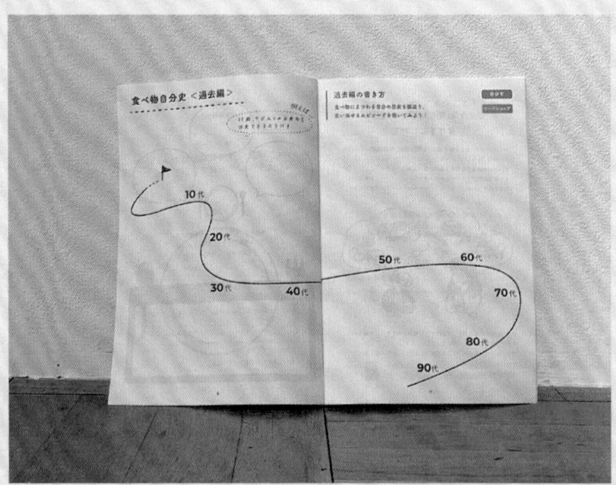
食べ物自分史＜過去編＞
10代
20代
30代
40代
50代
60代
70代
80代
90代

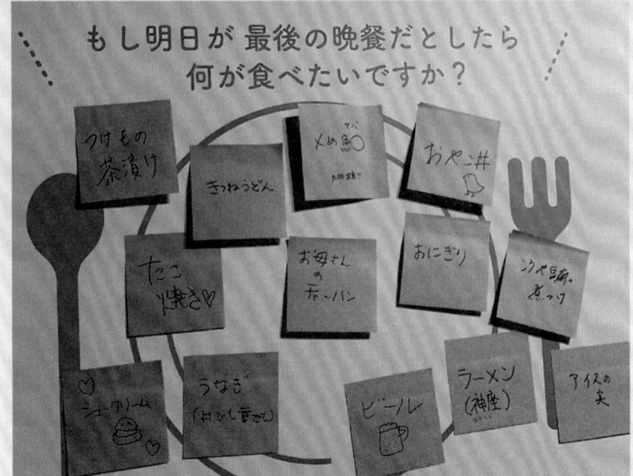
もし明日が 最後の晩餐だとしたら
何が食べたいですか？
きつねうどん
おにぎり
ビール

最後の晩餐
練習帖
最後の晩餐
練習ノート
もしも
5つの味覚が
3つだったら
どんな におい？
もし
100歳まで
生きられるとしたら
これから
食べてみたいものは

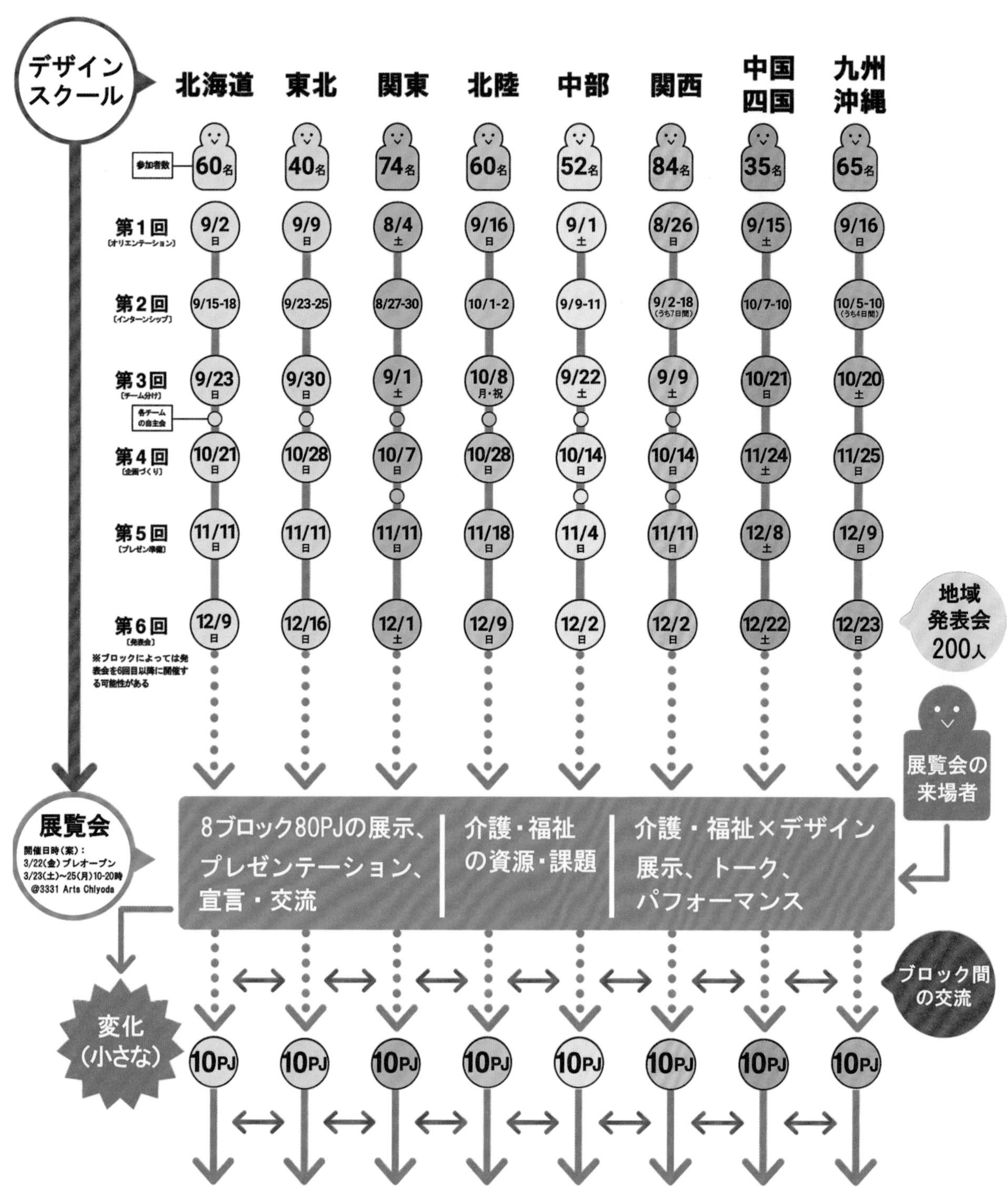
デザインスクール
北海道
東北
関東
北陸
中部
関西
中国四国
九州沖縄
参加者数
60名
40名
74名
60名
52名
84名
35名
65名
第1回〔オリエンテーション〕
9/2 日
9/9 日
8/4 土
9/16 日
9/1 土
8/26 日
9/15 土
9/16 日
第2回〔インターンシップ〕
9/15-18
9/23-25
8/27-30
10/1-2
9/9-11
9/2-18（うち7日間）
10/7-10
10/5-10（うち4日間）
第3回〔チーム分け〕
9/23 日
9/30 日
9/1 土
10/8 月・祝
9/22 土
9/9 土
10/21 日
10/20 土
各チームの自主会
第4回〔企画づくり〕
10/21 日
10/28 日
10/7 日
10/28 日
10/14 日
10/14 日
11/24 土
11/25 日
第5回〔プレゼン準備〕
11/11 日
11/11 日
11/11 日
11/18 日
11/4 日
11/11 日
12/8 土
12/9 日
第6回〔発表会〕
12/9 日
12/16 日
12/1 土
12/9 日
12/2 日
12/2 日
12/22 土
12/23 日
※ブロックによっては発表会を6回目以降に開催する可能性がある
地域発表会200人
展覧会の来場者
展覧会
開催日時（案）：
3/22(金) プレオープン
3/23(土)~25(月)10-20時
@3331 Arts Chiyoda
8ブロック80PJの展示、プレゼンテーション、宣言・交流
介護・福祉の資源・課題
介護・福祉×デザイン展示、トーク、パフォーマンス
ブロック間の交流
変化（小さな）
10PJ
10PJ
10PJ
10PJ
10PJ
10PJ
10PJ
10PJ

S14 银发经纪公司 / Silver Brokerage Company

重拾老年人社会价值的“网红”经纪公司

类别：概念设计、影视设计、视觉设计

年度：2019

地区：中国北京

作者：彭笑天、刘婕、艾克白尔、郭梓璇

标签：老年经纪公司、“网红”老年人、第三人生、社会参与、中国

引自：2019年设计马拉松

这是一个拥有潮流品牌文化的银发经纪公司。每周定期对老年人“网红”进行视频拍摄，并且发布在社交软件与网站，使老年人有固定的社交时间，以及和年轻“网红”团队沟通环节，通过累计大批粉丝让老年人重拾社会认同的满足感，并增加其健康正能量。

迪斯科（Disco）作为20世纪70年代初兴起的一种流行舞曲，当年曾风靡全球。转眼之间，那些曾跳过Disco的年轻人已步入花甲之年，这些当年驰骋舞厅的老年人曾引领潮流带动时尚。而“银发迪斯科社团”的设计目的就是希望挖掘老年人的技艺特点，在打造“网红”老年人的同时也能重拾他们过去的辉煌价值。银发经纪公司的成立目的，不仅是中老年人的健康养老，而且在打造老年人品牌文化的同时，也让其融入年轻世代的文娱生活中，让老年人实现自我价值，以充分展现自己的爱好并过好第三人生。

专家点评：

我想这个创意中的“网红”只是借用了当前的流行词汇，更重要的是在流量之上传递的观念和价值，或者如另一个创意中所要创造的价值。所针对的粉丝也不应该只是老年人，也应包括其他年龄群体。毕竟，老年人年轻过，而他们还没老过。

——西南交通大学　张雪永

CONCEPTUAL PLAN 构想公式

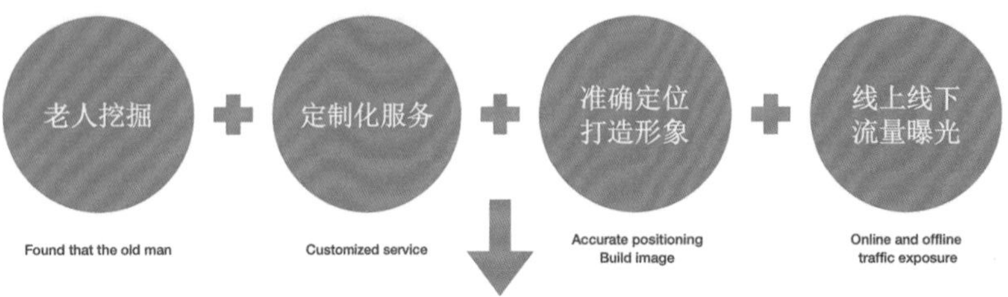

“网红”老人

Old online celebrity

登录平台

Landing platform

SUMMARY 问题总结

什么样的老人容易走红？

有辨识度的形象

A RECOGNIZABLE IMAGE

不一样的表达方式

A DIFFERENT WAY OF SAYING IT

SYSTEM 系统

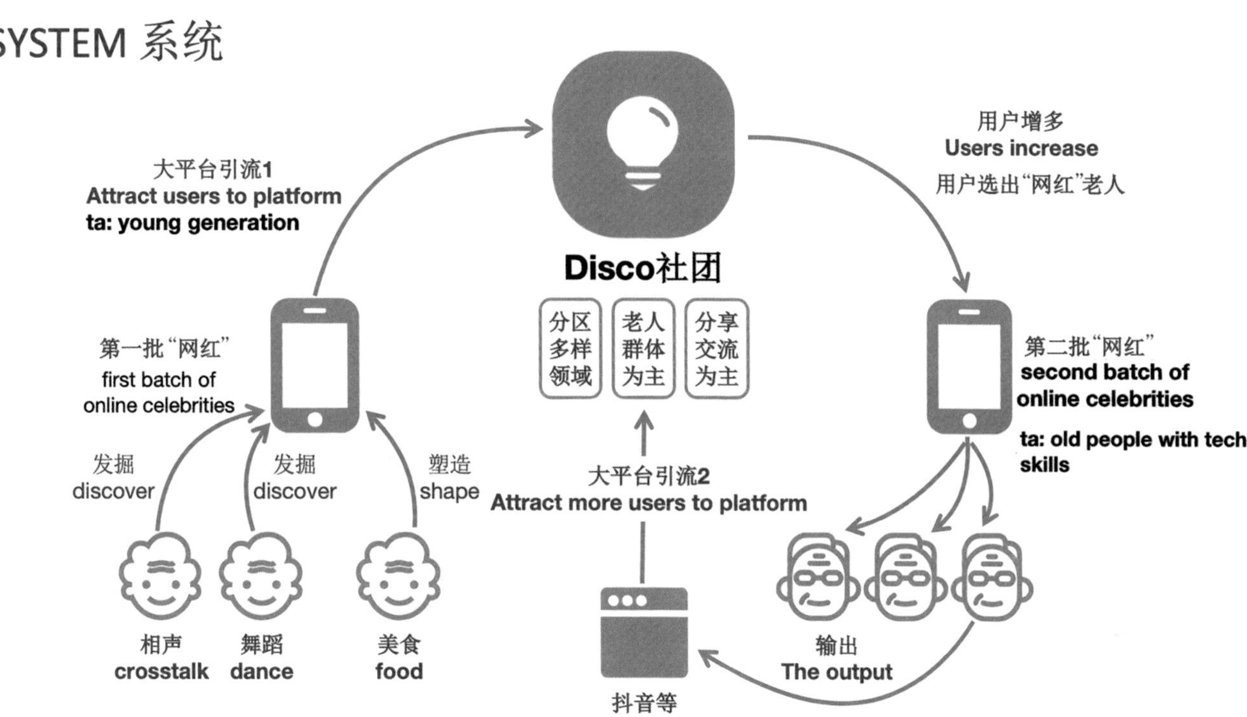
大平台引流1
Attract users to platform
ta: young generation
Disco社团
用户增多
Users increase
用户选出"网红"老人
第一批"网红"
first batch of
online celebrities
分区
多样
领域
老人
群体
为主
分享
交流
为主
第二批"网红"
second batch of
online celebrities
ta: old people with tech
skills
发掘
discover
发掘
discover
塑造
shape
大平台引流2
Attract more users to platform
相声
crosstalk
舞蹈
dance
美食
food
输出
The output
抖音等

S15 虚拟爷奶 / Virtual Grandpa and Grandma

银发网红+虚拟偶像

类别：服务设计、概念设计、视觉设计

年度：2019

地区：中国北京

作者：王俪颖、董佳明、裴一丹、高玥琳、刘聪琳、克洛伊·邓恩（Chloe Dunne）、夏安南

标签：IP形象、虚拟偶像、KOL、中国

引自：2019年设计马拉松

这是一个关于老年人的虚拟IP形象设计。“虚拟爷奶”以老年人为原型，试图打造一个与众不同、全年龄段都能接受并喜爱的虚拟网红爷奶。它的设计宗旨是以中老年人群的形象为原型，创造出能够给大众带来积极影响力的“意见领袖”（KOL or Influencer）。

虚拟IP形象是目前社会大众都非常关注的热点话题，当前产业界所创造出的各类虚拟偶像层出不穷且变化多端。从熟知的日本初音未来到英国Gorillaz，都体现了这些在真实世界不存在的偶像，都可能受到观众与网民的热爱。

虚拟偶像和真实偶像之间的界限也开始变得模糊，他们往往可以从线上华丽转身到线下，进入普通人的生活当中。通过建立“老人版”的虚拟IP形象，可以构建出大众对于银发老人在大众心中的理想模样。并且带着老年人跟上这个快速变革的时代，让老年人也拥有年轻心态与追新意图。

专家点评：

这是一个有趣的创意，但什么是老年人“理想的样子”呢？我想应该是多样的，正如人生是多样的，老年人的“样子”也应该是千姿百态的，正如罗素所言，幸福的本质是参差多样的。而且不是“带着老年人跟上时代”，任何时代都是属于所有人的，包括儿童、青年人，也包括老年人。

——西南交通大学　张雪永

03 概念原型Concept prototype

简单 Simple　个性 Personality　博识 Smart

- 姓名Name：张××(Zhang ××)
- 职业Occupational：博物家（Naturalist）
- 性格Character：幽默·风趣·自恋（Humor, funny, narcissistic.）
- 特点Characteristics：时尚的生活追求（The pursuit of fashion life）

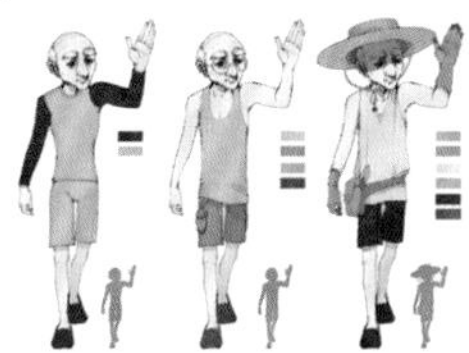

01 结论conclusion

"银发网红" + "虚拟偶像"

希望能够基于中老年人群的形象，创造出能够给大众带来积极影响力的"Influencer"

"Elderly Idol" + "Virtual Idol"

Hope to be based on the image of the middle-aged and elderly groups, to create a positive impact on the public "Influencer"

削弱偏见 Weakening Prejudice

银发新视角 Silver New Perspective

02 痛点云图Pain Points Cloud

老人A Old People A

拥有年轻心态 Have a young mentality

闲暇时间充裕 Enough leisure time

他们也想跟上时代，展现自己 They also want to keep up with the times and show themselves.

老人B Old People B

调节心理 Regulating Psychology

鼓励发声 Encourage self-voice

1. 年轻时没有时间追偶像？现在可以试试。When you're young, you don't have time to chase your idols, and now you can try them now.

2. TA有什么厉害的？我也可以！What's she/he good at? I can too!

04 宣发Publicity

好萌的银发老爷爷，给老年人也是一种精神的激烈和榜样

05 周边

S16 银发狙击手 / Silver Snipers
老年人组成的电子竞技职业战队

类别：游戏设计、交互设计、公关广告

年度：2018

地区：瑞典斯德哥尔摩

作者：恒美（DDB）

标签：电子竞技、公关活动、老年歧视、服务设计、瑞典

引自：戛纳国际创意节2018年铜奖

这是一支专门为老年人所创建的电竞团队。电子竞技是世界上发展最快的一项运动，全球有超过2亿粉丝。老年人市场被视为数字化下层阶级，但事实上电子竞技作为一种文化不仅能吸引年轻人，同样也吸引着那些我们觉得不是主流玩家的用户族群，如老年人等。

联想公司通过一次广告公关活动，创建了世界上第一支由老年人所组成的电竞战队——银发狙击手。该团队由63～81岁的老年人组成，经过两周的密集训练后报名参加了Dreamhack这个在全球影响力最大的电竞赛事，并与国际专业电竞队伍进行对抗。联想在其网站发布这个参赛团队的同时，企图将“不同才更好”（different）信念植入大众脑海中，以真实的老年人专业电竞团队的形式输入到一个全世界都在关注的电竞现场活动中，使数字化、社会化和真实现场活动相结合。这项公关活动的目标在于破除老年歧视，让老年人勇于打破数字鸿沟，增强社会对老年人口群体的包容性，也有助于提高老年人的福祉。

专家点评：

游戏从来不只是年轻人的专利。团队配合带来的友谊，击杀敌方带来的激励，享受游戏本身带来的快乐，以及适度游戏对反应和大脑的锻炼，都是所有人适用的。给老年人一个更年轻的心态，给游戏一个更客观的评价，都是很有意义的。只是从纯商业意义来看，如果作为固定战队加入赛事，老年人与年轻人同场竞技可能存在公平问题；如果完全是老年组对抗，对年轻人而言则观赏性相对较低，这些可能都会影响银发电竞赛事本身带来的营收。但是这样一支电竞队本身的组建就是不同凡响的，在社会层面有非常正面的意义，值得鼓励和提倡。

——上海国展展览中心有限公司　马智雯

AVERAGE AGE 70
LEGION PRESENTS
SENIOR CS:GO
WORLD CUP
AVERAGE AGE 73
VS.
SILVER
SNIPERS
FROM SWEDEN
GREY
GUNNERS
FROM FINLAND
GRAND FINAL
HIGHLIGHTS

S17 化妆疗法 / Makeup Therapy
用化妆帮助老年人提升自信的活动

类别：服务设计、美妆设计

年度：2018

地区：日本

作者：资生堂株式会社

标签：化妆疗法、社会参与、美容化妆课程、美容师资格证、日本

这是一项由资生堂株式会社发起，帮助老年人美容化妆的活动。人越是到老越应该从容优雅，而化妆可让老年人身心愉悦，让老年人再次追求美、认识美，并且助力他们重拾对生活的热爱，在身体上和精神上获得更多的自信。

这个位于日本横滨市的老年人保健院每个月开设2次化妆课，指导老年人自己独立完成化妆的全套动作。因为化妆不仅能使人心情开朗愉悦，涂抹口红、打粉底、保养皮肤等一系列美颜工作还具有增加脑部活动、防止失智症的功效。在这里，获取生活中的美妆知识是不分性别的，该保健院不仅迎接女性客户，对于男性也非常欢迎。除了专门为老年人开设美容化妆课程，工作人员同时也会鼓励老年人考取企业的美容师资格证，从而让老年人主动参与到各样活动中，借此增强老年人的社会参与感。爱美之心人皆有之，更何况经历了一辈子潮流更迭的老年人呢！

专家点评：

“女为悦己者容”的时代已经过去，女性装扮更多的是为了取悦自己，让自己保持自信、积极的状态。爱美是不分年龄的，让老年人接受化妆培训甚至是鼓励考化妆师是非常好的做法。干净清爽的妆容不仅会给老年人带来一天的好心情，也会让她们觉得自己除了年龄数字在增长，生活并没有什么不同！

——中国质量认证中心　吴旭静

SHISEIDO

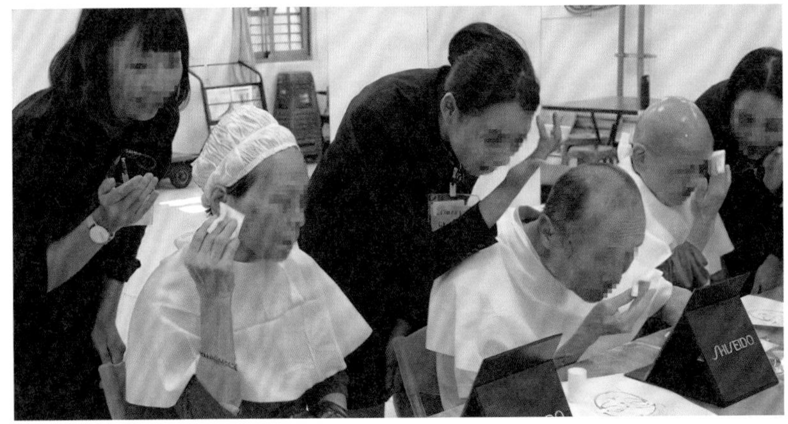
SHISEIDO

S18 老年时装 / Senior Fashion Wear

为老年人而生的时尚舞台

类别：时尚设计、公关广告

年度：2018

地区：英国威尔士

作者：赫尔穆特·朗（Helmut Lang）

标签：社会参与、冻龄、时尚摄影、老龄模特、英国

这是一个献给老年人的高品质时装摄影专辑。奢侈品品牌赫尔穆特·朗聘请一群年长女性作为其最新广告代言人，并且针对这些高龄女性模特进行了一系列拍摄，将这些照片公布在大众媒体上。此次摄影拍摄的目的旨在重新定义时装业中的老龄潮流，并且呼吁时尚界不要以刻板印象看待银发时尚。为了展示“时尚是超越几代人”的目标，执行拍摄专辑的摄影师表示：“我想展示主流媒体经常忽略的一代女性，更重要的是要表明风格和激情不仅仅限于青年！”

老年人的生活应该是精致的，我们印象中的朴素、质朴或许是老年人的品质，但不应该反映到他们的衣着穿搭上。同时，时尚视野也绝对是多维度的，时尚与潮流并非年轻人独有的权利，老年人也想能够穿着流行服饰，穿戴漂亮的手表、项链等首饰走在繁华街头去感受生命里跃动的活力。

专家点评：

虽然不存在“冻龄”的身体，但的确可以有“冻龄”的心态。健康是多维度的，而且健康和美密不可分。只要仍对美有敏感和追求，一个人就是不易老的。

——西南交通大学　张雪永

S19 隔辈亲 / Atavistic Affection
帮助隔代互动的游戏装置

类别：游戏设计、互动设计、时尚设计

年度：2018

地区：中国北京

作者：邹连双、周琦、叶婧瑶、张思静、杨宜榛、Joshua Rees

标签：服装设计、设计马拉松、代际交流、围裙、中国

引自：2018年设计马拉松

这是一款帮助老年人和小孩进行互动游戏的服装，它的特点就是服装展开后可以变成我们所熟知的游戏跳舞毯。当老年人失去记忆和行动能力的时候，会导致人们的归属感、幸福感逐渐与社区和社会活动隔离。这款游戏试图将数字系统集成到服装中，以支持与朋友家人和当地社区的沟通连接，从而提升老年人的健康和幸福感。该服装设计款式的灵感来源于老年人做饭时方便穿脱的围裙，款式的宽松和长度更便于老年人和小孩进行游戏互动。衣服上使用柔性电磁铁，通过色块显示图像，提供拼单词与拼图像两种游戏方式。

专家点评：

代际关系一直是近年来研究的热门话题，运用游戏的形式作为媒介，能够有效促进代际交流与合作。这个创意将游戏和围裙结合在一起，创造了一种有趣的交互方式，围裙的样式便于老年人穿戴，但考虑到穿戴衣物需要保障老年人的舒适性，将显示图像的设备以及跳舞毯内部的硬件融入柔软的衣物，具有一定的技术挑战性。将穿戴类产品作为休息区使用，也需要注意卫生问题，产品可以尝试多种游戏形式，避免这些问题的发生。

——西南交通大学　李芳宇

闲不住的老头老太太们

- 老有所为是现代社会解决人口老龄化的基本途径之一，实现自我亦是马洛斯需求层次理论中的最高层级。
- 本课题拟从"实现自我，老有所为"这一角度切入，发掘老年人的刚性需求.

尺有所短、寸有所长

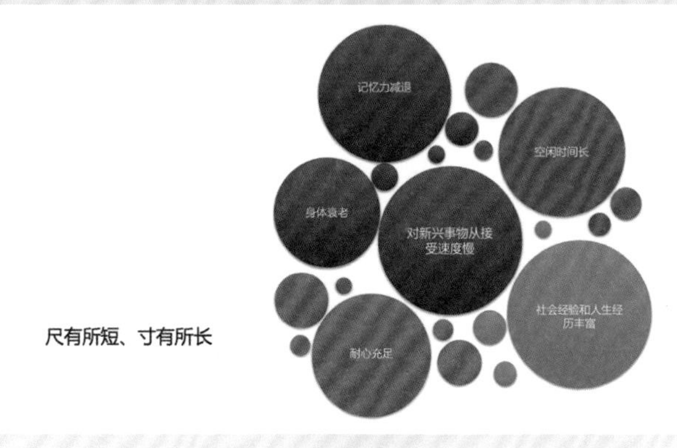

游戏展示

How to play on the garment

- 衣服可以通过色块显示图像
- 提供拼单词与拼图像两种游戏方式
- 衣服上使用柔性电磁铁，在答案错误时消磁
- 游戏结果将会反馈给父母

主推款式

- 款式灵感来源于老人做饭时的围裙，方便穿脱。
- 款式的宽松和长度，方便老人和小孩进行游戏互动。
- 服装在游戏的同时最大的特点就是服装展开后可以变成休息区域或者跳舞毯。

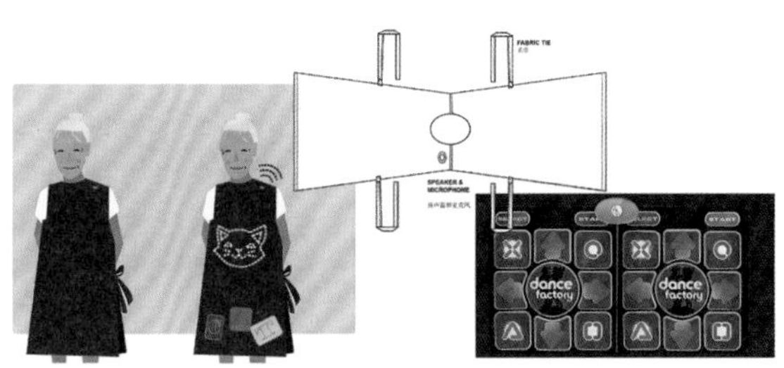

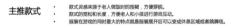

款式效果图二

- 国外代表服装——牛仔外套
- 超耐磨
- 勤俭节约的老人，在服装的使用寿命还是很注重的
- 牛仔布无疑是最好的选择，在老外心目中，最能代表他们传统服装的便是牛仔外套了。

S20 三个C / Triple-C 促进隔带合作的艺术工作坊

类别：服务设计、展示设计、产品设计

年度：2019

地区：中国北京

作者：张鹏、范予宁、张亚玲、郑成伶、徐乐嘉、凯拉·米勒（Kyra Miller）

标签：服装设计、公益活动、艺术工作坊、设计马拉松、中国

引自：2019年设计马拉松

这是一个艺术工作坊，让老年人和儿童共同完成一个玩偶设计。老年人的日常生活中不乏有趣的艺术创作，这些活动让他们的生活变得更为积极且充实，而这些正向面对生活的态度也许可更好地通过与儿童的互动来提升。让老年人带着孩子一起创作吧！在建立老年人生活自信的同时让他们持续对生活充满希望与活力。该活动旨在让双方共同收获有趣的艺术创作和学习，从而制作出玩偶产品。这些玩具在双方参与者所在社区展览后，通过电子娃娃机或线下市集进行销售，从而将获得的利润一部分返还给双方参与者或进行慈善捐助。

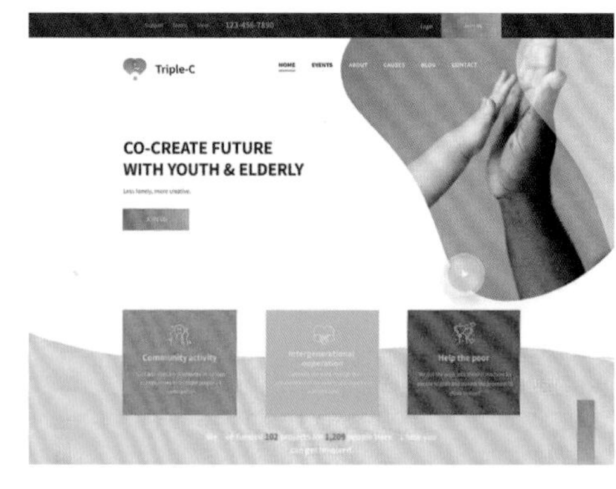

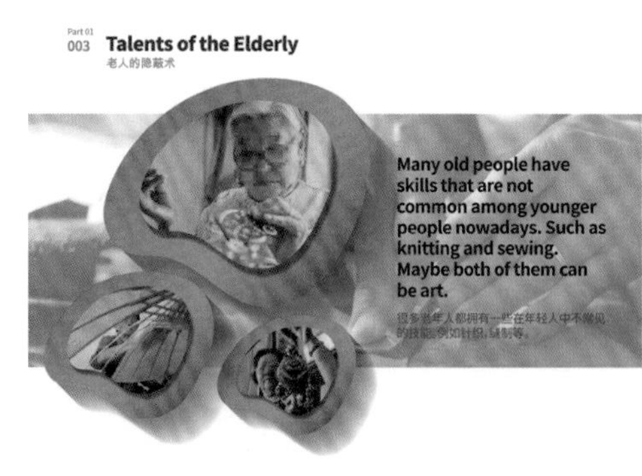

专家点评：

这是一个很好的创意，体现了全龄的理念。可考虑以养老机构和社区日照中心为平台，做成一个可持续的项目。

——西南交通大学　张雪永

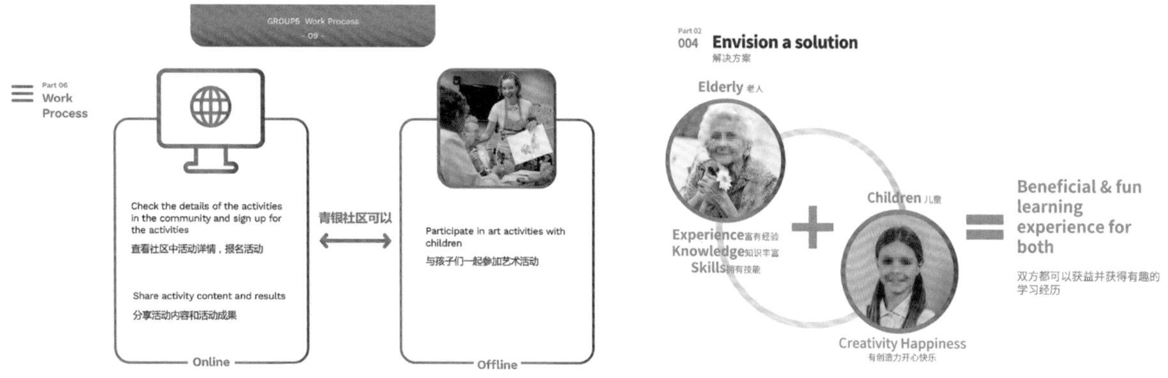

Part 03

006 Flow chart

人物画像

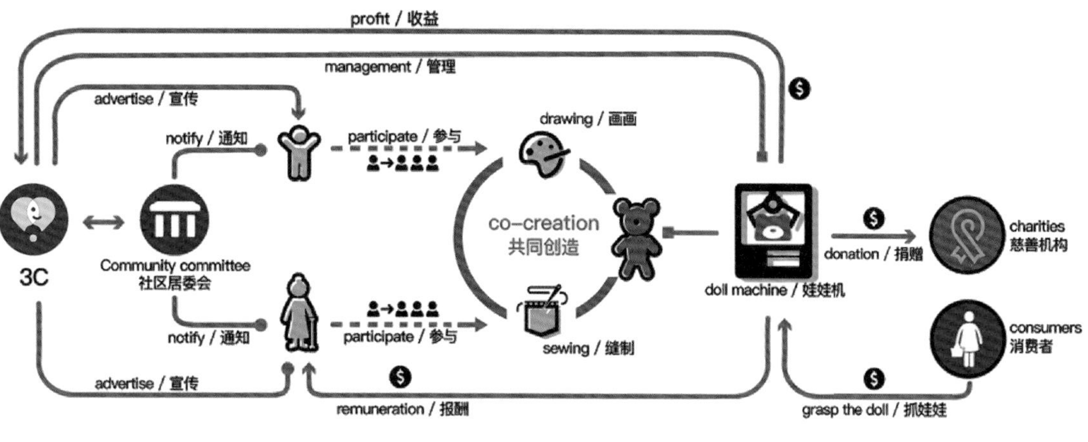

Capital flow / 资金流

Information flow / 信息流

Material flow/ 物质流

Behavior flow/ 行为流

S21 无年龄界限骑行 / Cycling Without Age
带上老年人一起去骑行

类别：广告设计、视觉设计、服务设计

年度：2015

地区：丹麦哥本哈根

作者：奥列·卡索（Ole Kassow）

标签：公益活动、社会参与、三轮车、骑行、丹麦

该活动是丹麦哥本哈根市民奥列·卡索于2012年发起的一项公益活动，鼓励社区志愿者向当地疗养院的老年人提供免费的三轮车骑行服务，促进志愿者与老年人的直接交流，建立代际信任和幸福的联系。其宗旨是要让老年人在一个积极的环境中感受年轻的生活方式，让银发族群也有骑上车随风飘扬的权利。

这项活动也向老年人证明他们都是社区的重要组成部分，从而促进心理健康发展，这有助于缓解他们的孤独感和影响心理健康的情绪。传统养老院中“衣来伸手，饭来张口”，或许把老年人的日常生活打理得很妥当，但对于部分老年人而言，他们心底最渴望的生活可能出奇的简单：用双脚在青草上踱步，用双眼看河中的鱼儿畅游，用青春的心境走完美妙的人生。

专家点评：

在影响老年期情绪体验的各种因素中，“丧失”的情绪体验最常见，影响也最严重。人到老年，虽然获得了充裕的时间，自由支配生活，但生理上的老龄化易体会到更多不安和恐惧，特别是身体状况不好的老年人，更容易产生负面情绪，也容易产生孤独感和严重的丧失体验。无年龄界限骑行让行动不便的老年人能够看到更远的风景，感受到更快的速度。

——中国质量认证中心　吴旭静

S22 最后十厘米 / The Last 10 cm
位于街角充满信息的观众席

类别： 书籍设计、信息设计、公关广告

年度： 2019

地区： 中国北京

作者： 李霜宁、王若妤、吴立格、欧牧晖、王子琪、Ana Krsmanovic

标签： 街道家具、书籍、公共长椅、设计马拉松、中国

引自： 2019年设计马拉松

这是一款为老年人设计的可调节的书形坐垫，放置于开放空间的公共长椅上，其功能集信息、关怀、社交、广告、线下服务、线上推广与盈利于一体。该坐垫如同书一般可以翻开，通过在黏合剂上转动层来调节座椅的高度，让老年人可以坐下来阅读休息，也可以翻开分成两个座位促进老年人间的交流。内页印有菜谱、流行词汇、棋谱和广告信息等，方便老人们在休息时观看，也可以将内页撕下分享给他人。

专家点评：

这实际上是一个通用设计，用书籍这一日渐消亡的知识载体为现代城市单调的公共空间增加文化气息。需要进一步思考的就是，让它承载什么样的信息。此外，这个“座椅”是纸质的，如果在户外，应该使用什么原材料呢？

——西南交通大学　张雪永

座位
seat

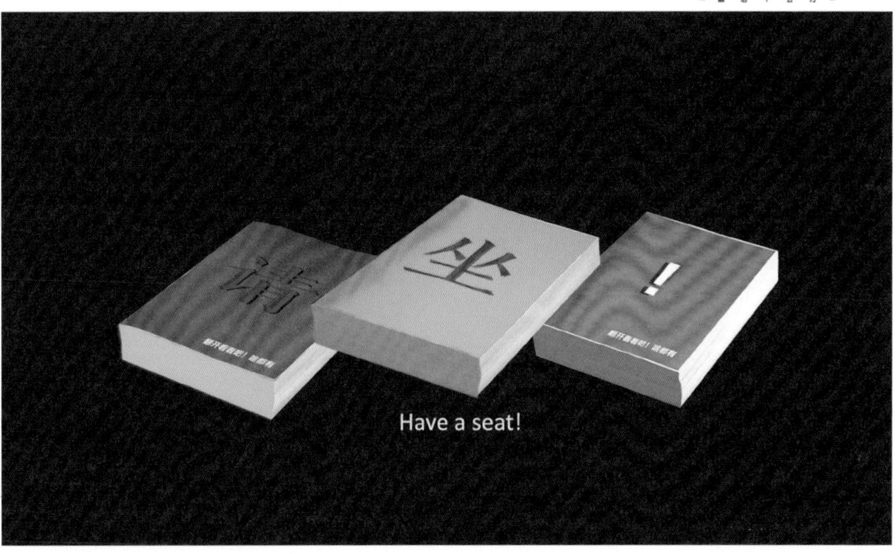
请
坐
!
Have a seat!

"最后10厘米"使用场景
"Last 10 cm" usage scenario
"最后10厘米"拉近距离
"Last 10 cm" usage scenario

用"最后10厘米"打造1个观众席
Create an auditorium with "last 10 cm"
姿势 position
参与 participation
未来情景 future scenario
蹲坐
Squat
躺卧
Lying down
养生
Ha Ha Ho
信息平台
Information platform
5G
网络媒介
Network medium

什么是“最后10厘米”？
What is the "last 10 cm"?

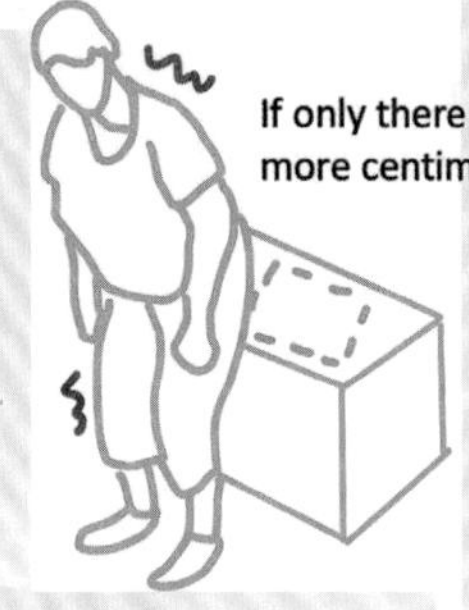

If only there was just 10 more centimetres...

弯曲膝盖并回到坐姿会导致疼痛。
Bending the knees and back to sit can cause pain.

“最后10厘米”构思
"last 10 cm" concept

稳定的位置
Stable position

折叠动作
Folding motion

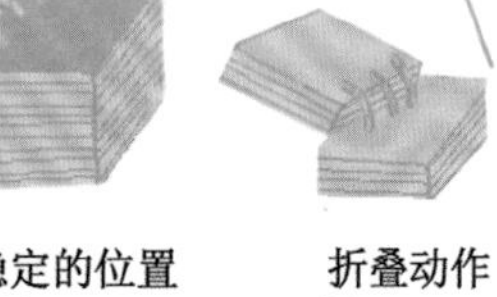

双座位
Two-seater position

撕掉页面
Tear away pages

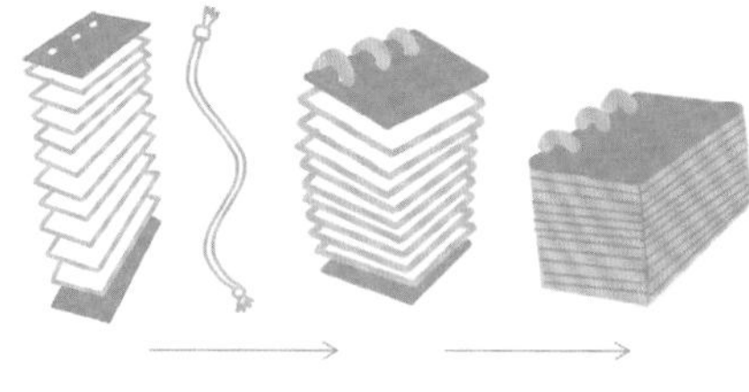

通过在黏合剂上转动层来调节座椅的高度，这可以允许人们坐下来阅读或成为两个座位。
The height of the seat can be adjusted by turning the layers over the binder, which could allow one to sit and read or become a seat for two.

请坐！
翻开看看吧！啥都有
sit！please
Open it and see inside！

S23 老龄友好便利店 / Age-Friendly Convenience Store
将养老服务渗透到社区中的便利商店

类别：室内设计、无障碍设计、服务设计

年度：2018

地区：日本

作者：罗森（LAWSON）

标签：便利店、日间照看、高龄社会、社区服务、日本

在老龄化的背景下，日本便利商店品牌“罗森”特别推出“罗森银发商店”，店内的陈设与规划都是为了银发用户着想，与一般便利店不一样之处是，这个特色商店有专属小推车、按摩椅以及可供购物过程中临时休息的座椅。在适老龄化设计改造部分，此类型店内不但扩大走廊与货架之间的宽度，也降低货架高度以方便使用轮椅的顾客购物。此外，商品架上的说明文字也被放大，以方便视力不佳的老年人选购。员工的训练服务也有更多关于跨代用户的训练，以照顾不同年龄阶段消费者的需求。

日本的“罗森银发商店”多数选址在医疗设施、养老院附近，有些商店甚至还提供日间照看服务，在居民区的便利店内开设药店和养老服务咨询窗口等便民柜台。这个在大众印象中的传统便利店，通过“食物”与人们生活建立了密不可分的联系，它们从“便利店”不断地进化，面向高龄社会做出了改变，也承担着一定程度的社会责任。

专家点评：

便利店因其覆盖范围广、密度高逐渐成为我们生活服务的综合体，收寄快递、缴纳水电费用等都能够通过便利店实现。将老年服务融入便利店是充分利用社会资源的极好尝试。

——中国质量认证中心　吴旭静

您可以在购物时随时咨询。

这是一家拥有护理基础的商店，它是在超龄社会的背景下诞生的。

罗森（Lawson）和护理提供者共同努力，为建立一个社会而努力，在这个社会中，社区中的每个人都可以在未来很多年内过上健康、安心的生活。

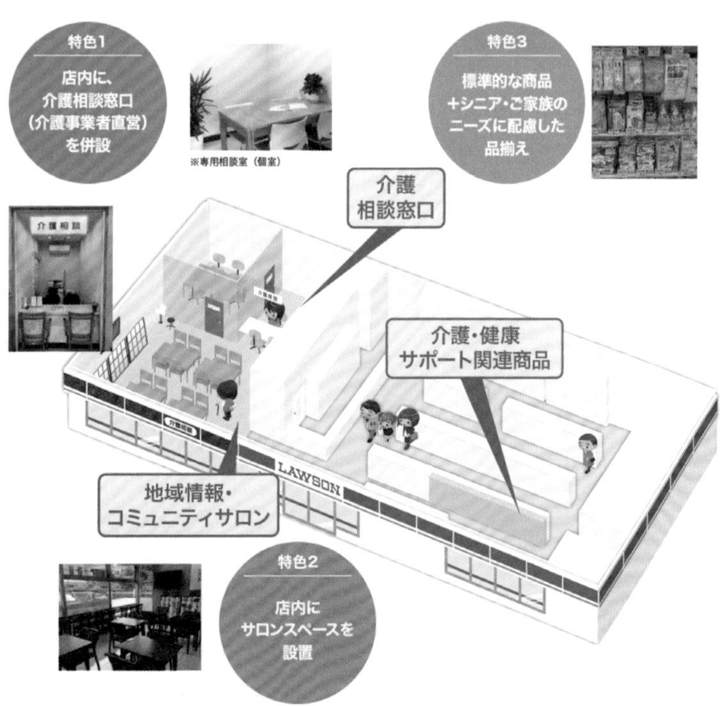

S24 一无是处照料手册 / Useless Care Manual

全面覆盖养老照料行业的工作人员手册

类别：视觉设计、插画设计、信息设计

年度：2019

地区：日本东京

作者：一野守、重野重人、良治良一、秋田晃、古泽淳

标签：漫画、工作手册、照料服务、日本

引自：OiOiOiten老龄展（日本studio-L）

这是一本由日本养老社区一线工作人员共同编写的老年人护理手册，目的是为所有参与养老照料行业的工作人员提供一个亲和力强但是覆盖全面的老年人护理指南。本书不同于传统护理手册中冗长繁杂且枯燥无味的文字说明，它的内容通过漫画来指导阅读者科学地照料老年人，让知识传递的过程变得轻松简单且诙谐幽默。

在养老领域，培养一位合格的护理人员需要冗长的时间和大量实践经验。那些初来乍到的护理人员仅依靠在办公桌上学到的知识，其实很难应付复杂多变的真实护理过程中产生的状况，但是过去的指导手册多数是靠文字撰写，缺乏图片辅助，以致阅读起来干涩难懂。为了应对这种情况，Korekara设计工作室决定把这种学习过程中的痛苦转化为乐趣。他们搜集了许多可以开心照顾病人的小窍门，并制作了一本漫画风格的护理手册，目的是将一些能用上或用不上的知识收集起来，帮助所有参与养老照料行业的工作人员向老年人提供周到的照料服务。

专家点评：

卡漫风格的表现，向人们传递出的是轻松、有趣、简单、便捷、老少皆宜的印象，能够有效改变人们对老年人护理教科书、使用手册大多倾向刻板、教条式的枯燥无趣形象，降低潜在受众深埋心中的潜意识抵触心理，大幅度增加人们参与、翻阅的意愿和延长阅读的时效。视觉传达创意设计的魅力不言而喻，也显示出视觉传达创意设计表现的多样性、灵活性和有效性。

如何应对专业手册在出版后可能因内容枯燥乏味而降低目标受众的阅读意愿，这不单单只是创意设计师们将面临的困扰，更是出版商、撰稿人需要审慎考虑的重点！选择适当的表现手法对于一件极有意义的愿望而言，不应该被简单地理解为仅仅只是锦上添花，更有必要被当成是一种“视觉创意传达策略”专题来理解。当视觉创意设计师与出版商和专业撰稿人共同组成为一个优质的创意团队时，将迸发出令人们意想不到的能量！

——南开大学文学院艺术设计系视觉传达设计专业主任　吴立行

まったく役に立たない
介護マニュアル
火をつけたまま忘れて
鍋を焦がす
おもしろ変換すると
心まで焦がしてなければ
セーフ!
事例④
過剰に痛がる

まったく役に立たない
介護マニュアル
試作版

まったく役に立たない
介護マニュアル

試作版

会場でお待ちしております

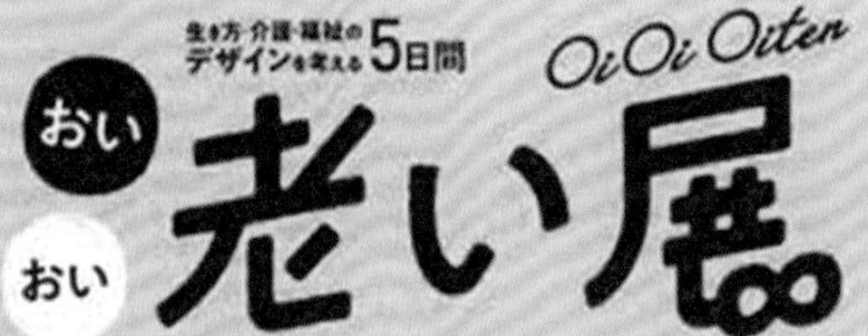

生き方·介護·福祉のデザインを考える5日間
OiOi Oiten
おい
おい
老い展

2019.3.21(木·祝)－25(月)
アーツ千代田 3331 1Fメインギャラリー
10:00-21:00　入場無料
主催　株式会社 studio-L　　平成30年度厚生労働省補助事業

S25 老年人 / Old Man，Old Woman
提醒社会关怀老年人的海报

类别：信息设计、视觉设计、广告设计、平面设计
年度：2019
地区：芬兰
作者：简单些（Make it Simple）
标签：海报、孤独感、社会隔离、救世军、芬兰
引自：戛纳国际创意节

老年人的孤独感和社会隔离感已经成了芬兰的重大社会问题之一，简单些广告公司和公益组织“救世军”（The Salvation Army）共同创造了一系列平面作品《老年人》：连绵的森林和深山中，孤立着一个高高的建筑，在建筑顶层中居住的老年人，独自孤守在窗台，忧郁地看着外面的世界。传递给读者一种与世隔绝的孤独感，表现出老年人与社会形成了割裂。通过这个作品能向大众传达“救世军”所持有的理念，也就是“不让任何一个需要帮助的人掉队”。

专家点评：

众多学者指出，老年人面临的最大问题不是医疗服务和经济福利，而是社会融合。主要原因包括自身行动不便（移动能力减弱）、住所周边缺乏交流空间等。简单些广告公司的两幅海报恰如其分地反映出这一问题。

——西南交通大学　杨林川

S26 绝望、无助和孤独 / Despair，Helplessness & Loneliness 防止自杀服务的宣传海报

类别：视觉设计、平面设计、广告设计

年度：2017

地区：中国香港

作者：撒玛利亚会（The Samaritans）、里德·柯林斯（Reed Collins）

标签：防自杀、老年人、弱势群体、精神疾病、中国香港

引自：戛纳国际创意节

撒玛利亚会是一间非营利性慈善机构，它专门为情绪受困扰和企图自杀的人提供支援。香港的撒玛利亚会在2017年委托香港奥美广告创意总监里德·柯林斯制作了一系列海报，将“绝望、无助、孤独”以铁笼的形象呈现在视觉中，比喻患有疾病被困在笼子里，也借此传达“24小时防自杀服务”的服务宗旨。面对老年人群体，使用海报这种直观宣传形式是一种高效且易于传递的媒介，通过这些张贴在城市内的海报，能有效引导有心理障碍的老年人向撒玛利亚会寻求心理咨询和协助。

专家点评：

“象征”与“比喻”是视觉传达设计中一种常见且极为有效的技巧。一旦将文化符号、认知经验、画面形式三者通过“象征”与“比喻”的手法成功结合时，作品就能在最短时间内经由观看行为与观者的内心加以联系并取得感同身受的效果。这组海报创意刻意将中文字形的造型特征及与其相对应的文字意涵巧妙地整合成为一个具有与文字同义性的新形态三维空间图像，而将老年人的孤苦情景、心理状态，置入这样一个以汉字为主所组成的图像空间中时，画面的符号意义即形成了多重的统一性，也正是因此，使这组海报格外具有视觉和情感张力。

——南开大学文学院艺术设计系视觉传达设计专业主任　吴立行

S27 时代的标志 / Sign of the Times
为银发族过马路设计的专门路标

类别：平面设计、视觉设计、信息设计、广告设计

年度：2016

地区：英国

作者：NB工作室（NB Studio）

标签：公益活动、老年人出行、路标、英国

该设计希望以老年人的形象为基础对现有英国道路标识进行重新改造，并进行公众推广与展览。执行该项目的NB工作室邀请了多位知名设计师重新设计100个“老年人过马路”的路标，希望通过此项目提高大众对零售商Spring Chicken的认识。此路标设计完成后，英国媒体每日邮报（Daily Mail）、赫芬顿邮报（Huffington Post）、电报（Telegraph）都对该项目相继进行了报道。NB工作室在举办完展览后将他们所设计的书籍和纪念品等原稿进行拍卖，将收益捐赠送给慈善组织“年代英国”（Age UK），后续还与制定道路标识的英国运输部进行了洽谈。

专家点评：

随着年龄的增长，老年人面临着移动能力和认知能力下降、视觉听觉减弱等一系列问题，这使他们的出行出现了一些困难。“老年人过马路”路标唤起大家对老年人过街问题的关注，但是它也招致了一些争议（如年龄歧视）。

——西南交通大学　杨林川

Elderly people
YOU YOUNG FOOL
Old age comes quickly
Slow down

What's a jollier way to warn of old folk ahead?

Elderly people

MY NAN

Oldies

SENIOR PLANET

Street Style: How One Little Sign Says So Much

For our Members and friends

METRO

The Elderly Crossing sign could be about to get a sprightly new look

The Telegraph

POST50

Designers Hope To Replace The Much-Hated 'Elderly Crossing' Signs

S28 造境机 / Vision Maker

唤起老年人往昔记忆的梦想清单

类别： 视觉设计、服务设计

年度： 2019

地区： 日本

作者： 菅原昌宏、大山真司、平川高太郎、小野泽瑞大、美浓光、国重亚希子、青柳祐美、小川真太郎、山田果林、山田樱子

标签： 怀旧疗法、阿尔茨海默病、照片、梦想清单、日本

这是一个为老年人设计的梦想清单，主要通过照片的视觉信息来唤起老年人的感受和记忆，这些照片主要来源于旅行、运动、美食和四季景色等，让老年人看完这些照片后也能回忆起过去生活点滴以及自己未来想做的事情。

为了帮助老年人的家人或照护者实现老年人想做的事，《造境机》的工作人员会根据引起老年人留意到的照片与他们单独交谈，在了解老年用户的意愿后与家人商量并一同制订实施计划，从而帮助老年人定制梦想清单。

专家点评：

追忆往昔生活是老年人在晚年最喜欢做的事情之一。造境机通过照片展示，唤起老年人对往昔生活的记忆，有助于老年人开心快乐地度过闲暇时光。

——西南交通大学　杨林川

VISION
MAKER
ビジョンメーカー
やりたいことを実現する
介護職のファシリテーションガイド

人生いくつになっても、やりたいことを実現できます。

やりたいことに大小はありません。あるのは人それぞれの思いです。人はたとえいくつになろうとも、自分の夢や、やりたいことの実現に向けて自分自身で取り組んでいると、体の力や命のエネルギーが湧いてくるかもしれません。それは介護・福祉施設の利用者も同じです。しかし職員の皆さんはどうしても、手伝いすぎてしまうことがあり、利用者が「自分でやっている」という実感を持つことが難しいかもしれません。そこはグッとこらえて、利用者が自ら取り組むことができるよう支援してください。そうすることが、利用者の自立支援に繋がっていくはずです。

趣旨

写真から見つけた「やりたいこと」を、自分自身で実現するサポートをしましょう

介護・福祉施設の利用者に写真を見てもらうことから始まります。施設の廊下などに写真をたくさん貼り出しておくと、日常的に目に触れるのでお薦めです。気になった写真をもとに個別にお話する中で、本人のやりたいことを見つけながら希望や意見を整理して、ご家族とも相談して、スタッフの皆さんで実行に移していきます。

1 写真をたくさん用意しましょう！

写真は施設で撮ってきたものや、インターネット上のフリー素材を活用しましょう。衣・食・住に関する写真はもちろん、旅行やスポーツ、四季の景色や乗り物など、色んな種類の写真を準備してください。色んな写真を見てもらうことで、誰も知らなかった利用者の情報を引き出すことができるかもしれません。

2 写真を眺めながら、お話しましょう！

利用者と写真を眺めながら、気になる写真について話してみましょう。立ち話をするような雰囲気が良いでしょう。利用者の思いや気持ちと昔話を紐解きながら、楽しくお話を進めていってください。例えば「懐かしい写真はありませんか？」「どの風景が気になりますか？」「やってみたいと思う写真はありますか？」など、利用者が自由に答えることができるよう、提案型の問いかけを意識しましょう。

3 実現に向けて踏み出しましょう！

利用者が興味のある写真を選んだということは、①過去にしたことがあるものや、②現在もしていること、または③いつかやってみたい未来への思いが含まれています。それらの情報を分析することで、やりたいことの実現への第一歩になります。裏面の事例を参考にしながら、実現に向けて進めていきましょう。

自分自身でやりたいことを実現する…進め方の例

施設利用者のやりたいことが明らかになったら、それを自分自身で実現することができるようサポートしましょう。まずはその手がかりとして、施設利用者がやりたいことを具体的なシーンに整理します。その後、その人が自分自身で実現していけるよう、施設職員がサポートします。以下の事例を参考に、進めてみてください。(※実在する人による事例です)

焼き肉の写真を選んだＡさん

施設に入る５年前まで、息子や家族と一緒に近所の焼肉屋に行くのが好きだった。焼き加減にこだわりがあり、全部自分で焼いていた。焼き肉が美味しいのはもちろん、ワイワイとみんなで食べる感じが好きだった。

まずはＡさんの話を整理しましょう

	過去 やっていたこと	現在 やっていること	未来 やりたいこと
何を	焼肉	なし	**また焼肉をやりたい！** 誰とどこで焼肉をやってみたいか聞いてみましょう。焼肉をやる日と誘う人を決め、声掛けはＡさんにやってもらいましょう。もし昔通っていた焼肉屋が良ければ,Aさんに電話してもらいましょう。そして当日はもちろん、Ａさんにこだわりの焼き加減を披露してもらいましょう。
いつ	５年前	なし	
誰と	息子、家族	なし	
どこで	自宅近所の焼肉屋	なし	

庭の写真を選んだＢさん

施設に入る前は自宅で家族と庭いじりをやっていた。鉢植えの花を育てたり、草木を手入れしたりしていた。しかし施設に入ってから自宅に帰っていないので、自宅の庭がとても気になっていることを強調していた。

まずはＢさんの話を整理しましょう

	過去 やっていたこと	現在 やっていること	未来 やりたいこと
何を	庭いじり	鉢植えを育てている	**ガーデニング、畑作りもやりたい！** これからやってみたいこととして、ガーデニングや畑作りが挙がりました。そこでＢさんと、誰といつ頃からやってみたいか、一緒に計画を立ててみましょう。そしてＢさんから家族や施設利用者に声をかけてもらい、仲間を集めて、場所作りから始めるなど、少しずつ実現していきましょう。
いつ	施設に入る前	時々	
誰と	家族	１人で	
どこで	自宅の庭	施設の玄関先など	

VISION MAKER

ビジョンメーカー

やりたいことを実現する
介護・福祉のファシリテーションガイド

「VISION MAKER」は、これからの介護・福祉の仕事を考えるデザインスクール九州ブロックで生み出されたプロジェクトです。
介護・福祉の現場をさらに魅力的にするための取り組みとして、どなたでも活用することができます。 https://korekara-pj.net/

S29 老年人的新潮流 / The Newest Trend Is the Trend of Elderly

呼吁大家关爱老年人的活动

类别：平面设计、产品设计、广告设计

年度：2012

地区：巴西

作者：SPR、拉尔圣维森特德保（Lar São Vicente de Paula）

标签：公益活动、手势、海报、环保手环、巴西

这是由葡萄牙助老组织拉尔圣维森特德保（Lar São Vicente de Paula）发起的一个公益慈善活动，它们委托设计公司SPR制作了各式各样的环保手环，用发放手环的方式传递爱与和平的信念，表达关爱老年人的决心。这次公益慈善活动中所出现的海报充满了年轻风格，海报中呈现的手势代表一般人生活中的种种情绪传递，以手势所构成的平面海报来告诉大家在这个逐渐老龄化的世界里，关爱老年人刻不容缓。

专家点评：

老龄化社会的形成与国家生产力的关系在20世纪中后期逐渐成为世界各国关注的议题。到了21世纪，更多的个人、机构、团体从人文关怀的层面意识到幸福感、健康、社会参与对于老龄人口价值重建的意义，将关注点回归到老年人的生理和心理需求上。视觉设计具有在第一时间通过最直观的形象来达到向社会大众传递信息的优势。海报以“最新的趋势是老龄人的趋势”为题，搭配具有双重性的象征形象：老年人粗糙的皮肤和象征性的手势，将“老弱”和“活力”的印象形成强烈的对比，加以组合。此种视觉言语表达，不仅提醒我们从不同的角度思考对特定人群的既定印象，而且进一步将“理解”转化为付诸行动的意愿。

——南开大学文学院艺术设计系视觉传达设计专业主任　吴立行

THE NEWEST TREND IS THE TREND OF THE ELDERLY.
Buy our bracelets.
We are going to be touched:
Love you, ok?
Acess www.pulseirinhasdolar.com.br and join the movement.
Lar São Vicente de Paula

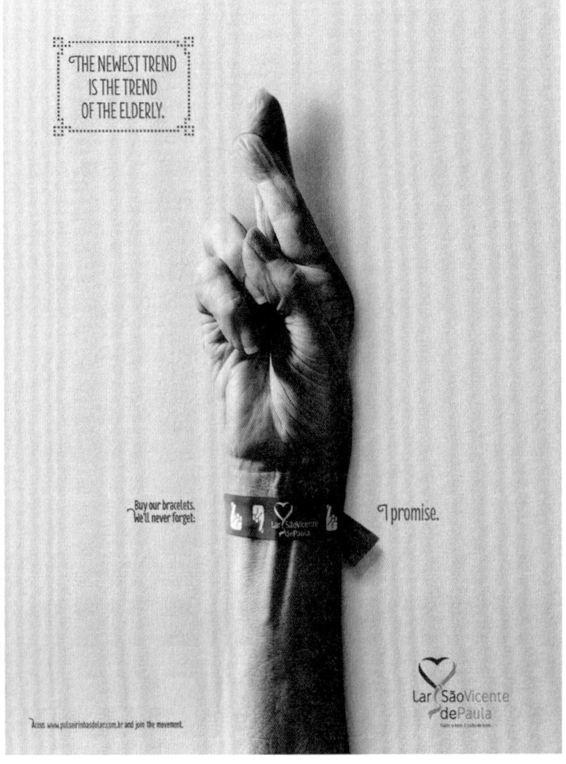
THE NEWEST TREND IS THE TREND OF THE ELDERLY.
Buy our bracelets.
We'll never forget:
I promise.
Acess www.pulseirinhasdolar.com.br and join the movement.
Lar São Vicente de Paula

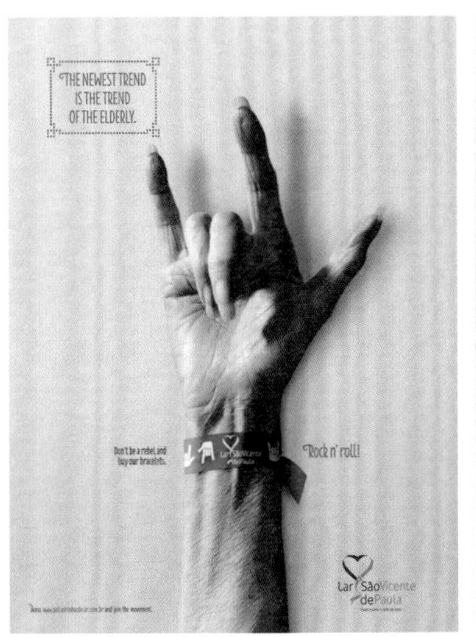
THE NEWEST TREND IS THE TREND OF THE ELDERLY.
Don't be a rebel, and buy our bracelets.
Rock n' roll!
Lar São Vicente de Paula

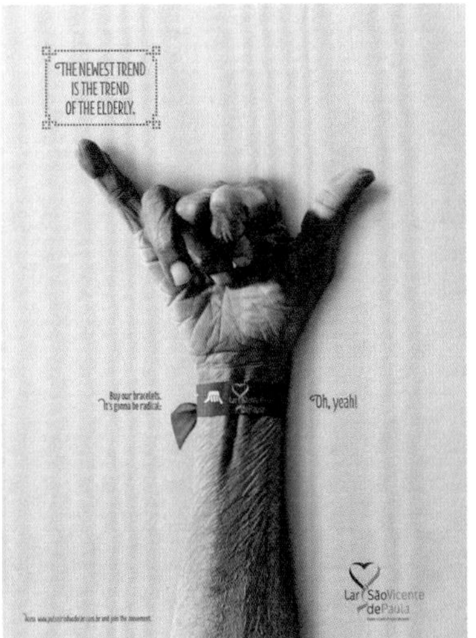
THE NEWEST TREND IS THE TREND OF THE ELDERLY.
Buy our bracelets.
It's gonna be radical:
Oh, yeah!
Lar São Vicente de Paula

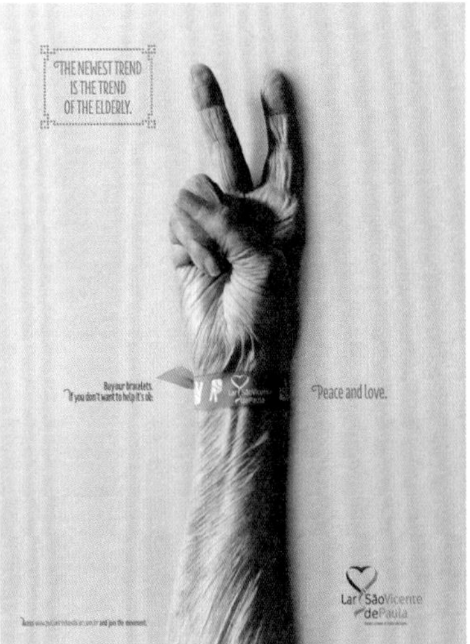
THE NEWEST TREND IS THE TREND OF THE ELDERLY.
Buy our bracelets.
If you don't want to help it's ok:
Peace and love.
Lar São Vicente de Paula

S30 我和父亲 / My Father and I 生命规划的纸牌游戏

类别： 游戏设计、产品设计、视觉设计

年度： 2019

地区： 日本

作者： 田中正大、二村直人、安藤万佑子、田井舞华、川嶋修司

标签： 纸牌游戏、阿尔茨海默病、临终规划、家庭照料、日本

引自： OiOiOiten老龄展（日本studio-L）

这是一款专为用户规划家中老年人养老所制作的纸牌游戏，其出发点是希望为想要了解更多护理知识的人创造一个较为简易而且具备娱乐感的工具。假设你的家人某一天突然需要接受养老照料或认知症照料，那么需要做些什么呢？以此为背景，该纸牌游戏的设计师将阿尔茨海默病患者的经历制作成了纸牌游戏，并通过邀请家人一同参与游戏，在玩耍中进行交流与学习。该纸牌的设计者们更希望通过这种有趣的方式了解以上护理工作。此外，为了能提供更真实的游戏体验，相关认知症的护理人员不仅参与游戏创作，还有部分设计师直接参与到游戏中，让用户在玩耍过程中边聊天边享受玩耍游戏的乐趣。

专家点评：

在生命的旅途上，有太多需要我们正视却又往往得真正面临时才有意愿花精力去理解和面对。养老与疾病就是这样一个每个人都必须面临的人生大事！而且当事情发生时，永远不可能只由自己一人承担。因此，如何能通过创意设计，提前和家人做好相应的心理和行为准备，就成为值得我们关注的议题，也成为设计创新需要重点思考的领域。该纸牌游戏把医疗知识、生命教育、家人情感用游戏的方式联系在一起，不失为一个很好的创意方案。值得在意的是，视觉设计固然能够为游戏增添魅力，但怎样通过有趣且符合逻辑的游戏内容及规则来完善这个创意，使其产生预期的效果才是关乎游戏成败的核心。

——南开大学文学院艺术设计系视觉传达设计专业主任　吴立行

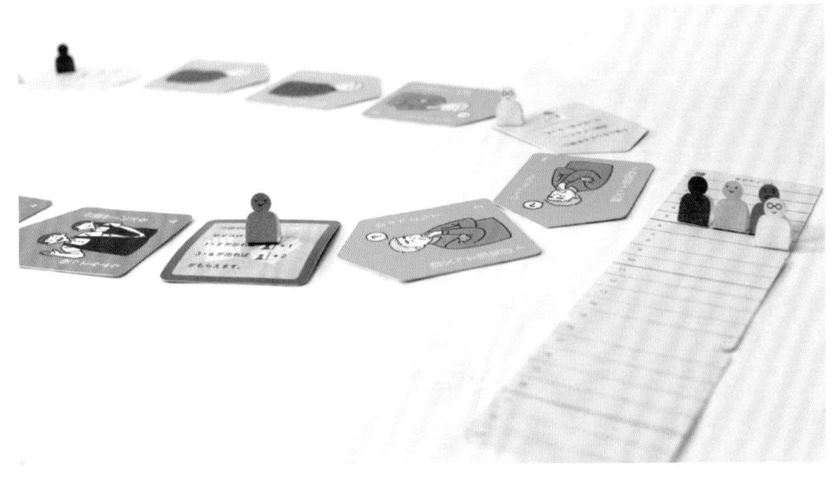

身体が痛いっていうから、
そばでさすっていたら
笑顔になった。

S31 五节课 / 5 Kan's Class
让老年人和小学生一起学习的课程

类别：服务设计

年度：2019

地区：日本

作者：竹田直树、伊妻礼子、大石彩花、武田奈都子、铃木希望

标签：小学课程、社会参与、汉字学习、人文关怀、日本

五节课是指在日本小学生的五门课程中加入了“长期照料”的要素，让小学生和老年人成为同学一起学习，亲身感受并共享学习成果。加入“长期照料”元素并非意味在小学课程中新增一门全新的课程，而是在日语和体育等两个较为重要的科目中鼓励孩子跟老年人家一起上课，让孩子们能感受到“长期照料”的意义。比如，在上体育课的时候，试着用小学生和老年人的身体语言来表现运动方式，以切身感受到老年人身体和孩子的不同，在彼此学习的过程相互发现并相互理解对方的感受。

专家点评：

“五节课”是一个大胆的“服务设计”尝试，因为如果这个服务设计项目操作的好，那就能够同时对老年人和小孩乃至于家长和学校都带来非常积极、正面的人生体验和意义。但是，我们都知道其中的难度是非常大的。对什么是好的“服务设计”进行判断时，首先需要关注的是设计的核心对象是谁？终极目标是什么？以及我们可能面临的问题是什么？然后才能重点考虑如何解决操作过程中可能遇到的难题，尤其是“人”的因素。衷心的盼望，有更多人能够因为这本书对此项目的介绍，而开始更深入地去关注和挖掘这个项目的实施细节，以及后续的发展。

——南开大学文学院艺术设计系视觉传达设计专业主任　吴立行

がんの
授業
2019 1.19 土 14:30 16:00
yuinowa

テーマ
老
国
語

银发产品设计
Product Design

P1　斯威沃兄弟轮椅 / Scewo Bro
为残障人士设计的多功能智能爬楼梯轮椅

类别：产品设计、工业设计

年度：2019

地区：瑞士温特图尔

作者：斯威沃（Scewo AG）

标签：电动轮椅、助行器、工业设计、瑞士

引自：2019年红点奖最佳设计奖

这是由苏黎世瑞士联邦理工学院的五位硕士研究生共同研制出的一款能自动平衡，可攀爬楼梯的电动轮椅。日常生活中，轮椅使用者出行非常不方便，处处都有障碍，一些简单通过台阶和爬楼梯的行动对他们而言都是较大的挑战。此轮椅基于两个大轮子和内置轨道的创新组合，通过底部硬质橡胶材质的履带，可以让用户舒适且安全地攀爬楼梯或通过有轻微转弯的楼梯。

在平地模式下，它与普通电动轮椅功能一样，虽然底部只有两个轮子辅助行驶，但通过其自身搭载的精密传感器和三个陀螺仪，能够快速自动地寻找平衡，即使行驶过程中也不会剧烈晃动；在升高模式启动后，轮椅会垂直升起，方便使用者拿到高处的物件，或与站立的对象进行更为舒适的眼神交流。该轮椅的问世不仅能提升残疾人的生活质量，也能让他们感受到足够的尊重。

专家点评：

与其说是创意的设计，不如说是由技术的进步带动设计发展。技术又恰恰是在有了新的想法之后，在设计的过程中最困难的部分。需要有大量的数据采集和机械试验部分的支撑。辅助老年人行走的产品，更需要保证每个步骤的安全性与零部件的合理设计。

——北京服装学院　丁肇辰

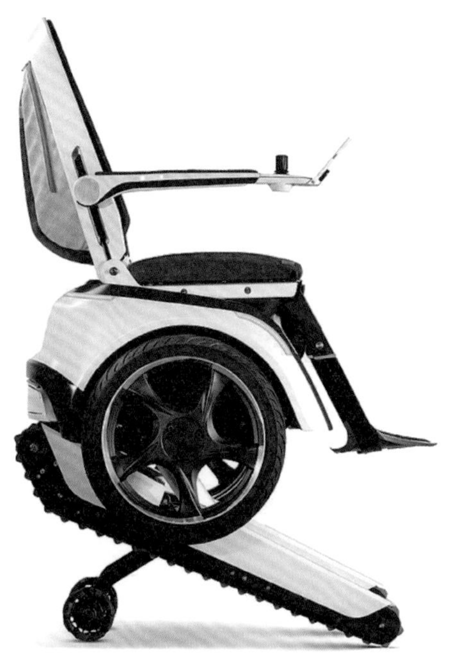

HELLO
MY
FRIEND !

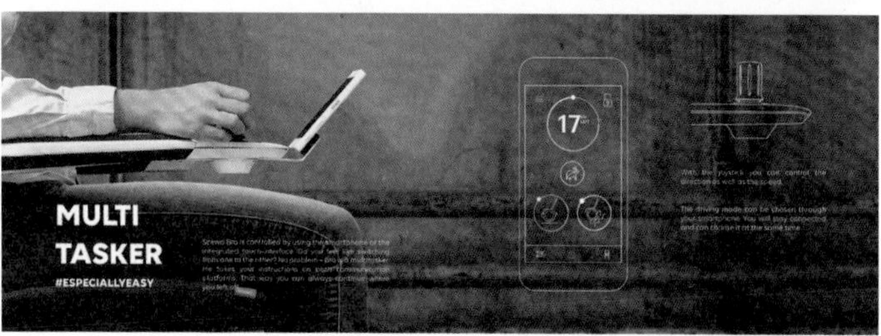
17
MULTI
TASKER
#ESPECIALLYEASY

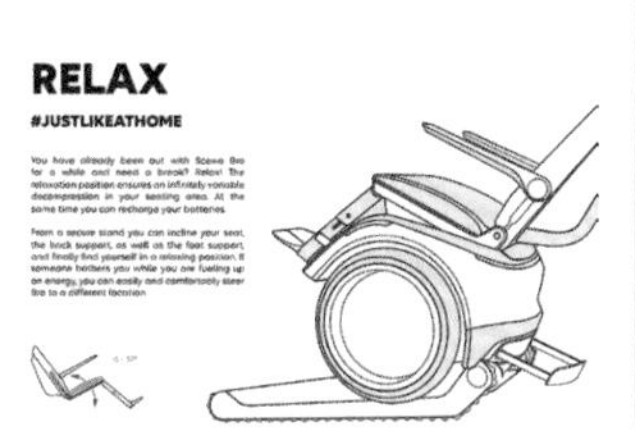
RELAX
#JUSTLIKEATHOME
You have already been out with Scewo Bro for a while and need a break? Relax! The relaxation position ensures an infinitely variable decompression in your seating area. At the same time you can recharge your batteries.
From a secure stand you can incline your seat, the back support, as well as the foot support, and finally find yourself in a relaxing position. If someone bothers you while you are fueling up on energy, you can easily and comfortably steer Bro to a different location.

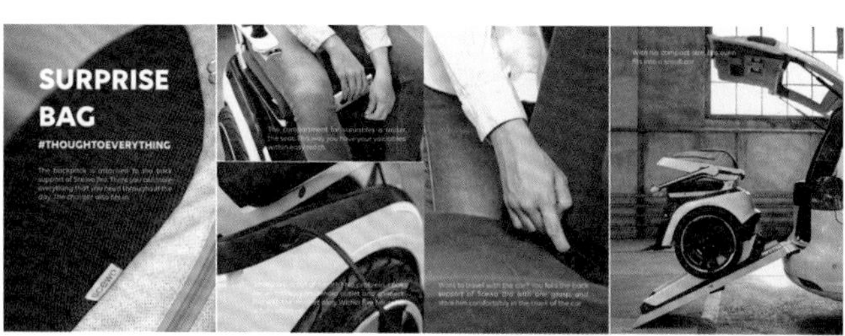
SURPRISE
BAG
#THOUGHTOEVERYTHING

MOUNTAIN
CLIMBER
#NEWLYINVENTED

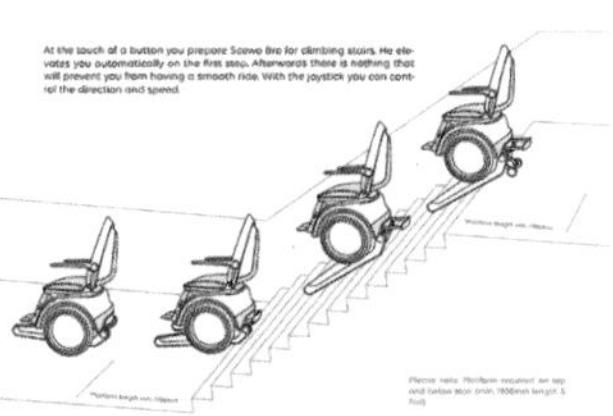
At the touch of a button you prepare Scewo Bro for climbing stairs. He elevates you automatically on the first step. Afterwards there is nothing that will prevent you from having a smooth ride. With the joystick you can control the direction and speed.

FIRST
CLASS
#COMFORTPLUS
Your Scewo Bro, your settings, your comfort. To make every drive fabulous, Bro is adjustable as a first class seat.
You want to use your own cushions? No problem. You can quickly and easily click them in.

P2 真空吸尘器 / Vacuum Cleaners

无须弯腰就能操作的无障碍吸尘器

类别：产品设计、工业设计

年度：2019

地区：英国莱切斯特

作者：亚历克斯·沃辛顿
（Alex Worthington）

标签：通用设计、肌肉骨骼退化、
真空吸尘器、英国

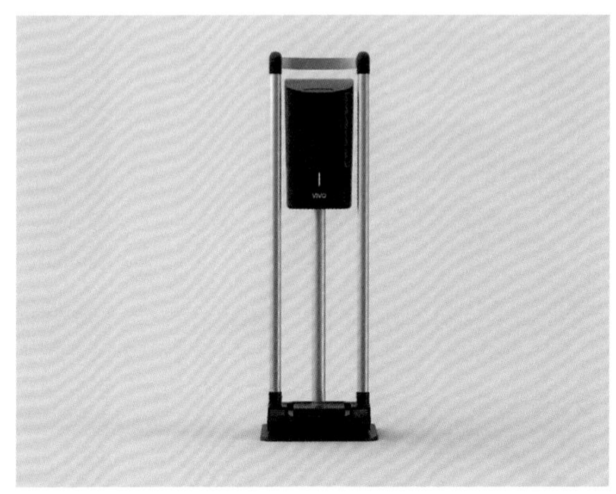

这是一款为身体有障碍者或老年人设计的真空吸尘器。许多老年人受到关节炎和肌肉骨骼退化疾病的困扰，这使他们很难完成基本的家务活动。常规的家用吸尘器沉重且需要弯腰操作，导致手腕酸痛，背部疼痛。这是一款不需弯腰就能完成日常室内清扫的吸尘器，拥有符合人体工程学的外观构造，可以减少用户的背部负担和行动压力。

它解决了普通吸尘器集尘盒靠下的问题，设计师将充电桩上的灰尘孔与吸尘器上的灰尘沉积孔对齐，将灰尘转移到充电桩顶部的袋子中，从而简化排空过程，不需用户费力弯腰更换集尘袋。此外，它还有两个手柄，老年用户可轻松站立在机器后面推行，无须弯腰或使用手臂大力推拉。

专家点评：

此款吸尘器是专门为特定需求的人群设计并开发的产品，对于设计师而言，绝对是一个非常能够体现善意设计及设计价值的选择。这件产品设计与其说是专门为老年人而设计，倒不如说是基于老年人所面临的身体机能退化状况为起点，而开发出的更加适合所有人使用的人性化、合理化、无障碍的日常生活清洁器械。这就给了我们一个非常有意义的启示，当我们在思考设计的时候，往往习惯于从个人当下的生理及心理情况出发，或是从大多数人的需求现状出发。实际上，为特定需求人群进行设计的时候，往往同时也解决了大多数人在现实生活中面临却又不知如何解决的重要问题。

——南开大学文学院艺术设计系视觉传达设计专业主任　吴立行

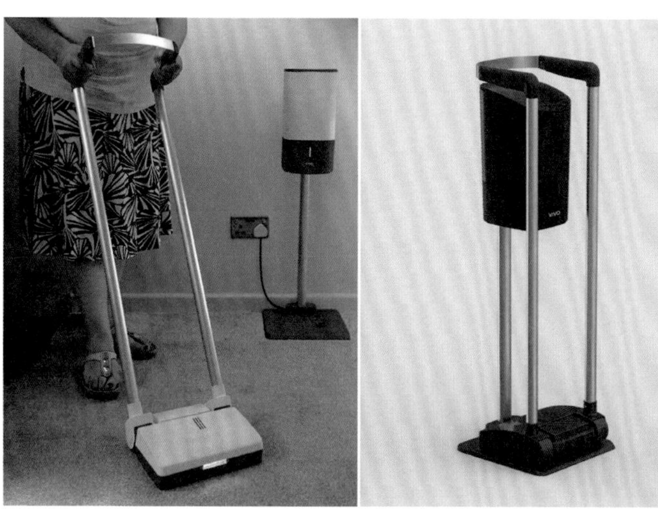

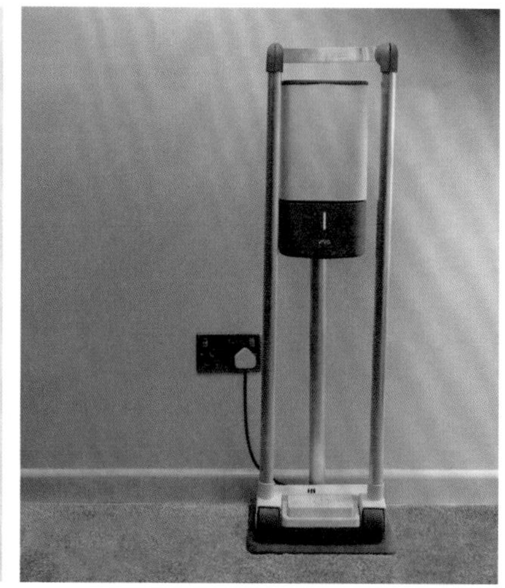

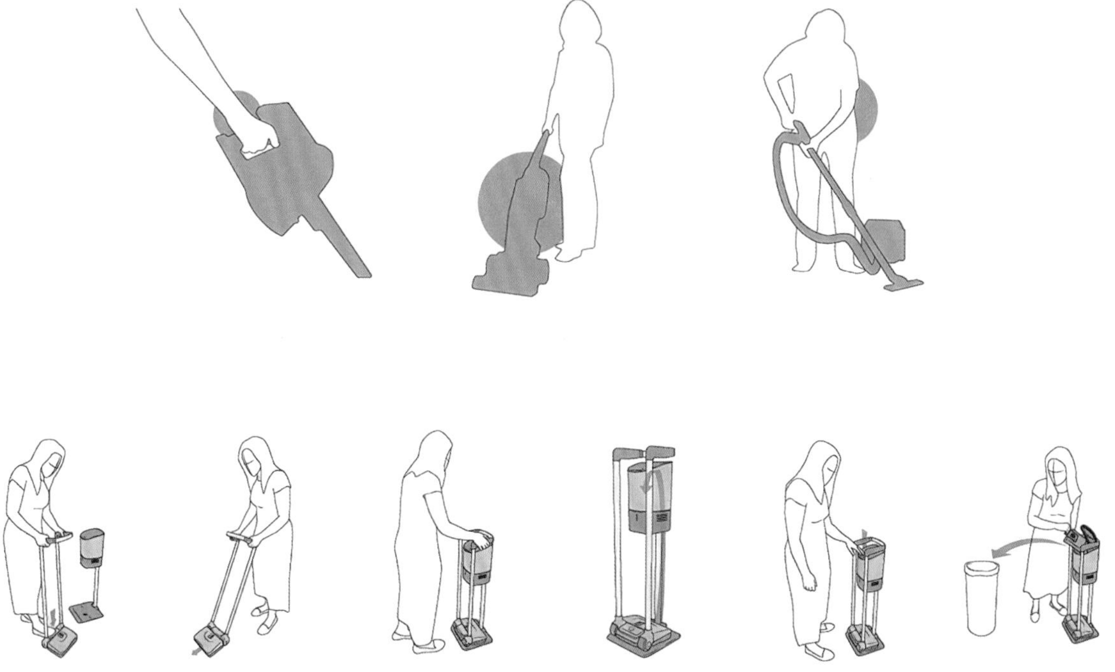

P3 耳果隐形助听器 / Eargo Mini 为老年人设计的微型助听器

类别：产品设计、工业设计

年度：2018

地区：美国加利福尼亚州

作者：耳果（EARGO）

标签：听力损失、隐蔽性、助听器、弹性纤维、美国

引自：2018年时代杂志最佳发明奖

耳果是一家位于美国加利福尼亚州圣何塞市的助听器制造商，此款助听器是他们和耳鼻喉科专业医生共同研发的入耳式微型助听器。许多老年人常因佩戴助听器而感到尴尬，这款微型入耳助听器采用柔软的硅树脂代替硬质塑料，佩戴起来更加舒适而且几乎让人看不见它的存在。

该助听器面向耳朵的一端被舒适且透气的弹性纤维覆盖，另一端有一条短的塑料线便于用户从耳朵上取下。这个助听器有着较长供电周期，充一次可使用16小时，它还配置了一个可随身携带的充电盒，能让该助听器供电一周，大大减少了老年用户出行期间充电的不便。借助这款舒适的助听器，老年人可继续保持水晶般的听力清晰度并畅享美好生活。

专家点评：

由于人们对于随身产品的选择越来越注重隐蔽性与便携性，简洁的包装与圆润的外观设计是近年来产品形态迭代中偏重的一个特点。更少地占用随身的背包，更灵活地使用场景，都是设计师在不断追求产品功能更新的同时，在外观、材料、技术方面需要考虑的问题。这款产品以简化的使用流程为入耳产品设计提供了很好的借鉴价值，产品附件的再次简化，会为常常需要给充电盒充电的使用者带来更好的用户体验。

——北京服装学院　丁肇辰

R
EARGO
EARGO

P4 松下助听器 / Panasonic Hearing Aid

为老年人设计的智能助听器

类别：产品设计、工业设计

年度：2017

地区：日本东京

作者：柴田文江（Fumie Shibata）、Design Studio S

标签：听力障碍、耳聋、助听器、充电、日本

引自：日本优良设计大奖

这是一款可充电的受话器分离微型助听器。受话器放置在耳道内，与主机分离，通过细电线连接，外观比普通耳背机小巧，有更好的隐蔽性。此外，受话器接近鼓膜，声音更自然且逼真，还能有效降低传统助听器的耳塞效应。其小巧的外形让它可以像其服装配饰一样时尚，同时还有众多颜色，可与佩戴者的头发或皮肤的颜色进行搭配。配合摇杆式遥控器和智能手机应用程序可以轻松控制音量。

由于助听器是长时间与皮肤直接接触的电子设备，汗水和湿气较容易损害精密的器械，因此这款助听器去掉了机械开关和电池接口，使用了外壳完全密封的方式来提高使用年限，让助听器更加耐汗、耐水、耐灰尘。同时，该产品的设计可以直接与家中电视进行无线连接，这样用户就能随时随地和家人一起观看电视节目而不需另外购置额外设备。

专家点评：

很多老年人伴有听力障碍，经常因为耳聋而备感痛苦。听力障碍造成老年人生活社交等方面的诸多不便，甚至很多困难。听力障碍还会导致老年人不愿说话，以致交流减少，会使老年人更加孤独，给心理造成创伤，反应迟钝，智力衰退。研究表明，老年性耳聋与脑萎缩、认知症等有密切关系。老年人出现听力损伤或听力障碍，都应该尽早加以干预，以免导致耳聋。因此，保留残存听力，提供合适的助听器，提高他们晚年的生活质量非常重要。

这款助听器外观设计新颖细巧，使用无线充电技术和内置可充电电池，能自动打开电源，便于老年人使用和保养。所有开关设计为远程和智能手机应用程序，体现了智能化。

——上海市老龄科学研究中心　殷志刚

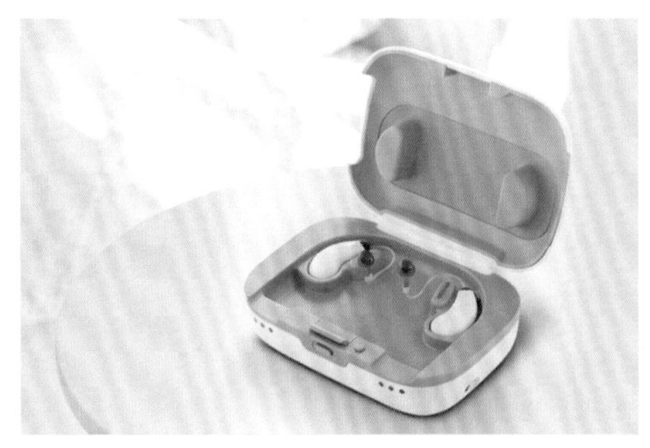

充電して
ください

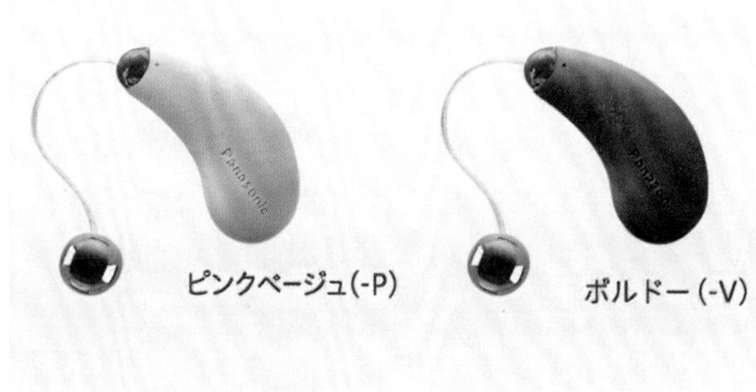
ピンクベージュ(-P)
ボルドー (-V)

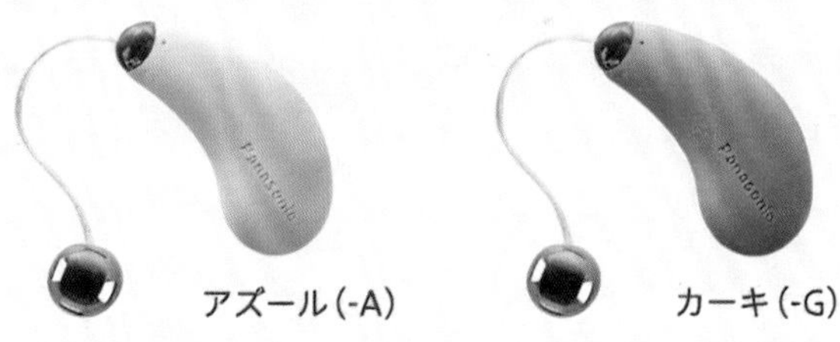
アズール(-A)
カーキ(-G)

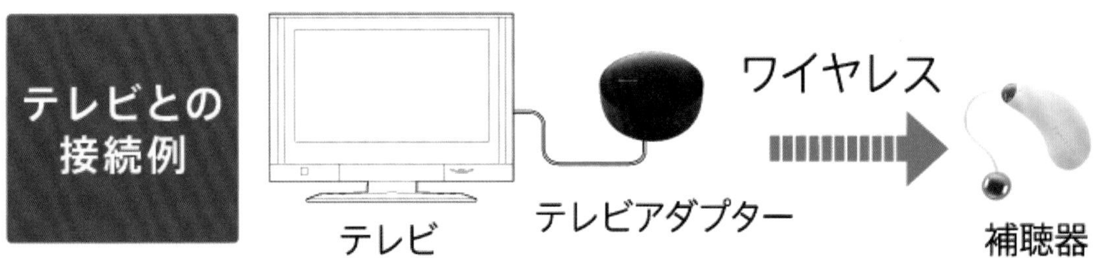
テレビとの
接続例
テレビ
テレビアダプター
ワイヤレス
補聴器

P5 防抖勺/ Anti-shake Spoon
让手抖人群进食无忧

类别：产品设计、工业设计

年度：2015

地区：中国深圳

作者：深圳市臻络科技有限公司（GYENNO Technologies）

标签：震颤、帕金森病、防抖、勺子、中国

该防抖勺是一款为有手部震颤症状人群所设计的辅助餐具，面向帕金森病患者。我国65岁以上的老年人口中大约有1.7%的人患有帕金森病，有特发性震颤患者的数量为帕金森帕病患者数量的 3~4 倍之多。过去，老年人一直都被认为是消费能力较弱的群体，很少被商家和产业界所关注。这种服务和产品上的缺失导致老年人的需求得不到满足，不同程度地影响了老年人的生活质量。

该防抖勺的设计应用了摄像机防抖平衡杆的动作演算法，可自动检测手部震颤抖动情况，提供360°全方位防抖功能，有效抵消85%的抖动。此外，此勺子的内置无线系统可将用户手抖轨迹自动上传至云端，并进行远程自适应算法优化防抖功能，更好地配合患者的抖动轨迹来改善抖动情况。老年人在使用此防抖勺进食时，再也不需要担心进餐过程中因手抖幅度所造成的不便与尴尬。

专家点评：

简洁却不简单的外形设计内藏乾坤，这款防抖勺突破了传统的人体工程学设计，硬件和软件之间依靠数据实现了智慧化的互联互通。分离式设计易于拆卸清洗，对于保证日常的进食卫生和安全也至关重要。未来当我不能再正常地握住勺子好好吃顿饭的时候，我会很乐意尝试使用该款产品。但是现在需要考虑的是，如何进一步控制成本，让更多的家庭能够负担得起并乐于使用。

——西南交通大学　杨一帆　潘君豪

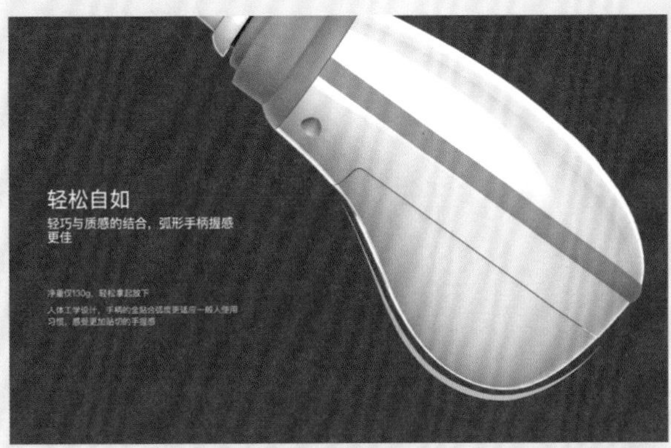
轻松自如
轻巧与质感的结合，弧形手柄握感更佳
净重仅130g，轻松拿起放下
人体工学设计，手柄的全贴合弧度更适应一般人使用习惯，感觉更加贴切的手握感

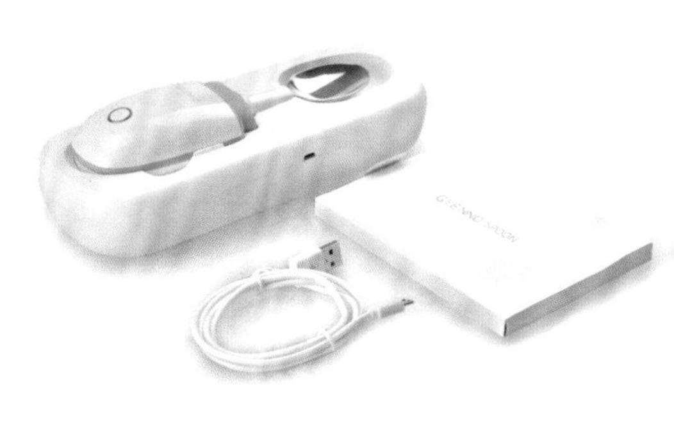

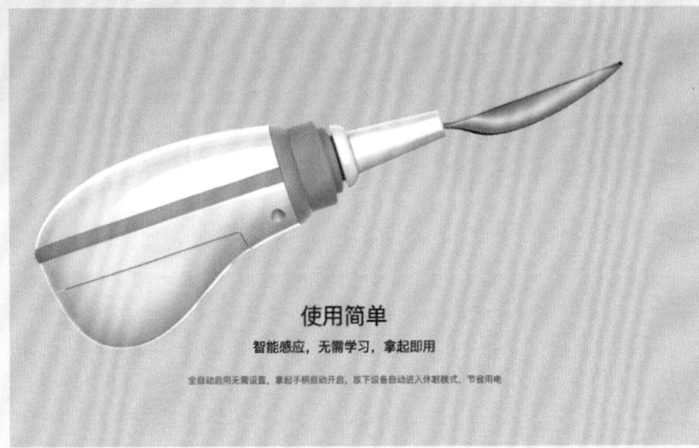
使用简单
智能感应，无需学习，拿起即用
全自动启用无需设置，拿起手柄自动开启，放下设备自动进入休眠模式，节省用电

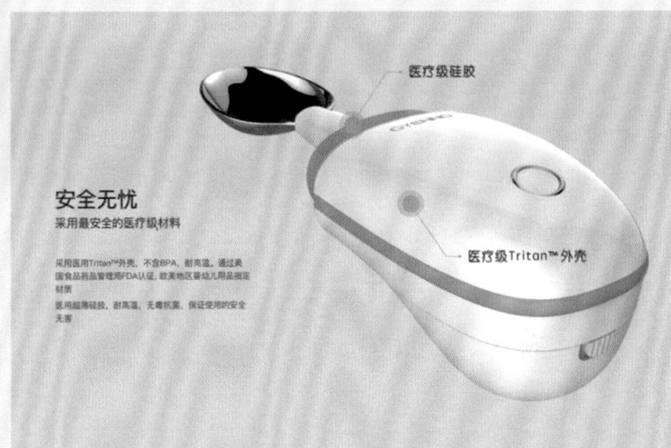
医疗级硅胶
安全无忧
采用最安全的医疗级材料
采用医用Tritan™外壳，不含BPA，耐高温，通过美国食品药品管理局FDA认证，欧美地区婴幼儿用品指定材质
医用超薄硅胶，耐高温，无毒抗菌，保证使用的安全无害
医疗级Tritan™外壳

P6 戒指血氧仪/ Ring Oximeter
可穿戴式连续脉率血氧仪

类别： 产品设计、工业设计

年度： 2019

地区： 中国杭州

作者： 杭州兆观传感科技有限公司

标签： 健康监护、血氧、戒指、可穿戴设备、中国

引自： 广州老博会

该指环是一款智能可穿戴式血氧饱和度监测设备。动脉血液中的氧气对维持人的生命具有极为重要的意义，血氧饱和度直接反映了人体新陈代谢中氧气的代谢状况。血氧仪能及时检测出人体是否缺氧，从而避免由于缺氧而导致的各种疾病，因此人体血氧饱和度的无线测量、远程分享系统具有广泛的应用前景和实用价值。

以往的可穿戴设备（如手环、手表、眼镜等），的确满足了人们的一部分需求。但这些设备也有一些缺点：如设备尺寸较大、体验层次浅、连接价值弱、应用范围不足等。该产品在尺寸上进行了轻量化设计，并且将重量控制在10克以内，外观采用极简式设计，全金属一体外壳具有防摔、防水、高耐磨性的特点，可适宜用户长时间佩戴。戒指形式的设计能让其在指腹部位实现12小时连续血氧监测，方便日常健康监护，以及慢阻肺（COPD）和睡眠呼吸暂停综合征（OSA）的筛查。

专家点评：

这一产品相对于传统的健康监护测量设备更轻量化，将多项监测技术融入一个小小的指环，给老年群体的日常健康监护提供了极大的便利。产品造型非常精巧，有较强的设计感，使用方式简单且十分便携，可随时随地进行检测并保障检测的准确率，不会在使用过程中给老年人带来负担。同时，巧妙地将医疗技术与产品设计相结合，使日常的健康监测行为更加优雅。

——西南交通大学　李芳宇

Wearable Pulse Oximeter
Megahealth Ring

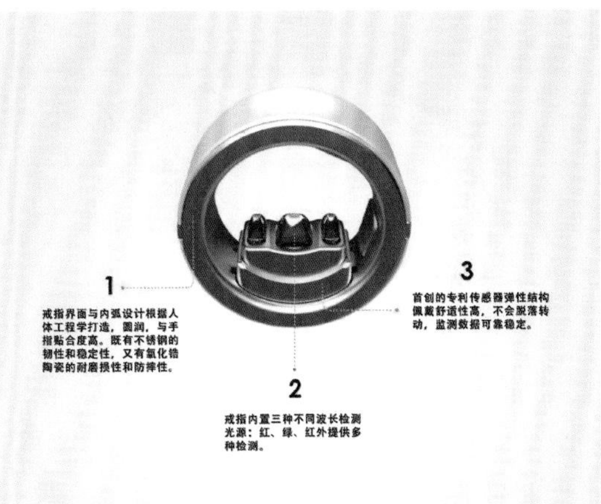
1
戒指界面与内弧设计根据人体工程学打造，圆润，与手指贴合度高。既有不锈钢的韧性和稳定性，又有氧化锆陶瓷的耐磨损性和防摔性。
2
戒指内置三种不同波长检测光源：红、绿、红外提供多种检测。
3
首创的专利传感器弹性结构佩戴舒适性高，不会脱落转动，监测数据可靠稳定。

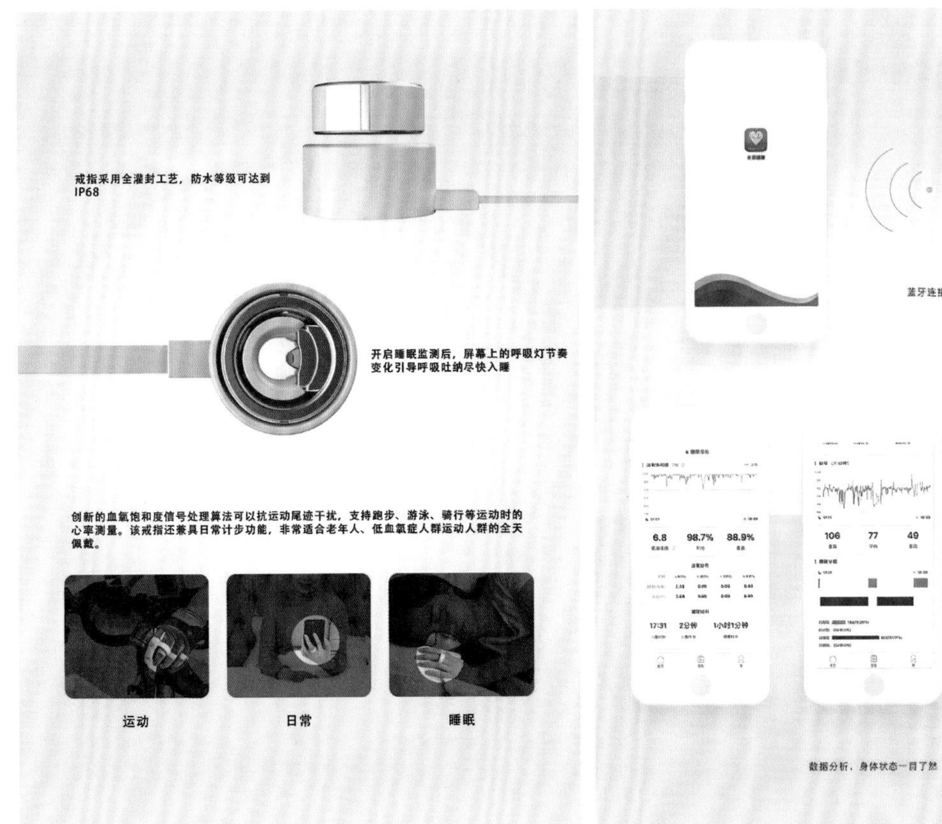
戒指采用全灌封工艺，防水等级可达到IP68
开启睡眠监测后，屏幕上的呼吸灯节奏变化引导呼吸吐纳尽快入睡
创新的血氧饱和度信号处理算法可以抗运动尾迹干扰，支持跑步、游泳、骑行等运动时的心率测量。该戒指还兼具日常计步功能，非常适合老年人、低血氧症人群运动人群的全天佩戴。
运动
日常
睡眠
蓝牙连接，数据实时同步
数据分析，身体状态一目了然

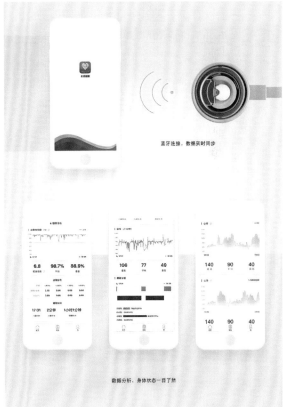

P7 药记得 / Aqua7
便携式服药提醒水杯

类别： 产品设计、工业设计

年度： 2019

地区： 中国台湾

作者： 林正伟（Lin Daniel）

标签： 水壶、闹钟、吃药提醒、中国

引自： IF国际设计论坛

这是一款便携式服药提醒智能水杯系统。杯体上部有LED提示杯盖，下身则是一个可更换药盒，两者连接在一起。它以7天为一个单位，配备7个药盒，每个药盒有4个格子将一天分为4个部分：早晨、中午、晚上和就寝时间。通过更改水瓶盖上LED的颜色，老年人能够正确且按时服药。

该产品最多可以设定6组闹钟，使用者可以按需按时服药、安排作息。同时用简单好区分的标志表示服用时间与日期，闹钟设定后每日重复，不需要重新设定。该产品将药盒和水杯巧妙地组装在一起，以确保老年人无论身在何处都可以随身携带药物并按时服用。

专家点评：

老年人随着年纪的增大，常常患有一些基础性的疾病，服用一些保健品或具有治疗性的药品成为老年人生活中必不可少的一个环节。忘记吃药或者按时服用保健品、药品成为经常困扰他们的问题。这款产品结合老年人常用或经常随身携带的喝水壶作为载体，将储药盒直接设计在杯盖上，并通过杯盖上的LED灯带立竿见影地提醒老年人按时服药，具有实用性，给老年人带来了极大的便利。

——北京邮电大学　汪晓春

药记得
AQUA7
MON.
TUE.
WED.
THUR.
SAT.
SUN.

P8 Familia系列家用智能产品 / Familia Home Smart Products 维护老年人尊严的智能生活辅助产品

类别：产品设计、工业设计

年度：2020

地区：英国伦敦

作者：Studio Fantasio

标签：老年人、智能产品、包容性设计、英国

One day medicine

Medicine for blind people

这是一组专为老年人设计的智能家居系列产品，旨在减少老年人对他人的依赖性以增强其自信心。该系列产品包括智能时钟、照明放大镜和智能镜子3个部分；智能时钟可提醒老年人服药，时钟中心是布谷鸟形状的储药盒，背部有28个格子的转轮，通过设定时间转轮将设置好剂量的药物倒入储药盒，需服药时储药盒会弹出并提供药物，避免误服忘服；可照明放大镜既可当作立式台灯，又便于阅读，阅读时可以看得更清晰；智能镜子可进行跨代交流，除了自己照镜子外，还能通过它关注远端所爱的人。镜子内部的应用程序可用来与家人远程沟通，待机时还可以作为电子相框。

老年用户往往倾向回避让他们感到“老”的东西，而这套外观看似年轻的家居系列产品的出现，就是为了降低老年人对智能产品的抵触感，借此更好地应对老年人面临的生活挑战如忆力减退、健康问题、心灵孤独等。

专家点评：

大多数人都必然要面临身体和心理的老龄化，以及老龄化之后将要面对的那些在过去轻而易举就能做到的事情却忽然成为一种困难时所造成的对自尊心的伤害。“不求人”可以有效帮助个人建立自信心，当然也能帮助老年人降低因老龄化所带来的丧失行为能力和心理创伤，并减轻他人的负担。这套专为老年人设计的家用智能产品，特别出彩、细腻的创意不单单只是在将老年人平时经常会使用到的生活物件上增加了新的用途，达到一物两用甚至多用的效果，真正能够体现设计师用心之处的是，将这些新功能与物件原本的主要使用情境和功能紧密结合，而且排除了大多数智能电子设备往往为了体现“智能性”和“功能性”，最后朝向“小而全”进行设计的思路所导致产品反而成为功能过多、操作复杂、不适于老年人使用的结果。

——南开大学文学院艺术设计系视觉传达设计专业主任　吴立行

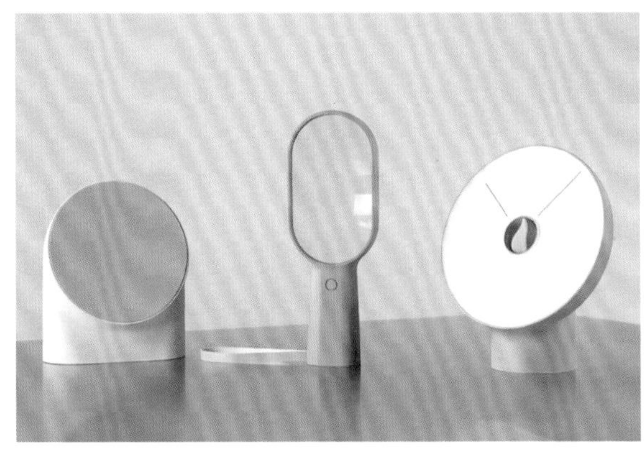

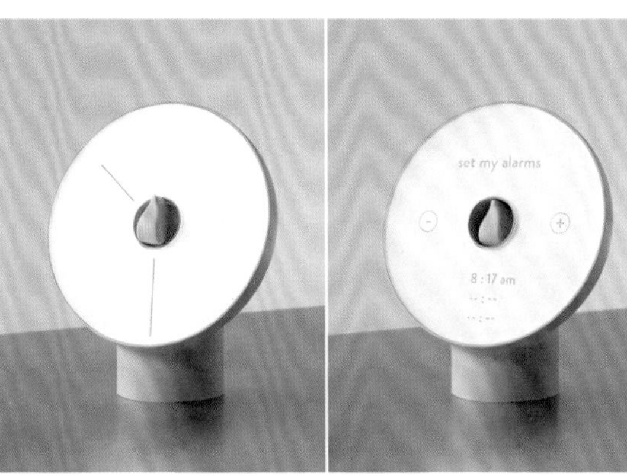

Solution

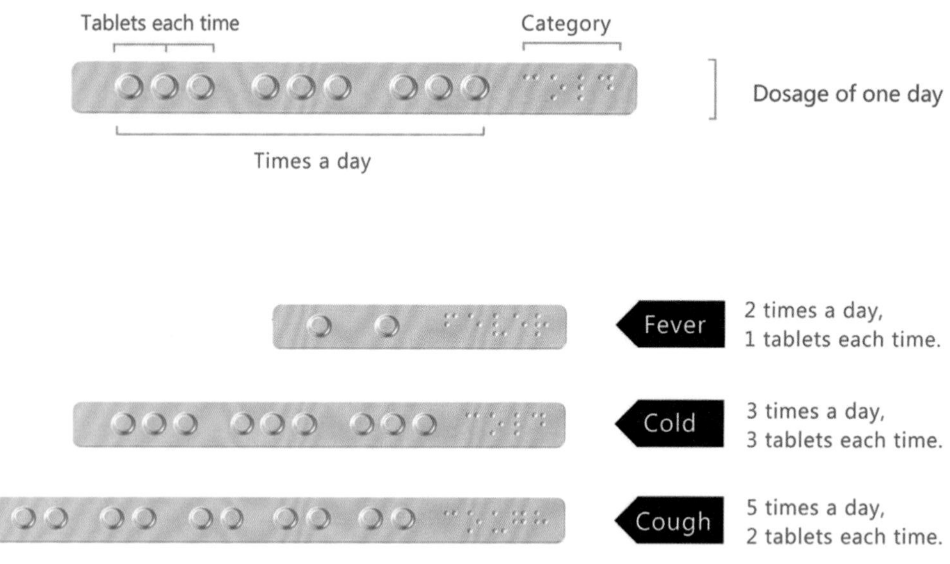
Tablets each time
Category
Dosage of one day
Times a day
Fever
2 times a day,
1 tablets each time.
Cold
3 times a day,
3 tablets each time.
Cough
5 times a day,
2 tablets each time.

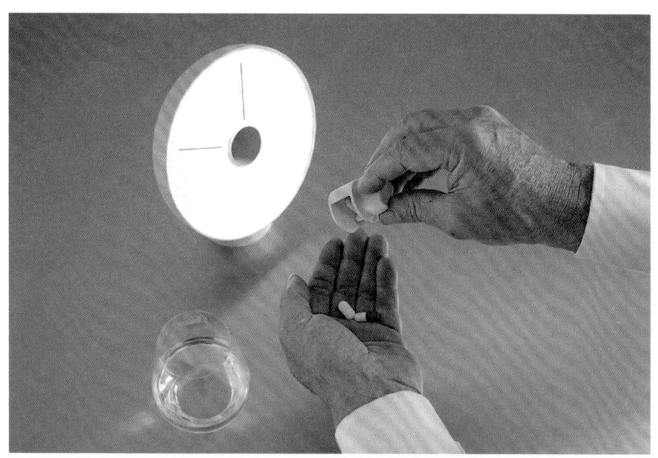

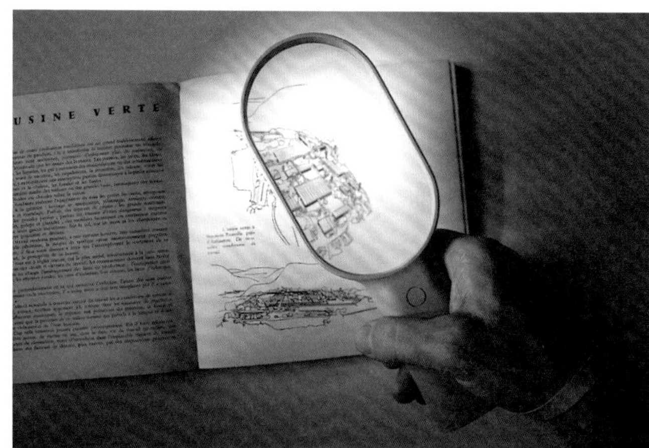
USINE VERTE

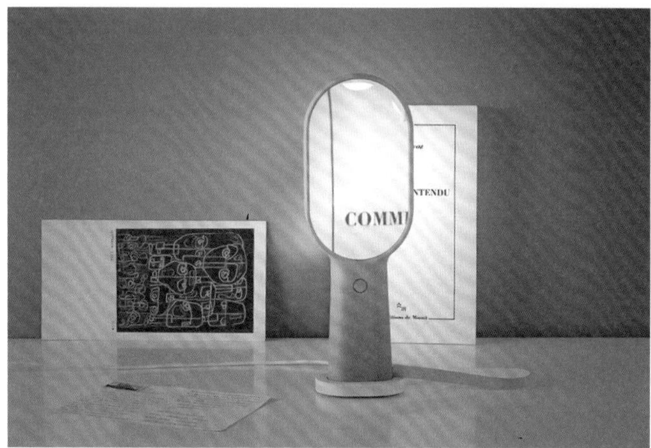

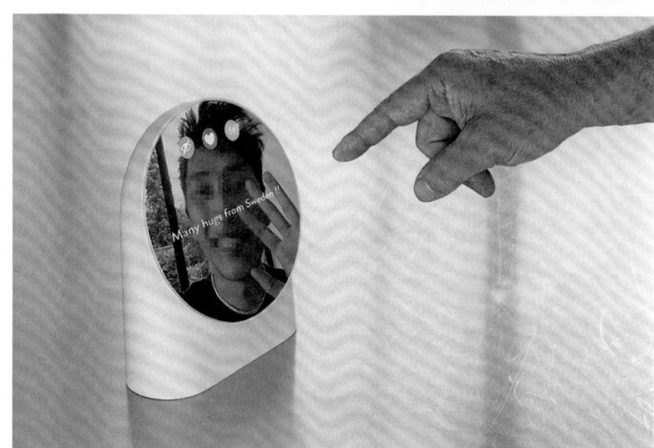
Many hugs from Sweden !!

P9 药丸提醒器 / EasyPill
智能用药提醒系统

类别： 产品设计、工业设计、服务设计

年度： 2013

地区： 中国台湾

作者： 张仲延（Chung Yen Chang），
杨宇航（Yuhang Yang），Surya Bhattacharya，Tahsin Emre Eke

标签： 药瓶、吃药提醒、医疗系统、中国

这是一个智能云医疗系统，由药丸提醒器、远程医疗程序和云数据库组成。它集成了家用医疗设备，通过药丸提醒器来提高医疗系统的效率，在改善老年人服药体验的同时，也同样在寄予老年人积极的心理鼓励。与提醒器在一起的药瓶则是通过磁力吸附在一片平板上，每到老年人的服药时间，这块平板上就会亮起灯光，提醒用户此时该服用哪种药物。而这些关于服药提醒的所有设定都是通过手机上的APP来完成的，同时将服药相关数据实时上传到云端，一旦服药剂量出现错误还会第一时间通知家人或是医生。

专家点评：

这一设计造型简洁，采用透明玻璃，老年人对于要吃的药一目了然。喜欢它灯光提醒的做法，觉得比哔哔哔的叫声更温柔。除了物联网应用的高科技，最欣赏的是这个产品背后给老年人心理带来的积极影响。对于那群“骄傲”的、“不服老”的用户来说，这一定会是个非常棒的产品。

——中国质量认证中心　吴旭静

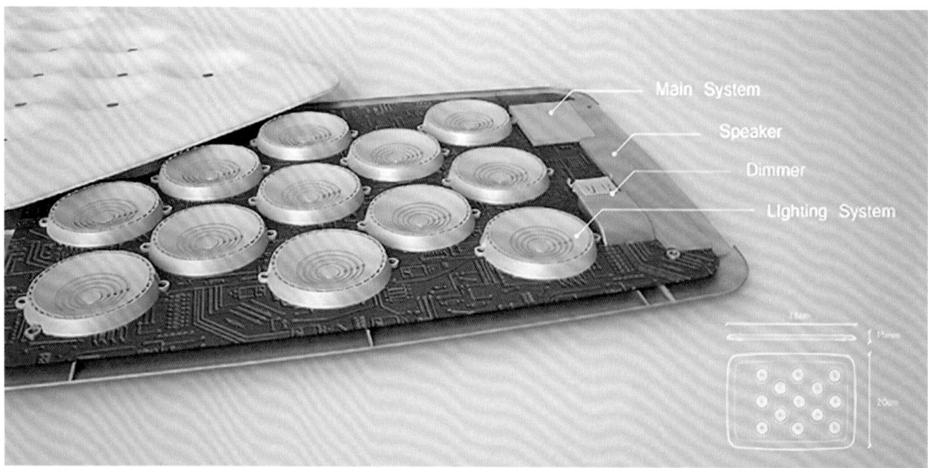
Main System
Speaker
Dimmer
Lighting System

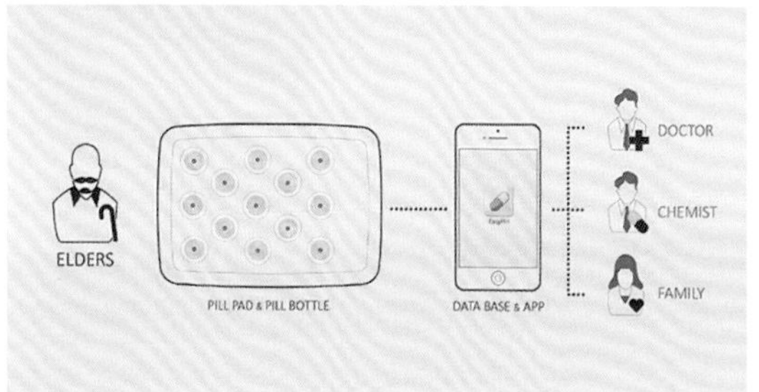
ELDERS
PILL PAD & PILL BOTTLE
DATA BASE & APP
DOCTOR
CHEMIST
FAMILY

Pillbox
Reminder
Record

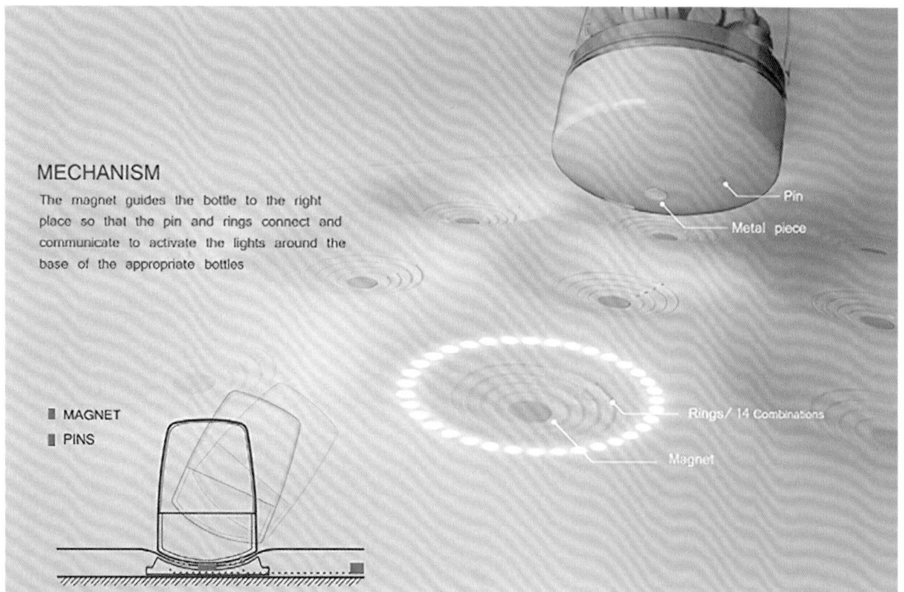
MECHANISM
The magnet guides the bottle to the right place so that the pin and rings connect and communicate to activate the lights around the base of the appropriate bottles
Pin
Metal piece
Rings/ 14 Combinations
Magnet
MAGNET
PINS

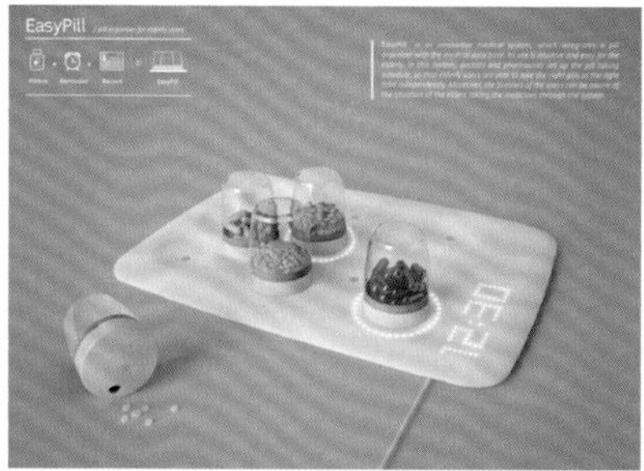
EasyPill

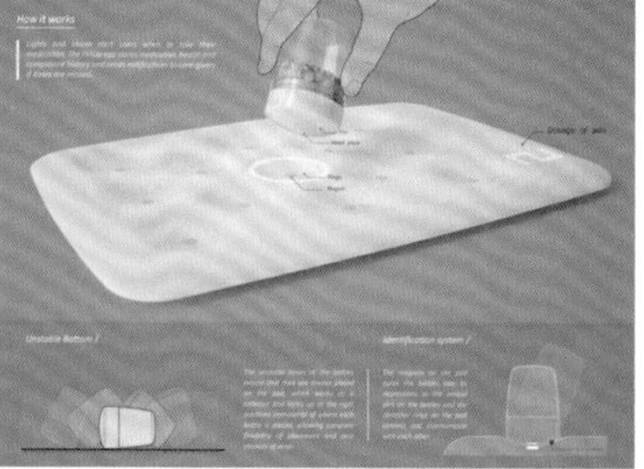

P10 购物助行器/ Let's Shop
简单安全的移动助行器

类别：产品设计、工业设计

年度：2019

地区：瑞典马尔默

作者：Trust Care

标签：购物、助行器、人体工程学、瑞典

引自：2019红点奖

这是由瑞典健康移动器材公司研发的一款移动存储助行器。轻巧的铝制手推车配置一个大购物袋，外观就如同一个小型购物车，可以帮助老年人无论身在何处都能快速、轻松、安全地移动。该助行器有黑色和灰色两种选择，并配置多种选用配件，如靠背带、手提箱、台灯等可供多样自由组合。这款助行器的橡胶手柄符合人体工程学设计，可根据用户身高轻松调节到76～95厘米。另外，铝制结构上可加装较大存储容量的可拆卸内袋，方便老年人购物，袋子正面设有小拉链口袋用于存放较小的物品。

专家点评：

可能我们都见到过类似的产品，老年人借助助行器辅助行走，但是不同的设计细节却决定了每个产品使用的便捷性。可调节与可折叠产品设计的质量保证通常来自对于连接点细节的优化。在这款助行器的功能方面，设计师还认真考虑了购物袋与推车主体结构的形态结合。对于节点的设计在过程中不仅需要精细的考量，更需要对于连接关系的创新设计。

——北京服装学院　丁肇辰

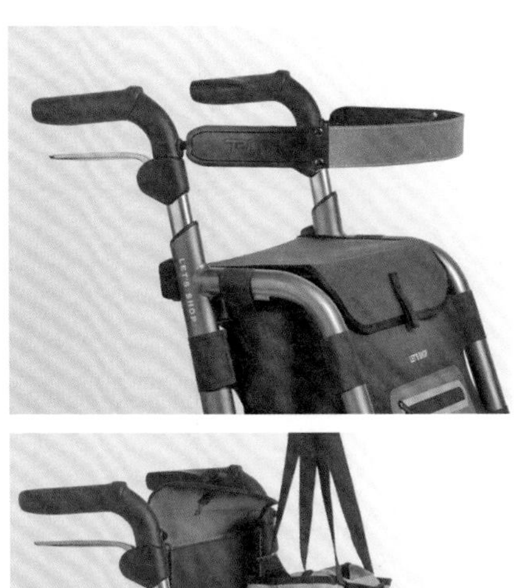

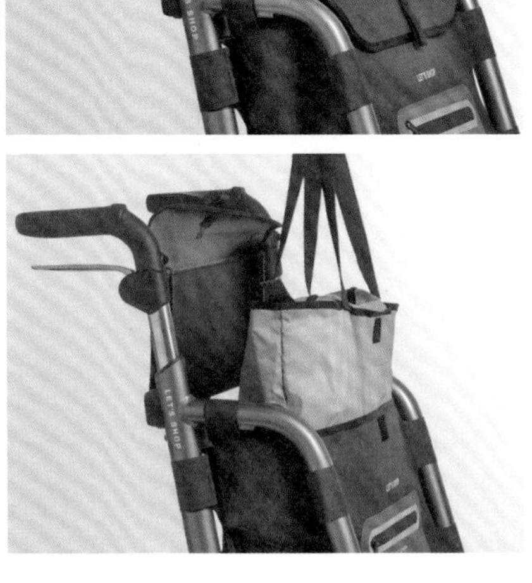

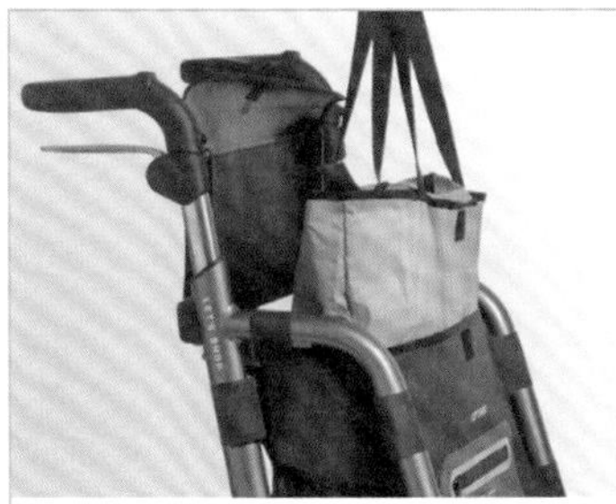

Praktisk.

Let´s Shop har smarta funktioner som en innerpåse som gör det lättare att ta ur eller lägga in saker i väskan. Let´s Shop har en lagringskapacitet på hela 25 liter.

Justerbar.

Bromsen justeras lätt med hjälp av justeringshjulen som sitter längst ner på ramen vid bakhjulen.

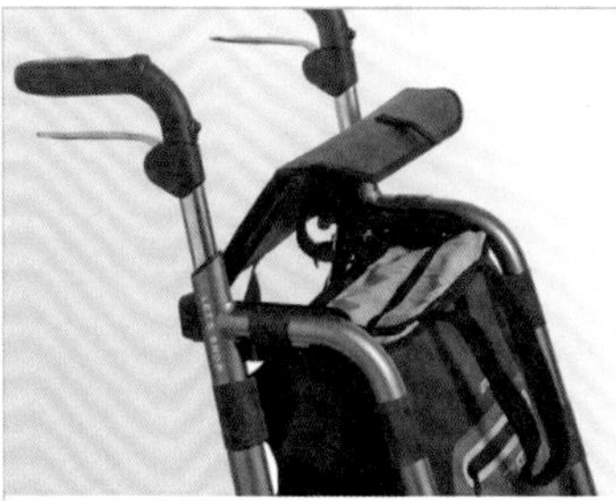

Gott om utrymme.

Den smidiga väskan har utöver innerväska även mesh-fickor på sidorna och en dragkedja på framsidan för mindre artiklar.

P11 ROVA步行推车/ ROVA Walking Cart
符合老年人行动习惯的助步车

类别：产品设计、工业设计

年度：2014

地区：美国加利福尼亚州

作者：金·古德塞尔（Kim Goodsell）、DDSTUDIO

标签：推车、便携、行人辅助技术、助行车、美国

世界那么大，行动不便的老年人也希望能光鲜亮丽地到户外去看看。这是一款有时尚外观的助行车，它采用碳纤维材质的框架设计，轻巧坚固且符合人体工程学，可适应老年人的自然步频率。此助行车的设计参考了超市购物车的功能与结构，在前端设置了镂空的购物篮筐，这不仅减少了车身自重，也增加了其外观透视美感。

此外，该车可被轻易折叠，便于放置在车后备厢，因此可适应家庭出游时的不同场合需求，如购物、聚餐、野餐等。此外，不同于传统只重视功能性的助行车，它的优雅造型能缓解外出时老年人心理上的抵触。车子的手柄处还增加了心率监测设备，在向行动不便老年人提供出行服务的同时，也能给老年人及其家人即时的健康数据信息。

专家点评：

这是一款非常经典的适老龄化设计，看得出设计师从人机工程和使用性上做了深入的思考。推车整体设计造型优美简洁、功能性强，各个功能的设计非常好地满足了老年人使用的需求。

——北京服装学院　熊红云

ENCINITAS

ROVA
HR
72
RESP
18
SpO2
97

P12 旅行箱代步车 / Suitcase Scooter
为老年人提供出行便利的电动踏板车

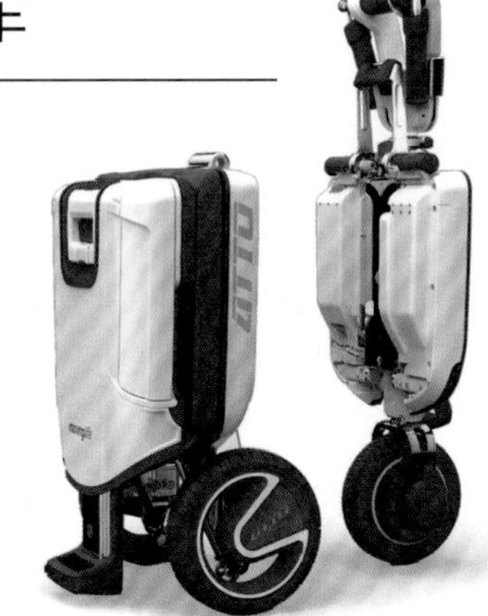

类别：产品设计、工业设计

年度：2014

地区：以色列

作者：Movinglife设计团队

标签：代步车、旅行箱、折叠、电动车、以色列

这是一款外观像极了电动滑板车的折叠代步车。一般的代步车体积较大难以搬移，这对于行动不便的老年人来说，无法根本解决生活中的各种移动问题。这款踏板车外观小巧且能折叠收纳，解决了用户短途与长途行动过程中不便的问题。该车在展开时是一款电动踏板车，不使用时可折叠成一个拉杆箱，便于随身携带或乘坐交通工具。

此外，该车拥有非常灵活的使用模式以适应老年人在不同情境下的需求。在一般模式下，它就如同常见的代步车，供老年人日常代步；在台车模式下，用户能将其折叠成拉杆箱随身携带到火车上或飞机上；在分割模式下，更可以将其拆分成两个更小的部件，放入汽车后备厢或抬上楼梯。此外，该代步车的高度与宽度经过设计师多次调整，可以让用户在骑乘中自由进出电梯或小型升降机，在狭小拥挤的空间或者狭窄的巷道下用户也不会感到不便。

专家点评：

将老年人出门旅行必备的行李箱和代步车这两个产品结合进行产品创新设计，创新性地满足了老年人的出行需要。设计师非常细致地考虑到了出门不便的老年人的刚需，设计了小巧的可以通过窄道的代步车，老年人进入电梯或者乘坐一些公共交通时可以随时收纳成行李箱的一部分，车轱辘也成为旅行箱的轱辘，比传统的旅行箱的轱辘更结实、方便，耐磨性、转向性也更好。

——北京邮电大学　汪晓春

bloomingdale's

P13 弯腰拐杖 / Krycka
富有时尚感的人体工程学拐杖

类别：产品设计、工业设计

年度：2014

地区：瑞典马尔默

作者：Trust Care

标签：拐杖、移动器材、人体工程学、瑞典

引自：2014年红点奖

这是一款由瑞典著名老年人健康移动器材品牌设计研发的符合人体工程学的拐杖。常规的拐杖长度是固定的，因此并不适合所有用户。这款拐杖可以设置为不同的长度，使用的时候可根据自身身高来自由调整。

拐杖的主体采用的是铝合金，使其轻盈便于携带。手柄部分由橡胶材料结合人体工学设计而制成，可为用户提供牢固舒适的抓地力。此外，它还具有五种时尚的颜色可供选择。该设计细节满足了不同用户的个性化需求，也让这个产品不局限于老年用户。

专家点评：

设计师希望完成出色的创意产品，不仅在于设计过程的步骤优化，还需要对于产品材料有熟悉的了解和精准的选择。接近人体舒适度的天然橡胶与坚固的合成材料相结合，共同构成设计师对于产品整体的结构设想，很好地满足了人们对于产品材料中各个节点的需求，让各个节点的连接形态与材料选择完美地契合。

——北京服装学院　丁肇辰

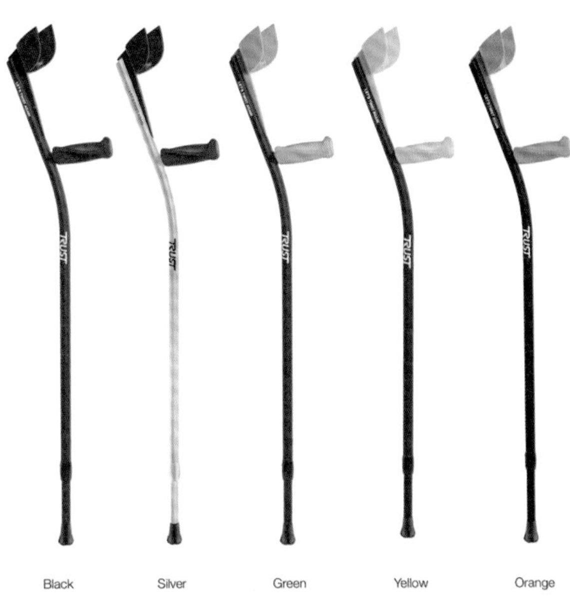
Black
Silver
Green
Yellow
Orange

Let's Twist Again

Ergonomiska och färgglada designkryckor

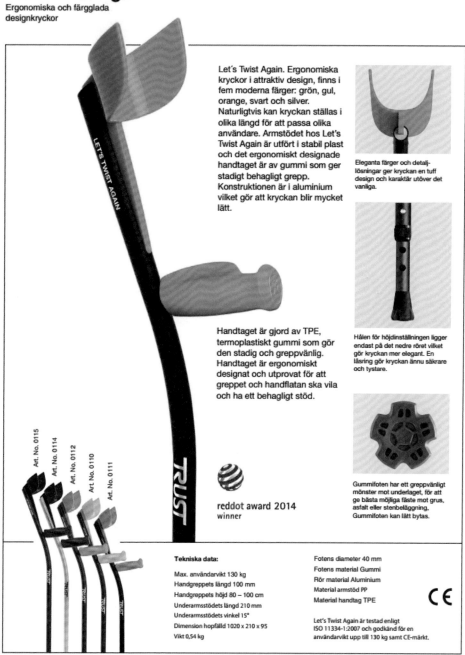

Let´s Twist Again. Ergonomiska kryckor i attraktiv design, finns i fem moderna färger: grön, gul, orange, svart och silver. Naturligtvis kan kryckan ställas i olika längd för att passa olika användare. Armstödet hos Let's Twist Again är utfört i stabil plast och det ergonomiskt designade handtaget är av gummi som ger stadigt behagligt grepp. Konstruktionen är i aluminium vilket gör att kryckan blir mycket lätt.

Eleganta färger och detaljlösningar ger kryckan en tuff design och karaktär utöver det vanliga.

Hålen för höjdinställningen ligger endast på det nedre röret vilket gör kryckan mer elegant. En låsring gör kryckan ännu säkrare och tystare.

Handtaget är gjord av TPE, termoplastiskt gummi som gör den stadig och greppvänlig. Handtaget är ergonomiskt designat och utprovat för att greppet och handflatan ska vila och ha ett behagligt stöd.

Gummifoten har ett greppvänligt mönster mot underlaget, för att ge bästa möjliga fäste mot grus, asfalt eller stenbeläggning. Gummifoten kan lätt bytas.

reddot award 2014
winner

Art. No. 0115
Art. No. 0114
Art. No. 0112
Art. No. 0110
Art. No. 0111

Tekniska data:

Max. användarvikt 130 kg
Handgreppets längd 100 mm
Handgreppets höjd 80 – 100 cm
Underarmsstödets längd 210 mm
Underarmsstödets vinkel 15°
Dimension hopfälld 1020 x 210 x 95
Vikt 0,54 kg

Fotens diameter 40 mm
Fotens material Gummi
Rör material Aluminium
Material armstöd PP
Material handtag TPE

Let's Twist Again är testad enligt ISO 11334-1:2007 och godkänd för en användarvikt upp till 130 kg samt CE-märkt.

CE

Let's Twist Again Produktblad - Revision No: 002 - Maj. 2019

www.trustcare.se

P14 不倒翁拐杖 / Balance Stick
告别弯腰拣拾拐杖的困扰

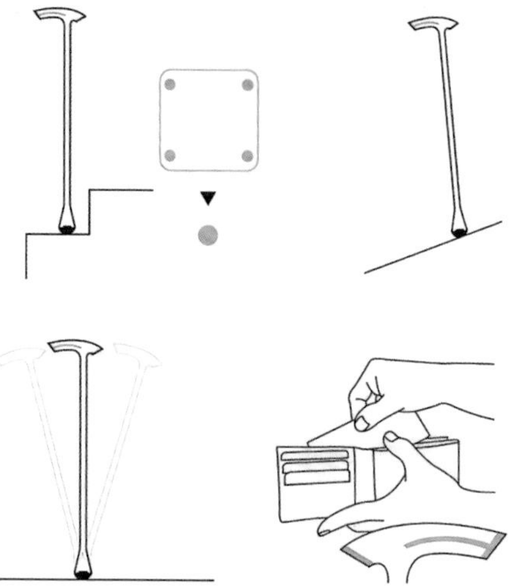

类别：产品设计、工业设计

年度：2011

地区：中国台湾

作者：冯成宗、郑玉婷

标签：不倒翁、拐杖、中国

这是一款为老年人设计的自平衡拐杖。许多老年人都有行动不便、腰腿功能退化的问题，弯腰捡拾东西时很容易失去重心导致摔倒，使用拐杖不仅方便他们腾出双手做其他事情，也避免了用户因弯腰导致摔倒的问题。

此自平衡的拐杖结构设计简单合理，通过不倒翁的杠杆原理在末端设有一球体，并在其底部特别增加了重心堆置层让拐杖的重心靠下，当用户手离开拐杖的同时也能让拐杖保持竖立状态不会倒地。因此，无论老年人是在买菜还是付款的时候，只需松手让拐杖在一旁站立等待即可。该拐杖采用的空心结构设计减轻了其重量，让老年人在使用中更为轻便。

专家点评：

这个创意非常巧妙，在形式上还是采用传统拐杖的形式，但在内部结构上做了一些改进。该设计很好地考虑到老年人的生理需求，以减少老年人弯腰的行为，进而也减少了摔倒的风险。

——北京服装学院　熊红云

P15 EyeWris环绕式老花镜 / EyeWris Wraparound Reading Glasses 包裹在手腕上的便携眼镜

类别：服务设计、产品设计、无障碍设计

年度：2020

地区：美国洛杉矶

作者：马克·辛格（Mark Singer）、
健三·辛格（Kenzo Singer）

标签：便携、眼镜、人体工程学、美国

这是一款可轻松缠绕在手腕上的便携老花眼镜。随着老年人年龄的增加，视力也会随之衰弱，这会严重影响他们的生活，因而老花镜便成了老年人不可缺少的一件物品。市面上一般老花镜的款式主要分为折叠型和非折叠型，但即使是轻巧的折叠式老花眼镜对用户而言也并不便携，同时也容易丢失。针对这一点，该设计团队重新构想了创新的镜架设计，镜架闭合时可以牢固地缠绕在手腕上，方便用户轻松便携佩戴；镜架弹开时，眼镜也可以像普通老花镜一样使用。此设计可使老年人在生活中时时刻刻地携带眼镜，避免将老花镜放错位置而将其遗忘。

同时，该产品选用宇航员护目镜和航天飞机挡风玻璃材质，其抗冲击性是普通塑料镜的10倍，更加坚固耐用，重量也更轻便，可以舒适包裹在老年人的手腕处，避免产生更多负担。

专家点评：

环绕式老花眼镜是一款能够让人耳目一新的，具有装饰性、时尚感强的银发设计。最常见的便于使用且防止老年人遗忘老花眼镜的方法，就是将眼镜挂在胸前。这种方式，在大多数时候也已经形成了一种“老”的标志。如果能将这一类代表“老”的标志的随身必备工具，通过设计使其既能保持方便和实用，又能转化成有设计感、有品位的装饰品，那么对于老年人而言，显然就更能丰富他们的生活情趣。

——南开大学文学院艺术设计系视觉传达设计专业主任　吴立行

COMFORT
FIT ARMS
BISTABLE FOLDING BRIDGE
MAGNETS*
ANTI-SCRATCH / ANTI-SMUDGE
ANTI-REFLECTIVE LENSES
DURABLE FRAMES

P16 老城单车 / Urbanity
老年人的概念自行车

类别： 产品设计、工业设计

年度： 2017

地区： 德国

作者： 基尔·穆特休斯艺术学院（Muthesius University）、丹尼·斯托默（Danny Stoermer）

标签： 自行车、预防疾病、购物袋、三轮车、德国

引自： IF国际设计论坛2017年设计人才奖

这是一款颇具创新的老龄自行车，该设计在鼓励老年人出行移动和独立生活上提供了较好的解决方案。许多老年人长居家中缺乏足够运动，加上其饮食不均衡的原因，常患有慢性疾病。我们常说预防大于治疗，骑行对于各种慢性疾病的预防有较好的功效。因此，该产品的设计师在老年人的生活需求与行动能力的双重考量之下，提出了这款创新的老龄自行车方案，用以帮助老年用户扩大活动范围，以及更好地参与社会交流。

此外，该车的设计师们还将重点放在提高骑车时的安全性与道路可视性方面。车体的两侧购物袋在不放下时就如同一个正常的自行车，一旦放下购物袋之后就可成为车体两侧的储藏空间，同时也能让该单车瞬间变成 “三轮车”。因此，在用户携带重物时不会干扰骑乘时的平衡感，很适合老年人出行与购物。

专家点评：

该款自行车的设计科幻感十足，侧轮收放自如，就像飞机的起落架一样，可以根据老年人的实际需要进行调节。它不仅能够承担重物，还可以在骑行过程中给予老年人安全感和稳定性。同时，车把上附带有显示屏幕可以实时显示路况。但是从效果图来看，屏幕的尺寸可能对老年用户并不友好，没有考虑到用户在视力方面的衰退。如果能够结合智能语音实现路况信息的实时交互，或许对老年人骑行的辅助作用更加明显。

——西南交通大学　杨一帆　潘君豪

+ transformation
+ digital rearview mirror

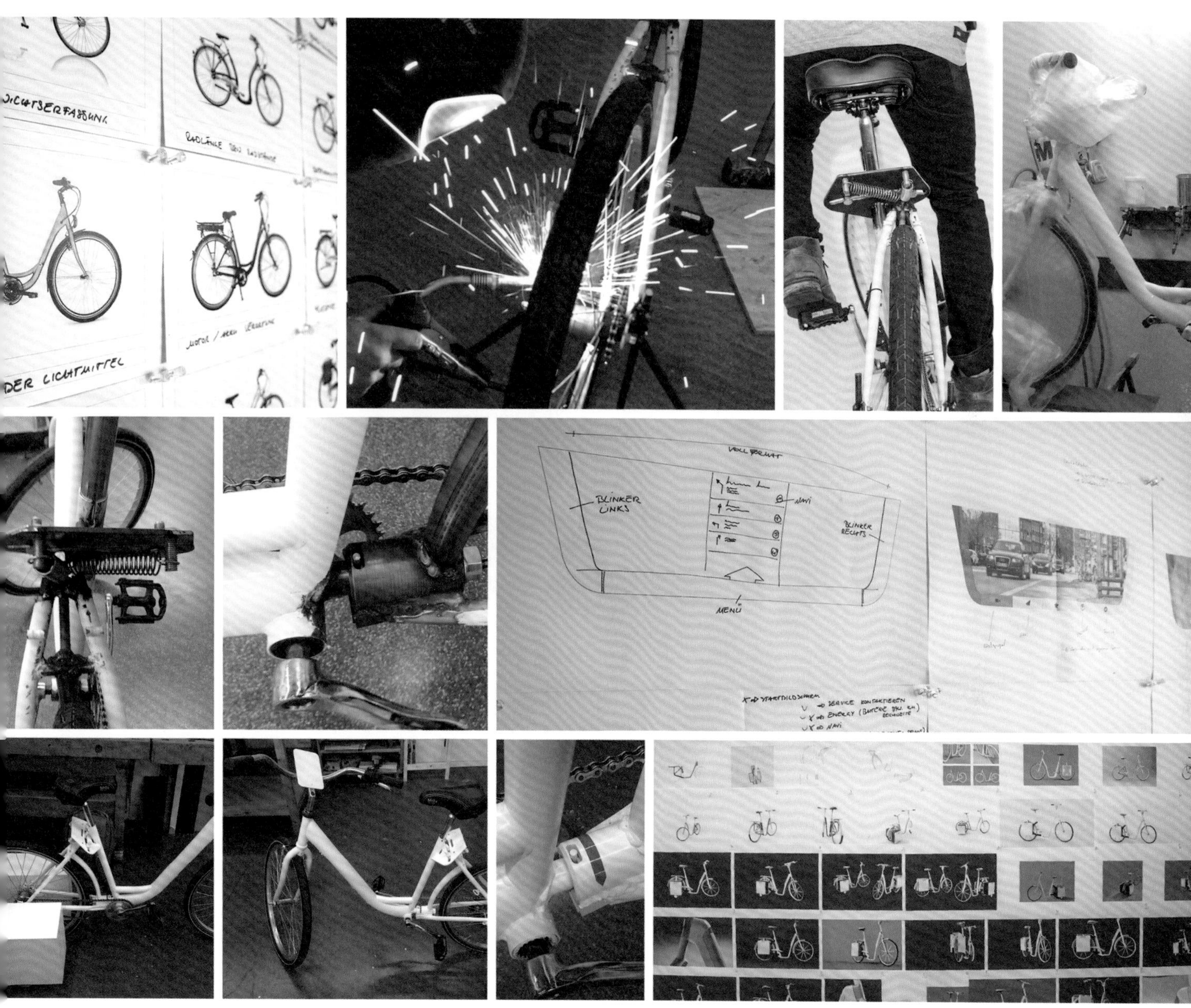
BLINKER LINKS
NAVI
BLINKER RECHTS
MENÜ

P17 机器人辅助疗法 / Roboterassistentin
失智症患者智能护理机器人

类别： 产品设计、工业设计

年度： 2019

地区： 荷兰

作者： Spark design & innovation，Rotterdam，Netherlands

标签： 远程医疗监控、护理机器人、帕金森病、助行车、荷兰

引自： 2019年红点奖

这是一款为失智症患者设计的智能护理助行车。患有帕金森氏症的老年人不仅在生理上需要助行器的辅助，也需要心理上的支持。将机器人技术与助行器相结合，能帮助老年人变得更加活跃，并使期具备独立生活的能力。此产品的外形和其他助行车颇为类似，结实沉稳的底座和宽大的扶手可帮助老年人更为安全的移动。然而，它的不同之处在于，其顶部有一块智能屏幕，这款屏幕提供了传统助行车不具备的智能机器人功能，通过无线互联网将远程医疗监控、生活辅助提醒、远程交流沟通等功相结合。

在平常使用过程中，用户可以按需通过这块智能屏幕与家人、护理人员进行及时视频呼叫和联系，它还能结合医生远程健康处方的反馈，让该车具有更多的生活辅助功能，如药物提醒、用餐提醒、运动散步跳舞提醒等，以帮助老年用户在日常生活中保持身心的健康与幸福感。

专家点评：

随着技术的进步，助行器的发展逐渐向多元化集成和智能化发展。将多种功能归集于老年人日常活动依赖的助行器中，如果可以保证每个功能的有效性与便捷性，优化老年人对于交互工具的使用，会是一个不错的想法。

——北京服装学院　丁肇辰

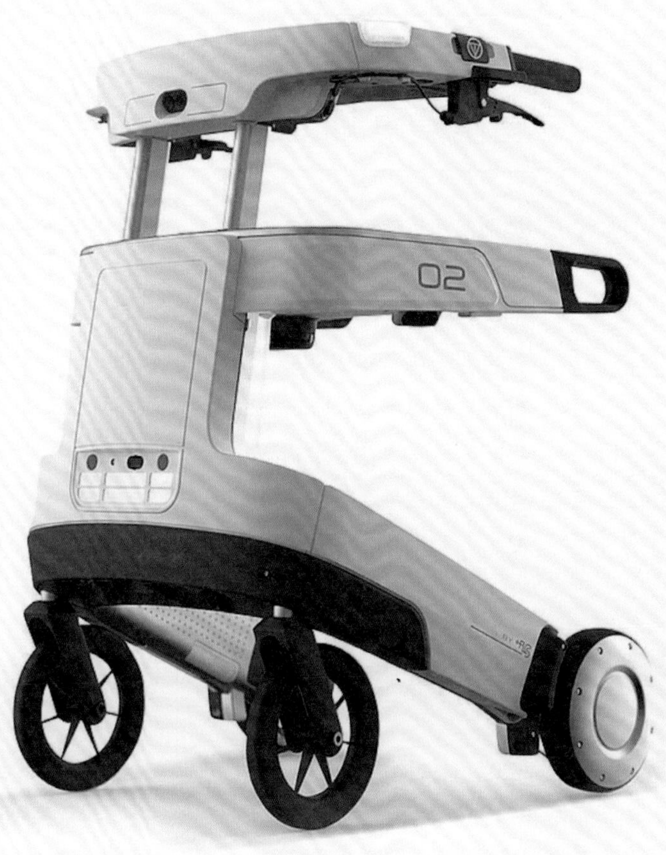
O2

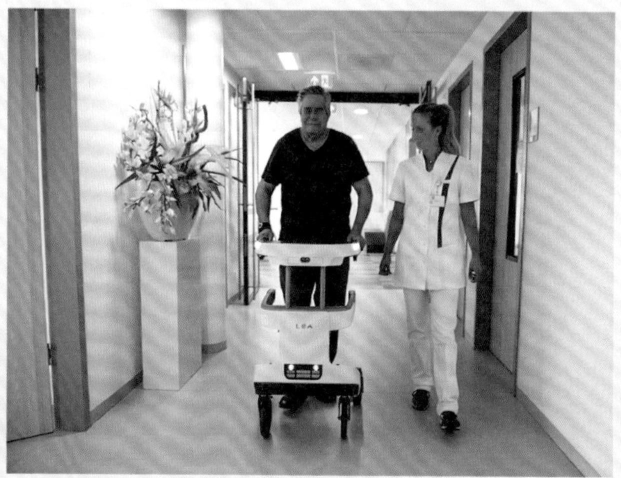

P18 邦邦车 / Bangbang Car
智能复健辅助机器人

类别： 产品设计、工业设计、交互设计

年度： 2018

地区： 中国上海

作者： 上海邦邦机器人

标签： 辅助机器人、下肢运动障碍、轮椅、人体工学、中国

引自： 2018年红点奖

这是一款智能辅助移动机器人。许多下肢运动障碍的老年人因为行动受限，导致其身体机能越发下降，也逐步丧失了自理能力。此机器人借鉴了平衡车的技术，实现了智能轮椅、康复训练、位移机等辅助移动功能来帮助下肢行动不便的患者。通过该移动机器人的辅助，用户能自行站起来，在无须过度依赖家人的同时也能提升其自主生活能力。

邦邦车的人体工学设计还更多地考虑了使用者的易用性和舒适感，其高度、座椅、护腕、护膝、脚踏板等多个部位均可调节，也可以通过手机APP对机器人进行操控，实现监测身体机能、一键报警、社交分享等功能，在辅助用户行动的过程中能获得智能化的生活辅助。

专家点评：

看似普通的设计却有自身的独特性，通过对于人机工学在产品本身上的不断优化，设计者借鉴平衡车的设计理念很好地适应了康复人群对于轮椅安全和小巧的使用需求。APP的加入对于家人了解使用者的状况会有很有帮助。

——北京服装学院　丁肇辰

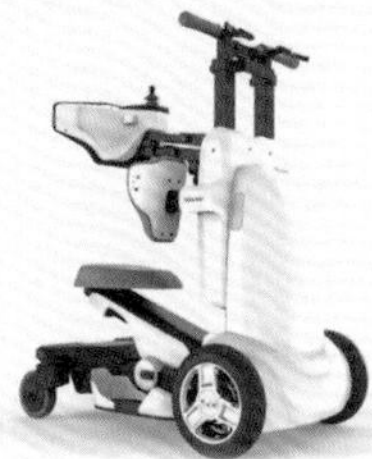

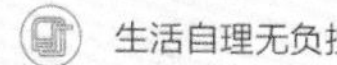

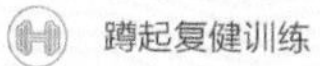

室内外便捷移动

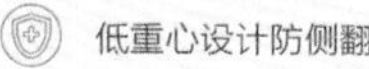

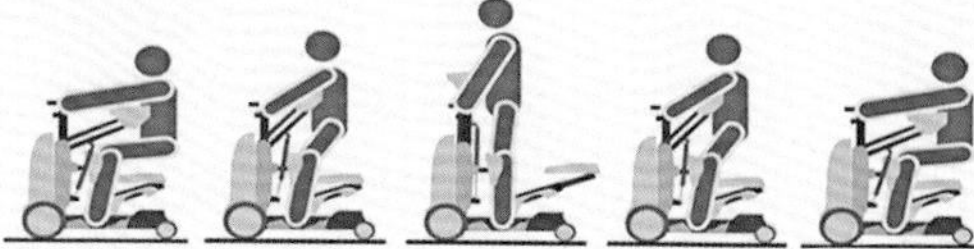

P19 SLIP WASH无障碍洗衣机 / SLIP WASH Barrier Free Washing Machine 为有下肢障碍的老年人设计的洗衣机

类别： 产品设计、工业设计

年度： 2020

地区： 韩国首尔

作者： 宋智宪（Jiheon Song）

标签： 辅助机器人、无障碍设计、洗衣机、韩国

这是一款为下肢行动不便的老年人设计的无障碍滚筒洗衣机。虽然我们身边的家用电器越来越智能，但有些家务活对于行动不便的老年人来说依旧是个难题。现在的滚筒洗衣机大多设计得低矮，开口又很靠下，连普通人都要费点力气蹲下或弯腰才能将衣服取出，更别提腰腿不便甚至有下肢运动障碍的老年人，另外前开门的设计也在一定程度上阻碍了轮椅使用者的行动。

该产品旨在让行动不便的使用者能够独立进行衣物洗涤的工作。将洗衣机滚筒抬升至双臂的高度，使用户无须弯腰下蹲拿取衣物，在减轻他们腰腿负担的同时也避免弯腰蹲下失去重心导致摔倒的问题。此外，设计师将现有的开门方式转变为向上滑动的门，不仅减少了空间上的限制，也让使用轮椅的老年人不用为了开关门而反复移动，同时减少了必须进行的机器操纵和身体的弯曲。

专家点评：

这款专为下肢行动不便人群开发的洗衣机有效解决了这类人群在生活自理问题上的难题。对于这类人群而言，真正对他们造成伤害的往往并非行动不便的问题，更多的是由于行动不便所造成的一系列连带引发的行为风险对身体造成的二次伤害，又或是自尊心受损、自信心缺失所造成的心理障碍，以及因劳动能力丧失导致家庭地位下降、家庭和谐关系受到影响，最后造成心理负担。因此，无障碍设计虽然看似大多只是为少数人群寻求解决方案，但实际上我们更应该意识到，解决少数弱势群体的困难，能够有效降低整个社会成本的意义和价值。

——南开大学文学院艺术设计系视觉传达设计专业主任　吴立行

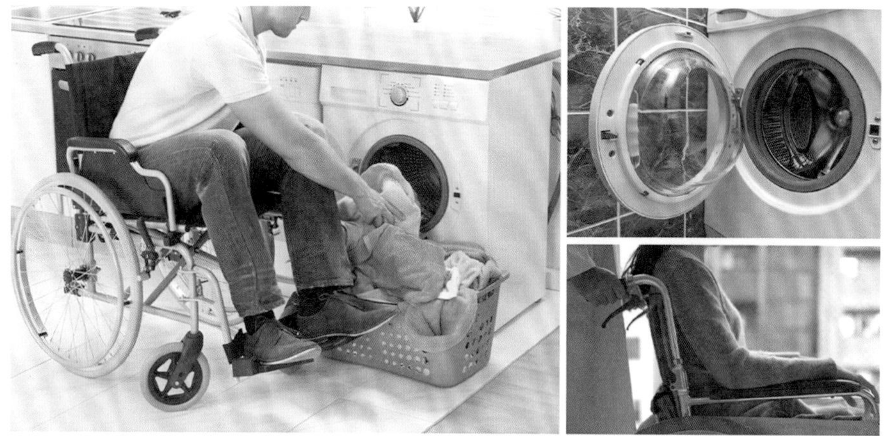

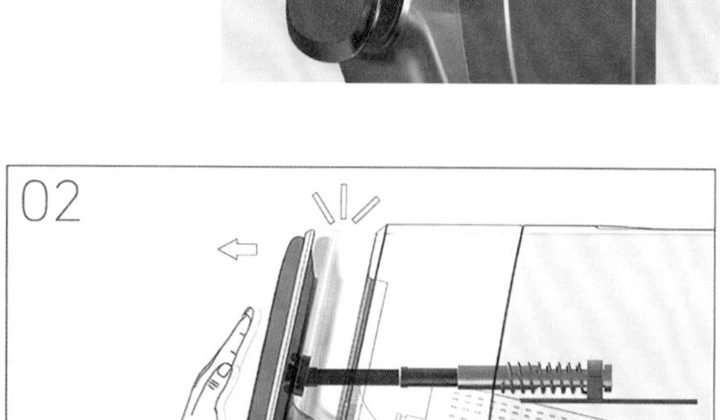

01
02

P20 健康检测机器人 / Health Detection Robot
智能花盆身心关爱系统

类别：产品设计、交互设计、概念设计

年度：2018

地区：中国北京

作者：郑翠如、朱佩璇、李浩、杨皖、Molly Ryan Maggie

标签：设计马拉松、机器人、智能手环、健康检测、中国

引自：2018年设计马拉松

该设计是一个可以协助老年人做健康检测与安抚其情绪的智能花盆。

当前空巢老年人的问题日渐严峻，老年人在缺乏陪伴的日常生活中一旦发生意外也无法得到及时的帮助。这款健康检测机器人以植栽的形式“无声地”进入老年人的居家生活，在监测他们健康的同时也可以通过照顾花草植物等小生命来缓解其心灵的孤独感。该产品还配置了一个智能手环，用以辅助监测老年人的健康突发状况。子女可以在遭遇到老年人突发事件的同时收到手机端APP的信息提醒，或者反向地通过该APP发送语音信息来联系用户。

专家点评：

该设计考虑了运用最新的物联网技术，通过网络技术把老年人和其子女联系起来，并选用花盆这个传统的家居用品来作为切入。对于老年人来说，使用上也更友好，不需要花太多学习成本。该设计可以很好地消解老年人的孤独感。

——北京服装学院　熊红云

手表+互动设备+检测设备

02 植物机器人多多——功能介绍

真植物+智能设备

02 APP展示

- 子女可通过APP查看老人健康报表
- 遇到突发事件及时告知子女
- 通过向多多发送语音或照片联系老人

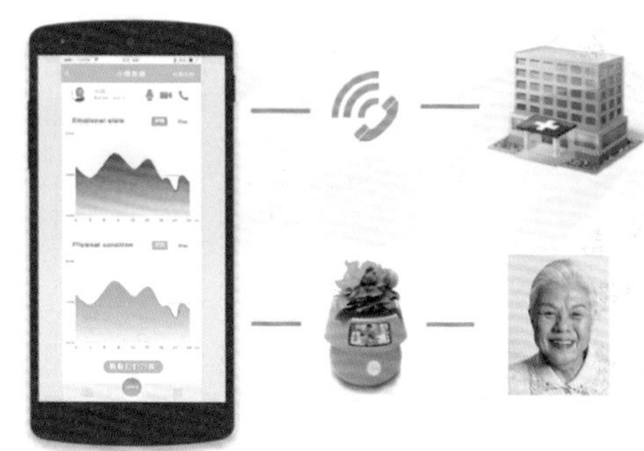

P21 小薇智能软体机器人 / Soft Robot-XiaoWei

“柔软的”陪伴代理人

类别： 产品设计、交互设计、概念设计

年度： 2018

地区： 中国北京

作者： 王韫娴、胡紫薇、王美颖、方佳宝、朱研

标签： 设计马拉松、机器人、陪伴、情绪、中国

引自： 2018年设计马拉松

这是一款软绵绵的老年陪伴机器人。老年人在失去工作能力的同时往往会陷入孤独甚至抑郁的心理状态中。因此，关爱他们的心理健康不能仅从生理疾病发生时的治疗入手，更应该在疾病发生前的早期阶段及时关注老年人的情绪变化。

小微是可更换外观的毛绒陪伴机器人，市场上常见的陪伴机器人能让用户抚摸并给语音上的反馈，但功能较为简易且对用户的社交沟通的考量较不周全。小微增加了识别老年人情绪的核心功能，它可以识别用户情绪并与其进行表情上的互动，还能模仿老年人想听的声音来舒缓老年人的情绪。APP将情绪数据与子女同步分享，让他们实时关注老年人的情绪健康。

专家点评：

该设计是一款老年陪伴机器人，更加智能，使用情景也更加丰富。该机器人具有老年人的情绪反馈以及健康检测功能，智能化的设计较深入。

——北京服装学院　熊红云

产品使用流程图

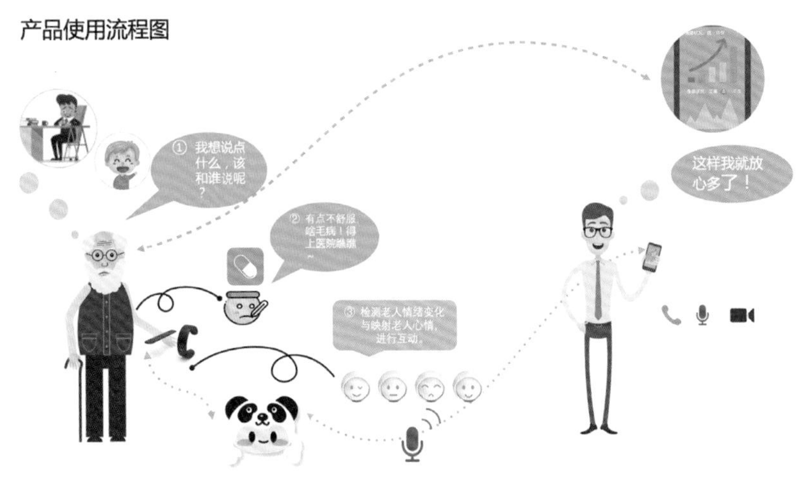

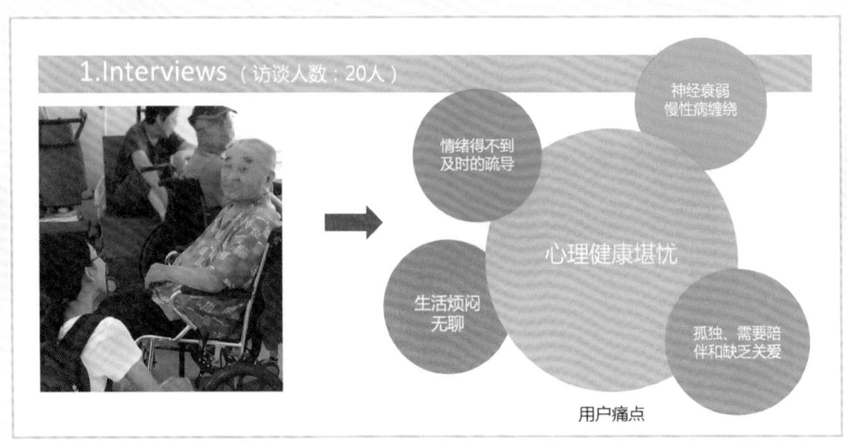

（引入软体机器人概念？）竞品 PARO robot for elderly in Japanese

通过线上以及社区的调研，我们知道日本老龄化现象很严重，我国老龄化也日趋严重，子女没有时间照顾。老人服务站、社区医院，也缺乏年轻人来为他们进行心理疏导和陪伴。

- 目前独一无二，老人抚摸给予回应，陪伴，造型柔软，功能单一。

- 具有识别老人情绪、检测健康的功能。

产品亮点

01 以技术为导向的设计

生物传感技术，情感计算 健康检测

02 交互方式

智能语音——解决交流问题

情绪映射——乐趣互动

投影视频——随时随地

P22 智能陪伴 / Elderly Companionship
老龄生活智能放大镜

类别：产品设计、交互设计、概念设计

年度：2017

地区：中国武汉

作者：徐文欣、薛欣欧阳、甄进、王子健

组织：武汉理工大学

标签：老年生活、语音识别、云数据、放大镜、中国

引自：IF国际设计论坛

这款概念设计产品，是一个外观像极了放大镜的老年生活智能助手。我们都知道，老年人有着普遍的学习限制，导致他们对各种新事物较难适应。这款基于AR和云数据处理技术的互动“放大镜”可通过简单的操作流程让老年用户熟悉数字工具，让他们也能和年轻人一样轻松地通过互联网来获取生活中所需的知识。

“感兴趣就瞄准目标”最适合用来描述这款产品，是一种如何帮助老年人做简单网络搜索和获取生活知识的交互手段。比如说，用户想了解如何将大白菜制作成泡菜，只需将智能陪伴瞄准大白菜后通过语音发送泡菜制作的需求，就可自动扫描对象外观并将其上传到云中进行解析，再将相关的菜谱信息通过AR投影在LED的圆屏上呈现。利用AI图形辨识技术能识别更多的生活物件，云端机器学习能力的提升和数据的积累能为用户提供更个性化和精准的建议。

专家点评：

你以为这是放大镜吗？不！这可是高智能的老年生活智能好帮手。只要扫一扫，它就能通过AR和云数据解读日常生活设施的各类信息。现实中，很多老年人对各类新产品，尤其是各类电子智能设备既喜欢又恐惧，新科技的发展让一部分老年人感到失落和无助。

未来的时代是云数据和人工智能的时代，本设计不仅让老年人享受了现代科技成果的便利，更是让老年人消除数字鸿沟，融入现代生活，是激发老年人生活乐趣和潜能的好帮手，也是子女和年轻人赠送给老年人很好的“伴手礼”。

——上海市老龄科学研究中心　殷志刚

Elderly Companionship — A gift designed specifically for the elderly

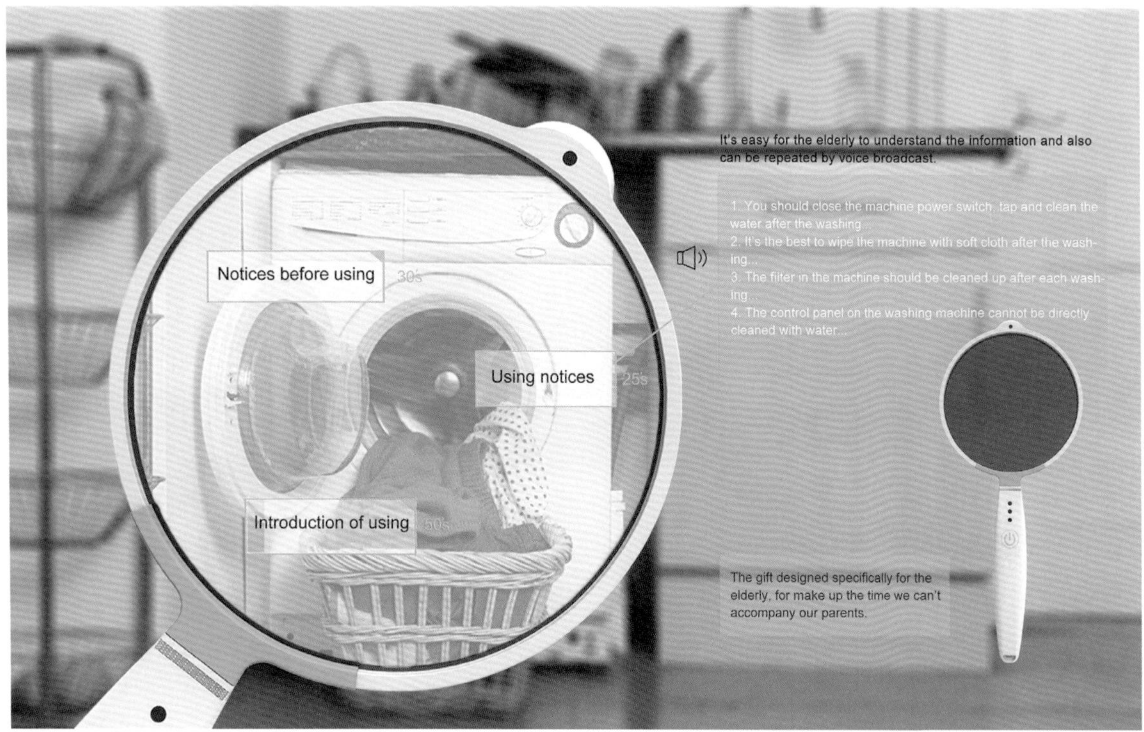

Notices before using
30s
Using notices
25s
Introduction of using
60s
It's easy for the elderly to understand the information and also can be repeated by voice broadcast.
1. You should close the machine power switch, tap and clean the water after the washing...
2. It's the best to wipe the machine with soft cloth after the washing...
3. The filter in the machine should be cleaned up after each washing...
4. The control panel on the washing machine cannot be directly cleaned with water...
The gift designed specifically for the elderly, for make up the time we can't accompany our parents.

P23 多功能安全抓杆 / Muti-functional Safety Grab Bars
可以自定义角度的舒适抓杆

类别：产品设计、工业设计、无障碍设计

年度：2017

地区：美国

作者：直立公司（Stander）

标签：老年、腿脚不便、抓杆、可调节、美国

这款安全抓杆是针对行动不便者设计的家居装置。老年人在使用浴室和厕所时，经常会面临腿脚乏力无法站立的困境，这对于他们而言是十分不便且危险的。传统的浴室抓杆装置往往占用空间过大且多为固定式，使用时并不是很方便。该产品是一种空间占用度很低的安全抓杆，通过提供4种不同高度的手柄，让用户能够轻松地从坐姿中站立起来。在结构设计上，这款抓杆每45° 就可以锁定一次，在不使用时也可以平靠在墙上，不占地方。在材质设计方面，它由防锈的镀锌钢制成，其防锈能力和结构强度均可满足日常使用需求。

专家点评：

这款设计并没有酷炫的技术，但是却非常实际。此设计最出彩的地方是将既有的固定式安全手把改变成更加灵活可调整的手把。这一设计是否能够节省空间，实际上是一个相对的比较结果。如果从日常需求的角度来说，一般为了方便老年人使用或者为了避免意外发生，安全手把是不需要收起的。但是我们如果从行为的不同阶段目的来看，使用者可以对安全手把进行方向和位置的调整以利于行动，那显然就可以帮助我们节省在各处设置安全把手的数量。

——南开大学文学院艺术设计系视觉传达设计专业主任　吴立行

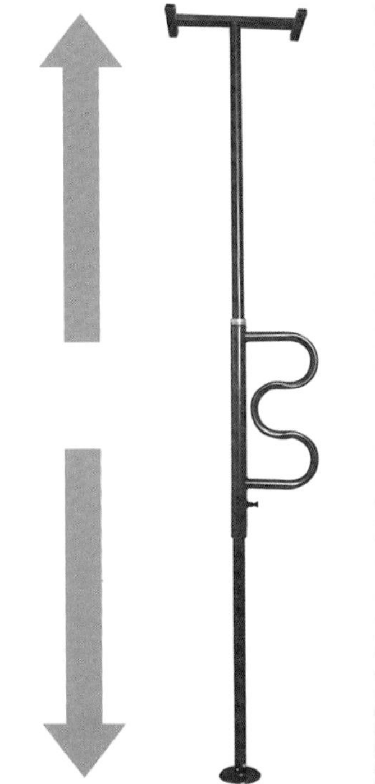

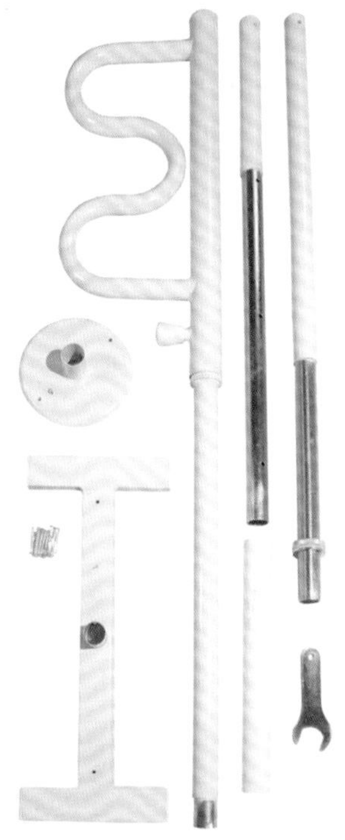

P24 依你 / ElliQ
陪护老年人机器伴侣

类别：产品设计、交互设计

年度：2017

地区：以色列

作者：Intuition Robotic（以色列设计团队）

标签：独居老年人、伴侣机器人、陪伴、监护、以色列

这是一款陪护老年人的智能机器人。老年人年事已高，本应享受天伦之乐，但是并非所有的老年人都能如此，在城市化过程中他们和家人的生活也可能因为距离感变得更为孤单。独居在家的老年人只能靠电话语音与远在千里之外的儿孙保持联络。因此，ElliQ设计的特殊之处就是能和主人互动，提醒其进行听音乐、玩游戏、听有声书等活动。

该机器人综合运用了认知计算、自然传播技术、语音辨识技术以及计算机视觉等，可主动与老年人互动并提供活动建议。它能够理解语境，在医学专家和其家人预设好的一系列目标下自动做出决定，如提醒老年人散步、用药、听音乐等。此外，它还会定期询问主人是否想要通过通信软件与家人或朋友联系。虽然当前的机器人仍旧无法替代人类和老年人进行深层交互，但可以在陪伴与监护方面给老年人一丝慰藉。

专家点评：

新时期应对老龄化和高龄化的最佳机遇是物联网及人工智能的广泛应用。陪伴机器人最大的好处是能够全天候地陪伴老年人，解决老年人的孤独和寂寞，也能减轻照护人员的工作。本款机器人能够理解老年人的语境，并能在医学专家和家人预设好的一系列目标下自动做出提醒老年人散步、吃药或娱乐等决定，还会主动询问老年人是否想要通过通信APP与家人或朋友进行联系，注入了更多的情感交流能力，承担了老年照护高级运营官或管理师的角色。

——上海市老龄科学研究中心　殷志刚

Game
How many home runs did Babe Ruth hit in 1927?
B. 60
C. 74

Calendar

Music
Let's listen to some jazz music.
TRY:
"ElliQ, play jazz music."

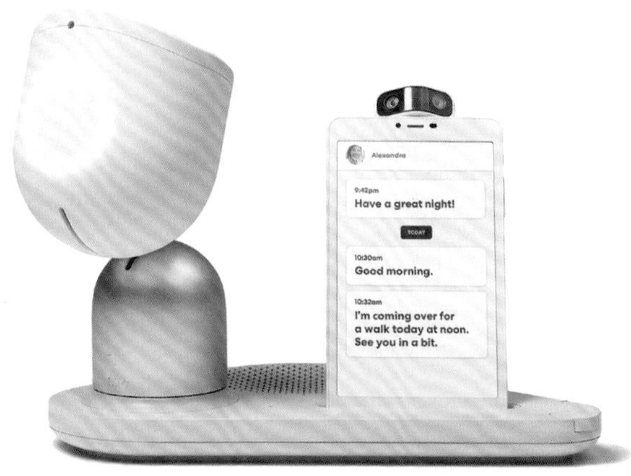
Alexandra
9:42pm
Have a great night!
TODAY
10:30am
Good morning.
10:32am
I'm coming over for a walk today at noon. See you in a bit.

P25 多罗·艾扎 / Doro Eliza
老年人智能护理枢纽

类别：产品设计、工业设计、交互设计

年度：2020

地区：瑞典

作者：Jan Puranen，Kristian Eke，Ulrika Vejbrink

组织：麦肯锡设计（McKinsey Design）

标签：独居老年人、报警器、智能家居、老年生活、瑞典

引自：IF国际设计论坛

这是一款独特的智能家居报警器。它经过精心设计，可为用户、警报接收中心和医疗机构三方提供安全可靠的报警服务。当独居的老年人长时间没有外出或遇到跌倒等紧急状况时，报警器会及时发出警报。这个设备可无缝融合到家庭环境中，让用户能够获得居家生活中的独立性与安全感。

该报警器外观有一个带光导的大型物理警报按钮，可更直观地给老年用户提供友好的使用体验，使他们在操作便捷的同时感到产品的安全性与独立性。Doro Eliza还充分利用当前的无线互联网数字技术，提高了“数字技术型护理”的水平。同时，其时尚感的外观设计也让其在后续市场推广中有更多的曝光机会。

专家点评：

该项设计不仅带有传统的物理按钮，同时也加入了光导，对老年人的身体健康、生命安全的感知更加精细和智能。该报警器实现了与数字网络的连接，实现了终端与后台的实时语音互动。但是对于老年群体而言，操作界面过于简化可能导致老年人在使用过程中有视觉和触觉上的障碍。此外，市面上已经有很多类似的产品设计，有的甚至还更加优化。因此，该报警器的设计可以在当前基础上继续深入地进行功能开发和系统优化。

——西南交通大学　杨一帆　潘君豪

doro

P26 HUA匣子 / HUA Memory Carrier 老年人的数字记忆整理盒

类别：产品设计、工业设计、交互设计、概念设计

年度：2019

地区：中国北京

作者：高苗雨、冯颖轩、庐山盾舰、李佳和、胡宇婷

标签：设计马拉松、家史整理、代际沟通、中国

引自：2019年设计马拉松

这是一款协助整理家史的互动影像设备。由于老年人记忆减退，加之也难以让子女协助，导致其家史的记录成为难点。HUA匣子向银发老年人和青年友人提供一套家史互动解决方案。该产品由一个盒子和一个APP构成，盒子用作投影家史事件的图片与视频，APP则是提供给儿孙子女记录家史的掌上工具。

该产品包含以下几个核心功能：第一，家史信息输出，能根据已有事件储备转化为新的沟通点，并开始新的家史记录；第二，家史整理存档，能识别事件内容和关键点信息进行云端存档。第三，家史信息录入，能记录老年人的家史事件，提供跨代亲人之间的沟通话题，并且通过活动记录簿创建老年人与子女之间的沟通日志。

专家点评：

该概念设计的选题非常独特，选择家史这个方向，通过信息技术让老年人和青年人能就家史进行互动，提供沟通话题。该概念设计对现代家庭文脉的传承具有重要意义。

——北京服装学院　熊红云

问题总结 PROBLEM SUMMARY

第一，如何促使老人把自己的过去呈现出来，以合适的方式保留下来。第二，促进年轻人的关注和参与，有兴趣了解长辈们的过去。这是一种了解历史知识的方式。第三，这些长辈的信息成为促进老人、年轻人交流互动的介质、载体、媒介。

构想解决方案 ENVISION SOLUTION

老人用表征他们那个年代的物品比如收音机等老物件与老人进行交互，年轻人用手机APP，作为二者的链接，做一个移动的线上与线下家史博物馆，二者统一相互配合，记录下那些有历史气息的物品，同时生成线上记录，完成从实体到虚拟的转化。

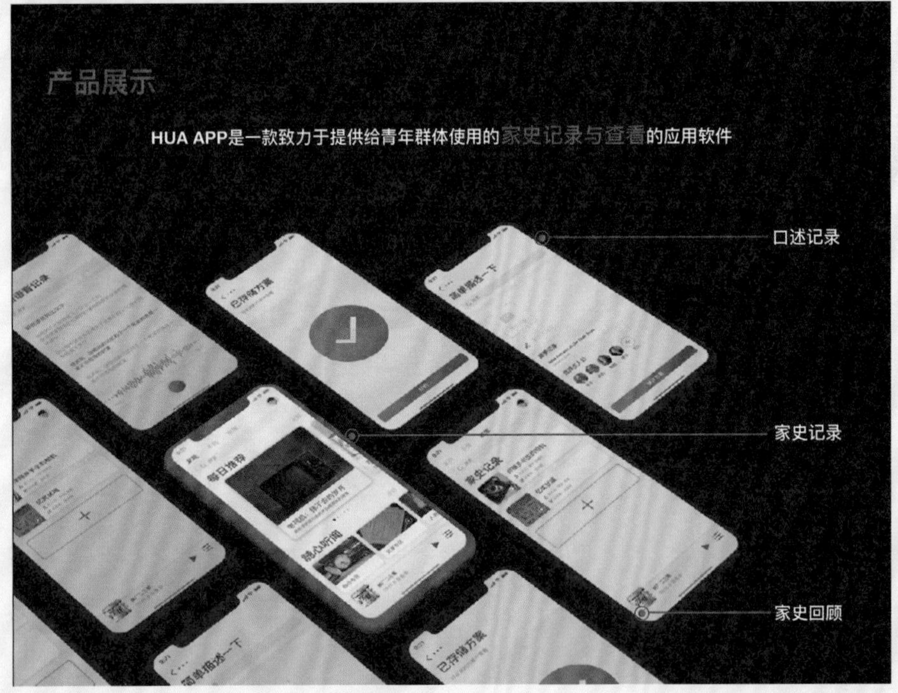
产品展示
HUA APP是一款致力于提供给青年群体使用的家史记录与查看的应用软件
口述记录
家史记录
家史回顾

调查研究
用户访谈
可为什么老年人的记忆/回忆/历史
没有得到完整的好的保存/传承?
羞于诉说和缺乏倾听习惯
家史事件内容庞杂
传统记录和整理手段梳理难度大
老年人愿意表述自己的过往
年轻人也愿意接受他们的故事

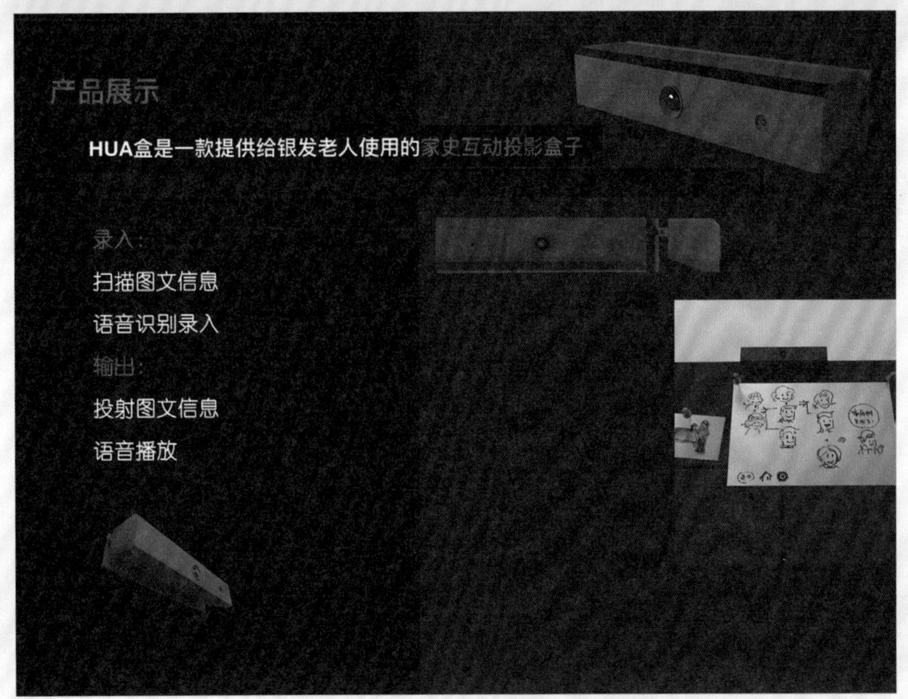
产品展示
HUA盒是一款提供给银发老人使用的家史互动投影盒子
录入:
扫描图文信息
语音识别录入
输出:
投射图文信息
语音播放

P27 可可 / COCO
老年人的AI伴侣

类别：产品设计、工业设计、交互设计、概念设计

年度：2019

地区：中国北京

作者：Kasey Marks、Emily Mee、董梦婕、刘焕昕、常可依

标签：设计马拉松、AI产品、对话机器人、健康监测、中国

引自：2019年设计马拉松

这是一款人型智能老年人伴侣。随着空巢老年人日益增多，渴望沟通的老年用户越来越多。该产品通过“做一位聪明的倾听者”，来促进老年人积极和主动的沟通与对话。

可可的设计重点是使用情感化的面部表情向用户传达关爱与体贴的人机互动，它如同像是一个在云端的孩子，可倾听老年人的每一句话，并用积极的表情进行语音反馈，鼓励用户分享其心里所感。此外，它还能借助数据收集定时检查用户的身体健康状况，通过记录对话所反映的情绪来分析其精神健康，生成个人健康监测报告，并在用户心理异常时向家属发送信息。

专家点评：

该设计是基于AI的陪伴机器人的设计，结合现在最新的AI技术让机器人和老年人的交互更具有趣味性，同时可以采集老年用户的使用数据，并进行分析，让家属更好地了解老年人的健康状态。

——北京服装学院　熊红云

功能总结

对话从倾听开始

Listening
倾听

倾听奶奶的每一句话并用积极的表情和话语反馈，让她感受到被关注和在乎，鼓励她不断分享。

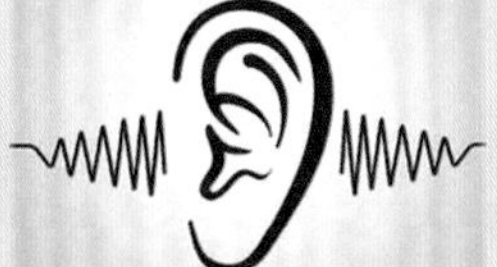

Interaction
互动

参与对话，运用丰富的信息储备和检索扩展话题，增加趣味性，加深与奶奶之间的情感联系。

Protection
保障

定时检查奶奶的身体健康状况，通过记录对话和互动数据分析奶奶的精神健康。在异常时向家属发送干预。

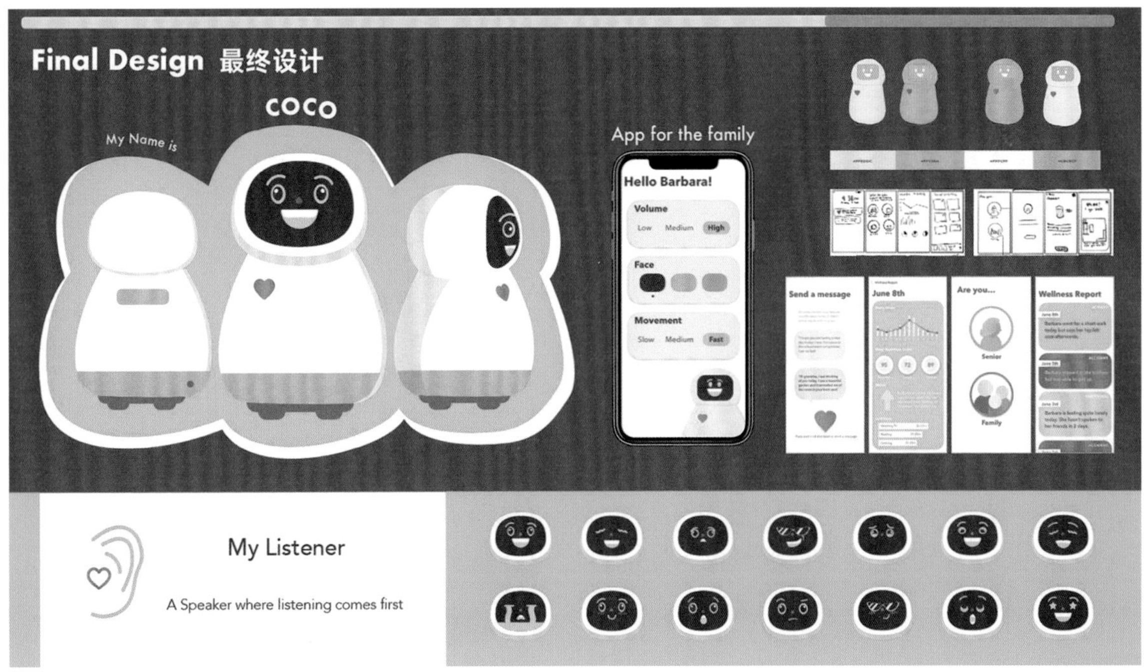

Nobody to talk with

一天天的没人说话呀

How might we
help the elderly regain
active
conversation?

如何让老人重启主动、积极的对话？

I have nothing to talk about.

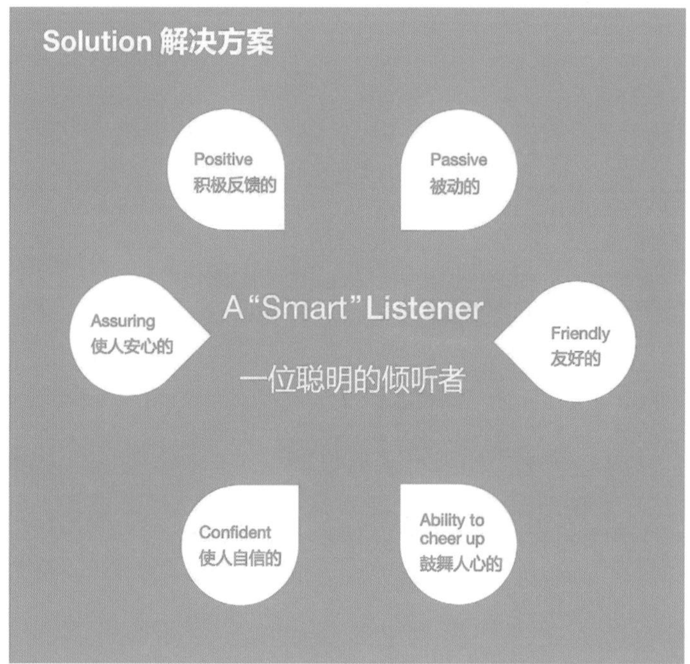

功能性设计

作为 AI 产品，它可以让奶奶的生活更加便利，并且借助于数据收集，生成个人报告。

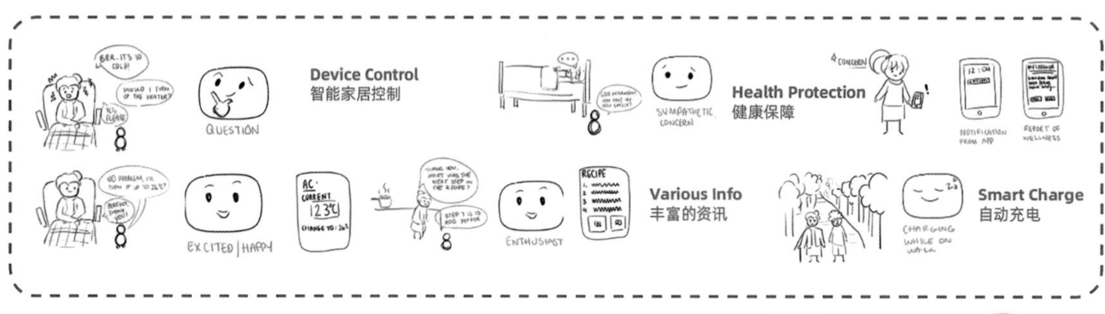

Companion Robot

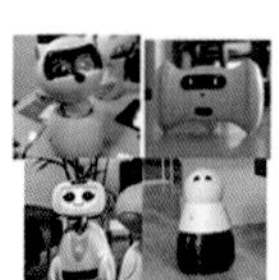

=

Listening Companion
倾听伴侣
Chatting Mate 聊天伙伴
Facial expressions 生动表情
Follow the grandmother 跟随奶奶

Journey Map 用户旅程地图

We created the journey map for a typical day of the grandmother.

我们以奶奶的典型一天绘制了用户旅程地图。

	Morning 早晨		Afternoon 下午	Evening 傍晚		Night 晚上
Status 状态	At Home 在家	Outside 在外	At Home 在家	At Home 在家	Outside 在外	At Home 在家
Action 行为	- Wake up at 5:30 a.m. - Dumplings for breakfast - Listen to the radio for news - Clean Dishes and the table - Change clothes to go out - 5:30起床 - 蒸点饺子吃早饭 - 打开收音机听新闻 - 洗碗，打扫打扫 - 换衣服准备出门	- Stroll in the park and do some exercises. - Sit and watch kids playing. - Buy vegetables and meals when going home. - 在公园里闲逛做锻炼 - 坐在椅子上休息看孩子玩耍 - 回家路上去买点菜	- Cook meals for herself - Do some cleanings - Take an afternoon nap - Search for new TV show - 吃午饭，整理房间 - 午睡一小会 - 发呆，找找新的电视剧	- Cook meals for herself - Watch news on TV - Get prepared for the dancing club. - 吃中午剩下的饭菜 - 收拾收拾，准备去跳广场舞	- Stroll and dance in the park. - Sit for rest and watch others. - Chat with her friends about recent news. - 在公园里跳广场舞 - 坐着休息看大家欢笑 - 和朋友们聊天	- Watch TV - Read articles on WeChat - Call the daughter, - Go to sleep at 9:30 p.m. - 看电视剧 - 读读微信上的文章 - 和女儿打电话
Thinking 想法	- How's the weather today? - What to eat for breakfast? - Did I lock the door? - 今天天气怎么样? - 早上吃什么呢? - 我锁门了吗?	- What to eat for lunch? - Where are my friends? - 中午吃什么呢? - 我的孙子现在在干什么呢?	- There is no interesting things to do. - I want to chat with somebody on Wechat. - 看电视也没什么意思 - 在微信上找谁聊聊吧	- Will it rain in the evening? - Finally got the chance to meet my friends. - 晚上会不会下雨啊 - 终于能见到我的朋友们了	- I really want to chat more. - I wish I could play with my grandkids like others. - 没聊够，想再多聊会 - 真希望也能跟我孙子出来玩	- I have a lot of things that I want to tell her. - Today is just like the other days.
Pain Points 痛点	- Nothing to look forward to every morning - Easy to forget things. - 每天都没有什么可期待的 - 每天听的新闻都很无趣 - 容易忘记事情	- Forget to check the weather report. - Feel lonely when seeing other kids. - 没有人提醒 - 想起孙子感到寂寞	- It's boring to do same things alone everyday. - Nobody to chat with on the phone - 一个人做事很孤单 - 微信上没什么人聊天	- Nobody to share feelings. - 激动的心情无人分享	- Young people didn't want to talk with me. - I feel upset seeing families playing together. - 年轻人没有耐心跟我聊天 - 看到其他小孩想念家人	- My daughter is always impatient to me. - Nobody to share the news and talk what I really want to say.
Aloneness 孤独感	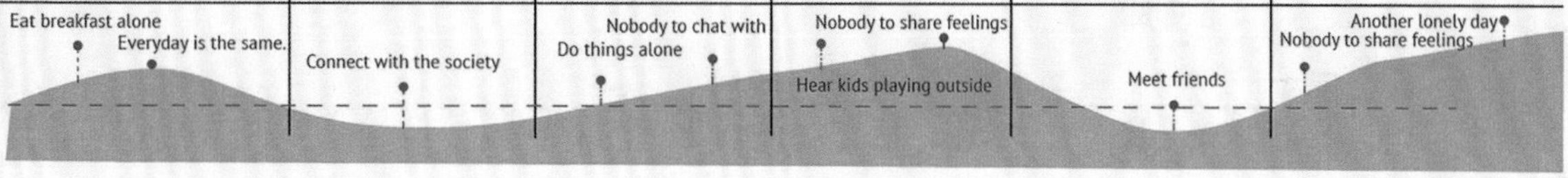 Eat breakfast alone Everyday is the same.	Connect with the society	Nobody to chat with Do things alone	Nobody to share feelings Hear kids playing outside	Meet friends	Another lonely day Nobody to share feelings

P28 音乐加油站 / Music Gas Station
户外数字音乐下载服务

类别： 服务设计、交互设计、概念设计

年度： 2018

地区： 中国北京

作者： 2018年设计马拉松学生作品

标签： 设计马拉松、音乐播放器、下载音乐、户外活动、中国

这是一个免费提供Wi-Fi音乐下载服务的数字化公共服务。日常生活中，我们可以看到许多老年人在公园中跳广场舞或边听音乐边锻炼身体。研究表明，音乐活动可以协助老年人减少其孤独感与成就感，并且适度地释放心理压力。音乐加油站就是一个这样的音乐下载公共Wi-Fi服务，它的核心功能是优化的音乐播放器及简易语音下载，能更好地满足活动型老年人的娱乐与健身习惯，让好动而且外向的老年人可以随心所欲地选择音乐进行各种户外活动。

专家点评：

充满人性化的创意出发点，总会带来富有人情味的产品。产品的外形、内容最终都需要适应于使用者的需求。老年人往往对于产品的功能要求更加直接，简洁的外观和简单的使用功能可以使老年人更快速地达到使用目的。精准的歌曲识别与选择是此款产品的内容支撑。

——北京服装学院　丁肇辰

放置在老人常常活动的场所
公园、广场、健身场所等。

旧

OLD

不能时刻更新音乐
一般都是靠子女把歌曲导入储存卡，来听新的音乐

新

NEW

界面信息复杂 看不懂图标
手抖 出现操作失误
字体太小 看不清楚
不理解部分新名词新术语

音乐加油站示意图
音乐加油站
是一个提供免费Wi-Fi服务的地点，只要优化向播放器进入型号范围，提供音乐下载服务，并把用户数据上传云端。

语音控制流程

P29 传感耳机 / Sensor Headset
户外音乐服务系统设计

类别：产品设计、交互设计、概念设计

年度：2018

地区：中国北京

作者：2018年设计马拉松学生作品

标签：设计马拉松、骨传导、听诊器效应、颈戴式耳机、中国

这是一款为老龄用户设计的颈戴式骨传导耳机。现今很多老年人在锻炼时都会选择戴耳机听音乐。常见的入耳式耳机由于其紧密贴合的特性，可能会让老龄用户感到不舒服，长期佩戴还可能会因为听诊器效应而造成听力受损。骨传导耳机可有效避免传统耳机的入耳式设计，即使在低音量的情况下也能听到较为响亮的音乐。

此外，随着人们年龄的增大，记性可能就更差，这导致老龄用户耳机丢失的概率更高。为了适当地降低耳机丢失的风险，设计师通过颈部的穿戴设计来降低耳机丢失的风险，用户可在不听音乐时将耳机戴在颈部，也不会感到不舒服。

专家点评：

这个产品创意关注到了老年群体对音乐的需求。传感式设计极大地提高了耳机佩戴的舒适感，能够保护老年人因年龄增长而逐渐脆弱的听力系统。设计者不仅考虑到了耳机的舒适感，同时也考虑到了耳机收纳及防丢失的问题，十分细心。颈戴式的设计能够方便老年用户在不使用时无须考虑收纳问题，产品造型感较强，具有科技感，轻量化或许是这类产品未来的设计趋势。

——西南交通大学　李芳宇

2018
DESIGN
DAY
sport set
Bluetooth earphones for adjusting beat
mate
65 bpm
FAST
I Want You Know (Feat. Selena Gomez)
- Zedd
SLOW
I'm Not The Only One
- Sam smith
subwoofer
touch interface
earphone

P30 适合 便携 共享 / Suitable Portable Sharable
智能可穿戴音乐播放设备

类别： 产品设计、服务设计、概念设计

年度： 2019

地区： 中国北京

作者： Maeng JiYoung、Shin EunBi、Dasol Song、伦希雯、常佳

标签： 音乐产品、智能可穿戴、播放器、指向性扬声器、中国

引自： 2019年设计马拉松

这是一款外观酷似钳子的智能可穿戴音乐播放器。它有着适用、便携、共享的特性，采用人工智能语音识别技术，更方便老年用户。该设备上的外放扬声器使用了指向性扬声器技术，在满足老年人日常音乐需求的同时也不会过多干扰周边的人。由于播放器的造型犹如钳子一般可自由弯曲伸直，因此能很牢固地戴在身上不易丢失。该产品还提供4个播放音乐的主要功能：机载画面、语音识别歌曲、现在歌曲播放、歌曲分享。

专家点评：

这个设计找到了老年群体对音乐类产品的需求，“适用、共享、便携”的特性符合这个群体对产品的期待。融入AI语音识别技术更方便老年人的使用，利用指向性扬声技术避免入耳式耳机对老年人造成的不适感，同时设计者对老年人的观察很细致，通过哼唱副歌智能搜索歌曲的功能十分实用。产品造型考虑到了老年人易丢失物品的问题，夹子固定的方式更便于固定，拓宽了音响的使用场景，与其配合使用的APP层级简单，界面也符合老年人的使用习惯。

——西南交通大学　李芳宇

Product

形状似钳子，可以自由弯曲伸直。易固定，不容易丢失

哼哼唱歌曲的副歌部分，智能自动找到歌曲

分享在5M以内识别对方时，可以使用耳机进行操作

App 最小界面让老年人也能轻松使用

3. 现在歌曲播放画面

- 可以知道正在听的歌曲的题目和歌手
- 可以将正在听的歌曲"共享"给朋友。
- 声音大小可调整为5级。

4. 歌曲分享画面 (Song Sharing)

- 可以把听过的歌曲分享给朋友。
- 推荐想要分享的朋友。
- 乐歌分享

Solution Direction 解决方案

更方便携带

Easier to carry

老年人也可常用的分界面

Elderly people can easily used in interfaces.

人际交流

Interpersonal communication

Problem Define 问题定义

学习智能设备困难

Learning smart devices is difficult.

不够便携

Not portable enough.

界面不够简洁

The interface is not concise.

P31 波纹助眠枕头 / Ripple Sleeping Pillow

专为老年人设计的声音助眠枕头

类别：产品设计、交互设计、概念设计

年度：2018

地区：中国北京

作者：张维明、李坤、肖志轩、侯乐新

标签：失眠老年人、噪音助眠、健康监测、枕头、中国

引自：2018年设计马拉松

这是一款专为有入睡困难的老年人所设计的智能助眠枕头。随着年龄的增长，有些老年人在夜间分泌的褪黑素减少，并且对环境中的光和声响的微妙改变异常敏感，容易受到声音的影响导致睡眠不佳。此枕头的助眠和检测功能相互促进补充，补充了市面上睡眠监测和声音助眠这两方面的顾客需求。

该枕头使用时很便捷，除了充电之外无须复杂的操作过程。就如同普通枕头一般直接躺下就能使用，睡了一夜之后内嵌的无线模块会将睡眠监测数据发送给子女或者医护人员，以针对睡眠数据进行入睡习惯的调整。该监测数据的取得主要来自枕头内的麦克风，可精准判别用户晚上的呼吸声并对于其睡眠状态进行完整记录。此外，枕头内配置着高精度传感器，能检测翻身、起身与心率变化，通过判别用户的睡眠状态适当地给予他们不同类型的助眠噪声。

专家点评：

相对于通过不断平行叠加的使用功能、繁多的使用界面，该产品从对日常用品的观察出发，在产品使用过程中达到舒适完善的同时，附属功能同时进行工作，为使用人群带来隐藏的功能“福利”，是创意产品中更加高阶的设计。这款产品中，枕头虽然是极为普通的日常产品，后台的构建却多样，包括数据监测、交互反馈、附属功能激活等，是产品中真正从创意的角度出发，功能与形态共同优化的结果。

——北京服装学院　丁肇辰

WORK PROCESS 使用流程

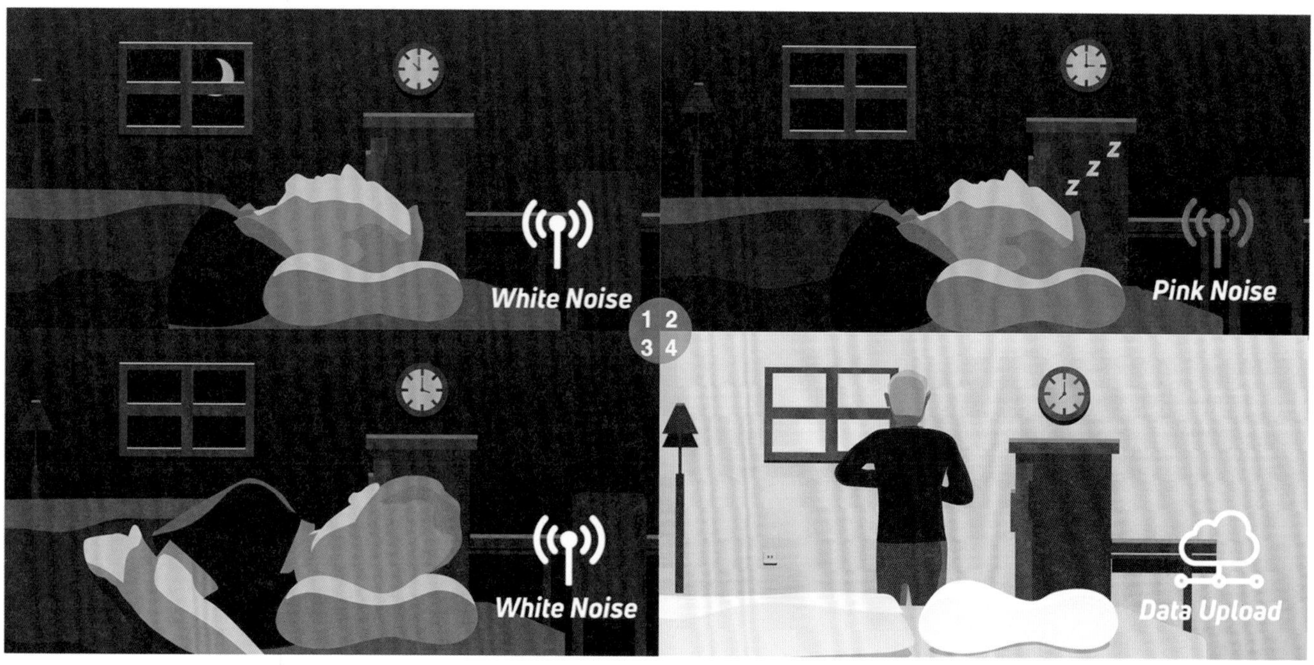

PRODUCT STRUCTURE 产品结构

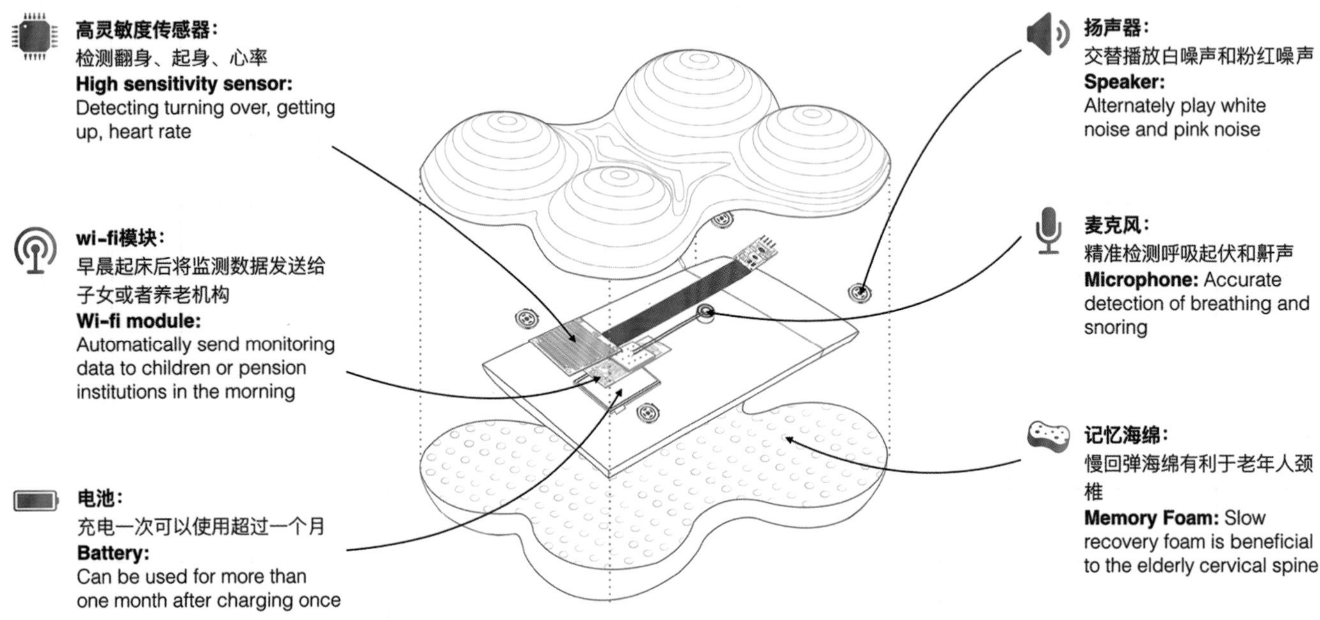
高灵敏度传感器：
检测翻身、起身、心率
High sensitivity sensor:
Detecting turning over, getting up, heart rate
wi-fi模块：
早晨起床后将监测数据发送给子女或者养老机构
Wi-fi module:
Automatically send monitoring data to children or pension institutions in the morning
电池：
充电一次可以使用超过一个月
Battery:
Can be used for more than one month after charging once
扬声器：
交替播放白噪声和粉红噪声
Speaker:
Alternately play white noise and pink noise
麦克风：
精准检测呼吸起伏和鼾声
Microphone: Accurate detection of breathing and snoring
记忆海绵：
慢回弹海绵有利于老年人颈椎
Memory Foam: Slow recovery foam is beneficial to the elderly cervical spine

MATERIAL SELECTION 产品选材

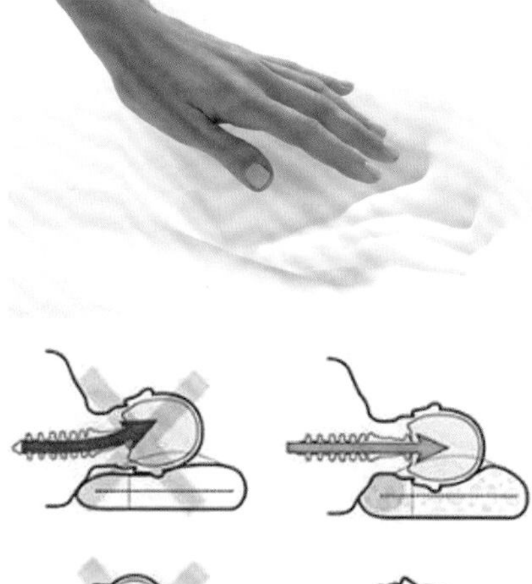

记忆海绵枕头的好处

防止颈部出现扭伤 —— 记忆海绵枕头的密集材料可防止颈部在笨拙的方向弯曲。

保持脊柱对齐 —— 记忆泡沫枕可防止颈部弯曲，使脊柱保持对齐。

无需调整 —— 记忆泡沫不需要翻转，松散或任何常规枕头的调整，因为它将保持其形状和尺寸。

减少打鼾 —— 普通枕头向上倾斜头部，导致呼吸道阻塞。然而，记忆海绵枕贴近人脖子，让呼吸道保持畅通。

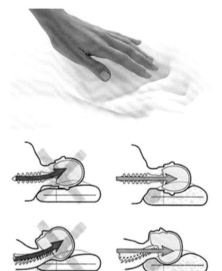

PRODUCT IDEA 产品构想

待解决的痛点 Pain Point to solve	预想方案 Predictive plan
深受噪声困扰 Be plagued by noise	白噪声背景声音掩盖其他声音 Cover other sounds with white noise
不习惯带耳机、手环睡觉 Not used to sleep with headphone bracelet	将检测设备融入生活用品里 Incorporate testing equipment into supplies
难以入睡 Have trouble falling asleep	播放频谱带在500~9000HZ的白噪声助眠 Play spectrum band in 500~9000hz of white noise
睡眠太浅容易醒来 Too light to wake	播放粉红噪声帮助大脑进入深层睡眠 Play pink noises to help brain get into deep sleep
浅睡眠和深睡眠界限不好掌握 Difficult to distinguish light sleep and deep sleep	根据睡眠监测提供的数据及时调整噪声种类 Adjust noise type according to the data
老年人**不喜欢复杂**的操作 Elderlys don't like complicated operation	躺下即睡，无需更多操作 Lie down and sleep. No more work
子女/养老机构想了解老人睡眠数据 Children/providers want to know elderly's sleep data	将检测到的数据生成报告发给子女或养老机构 Report the detected data

P32 RAKU-RAKU智能手机 / RAKU-RAKU Smart Phone 获日本设计大奖的智能老年机

类别：产品设计、工业设计、交互设计

年度：2018

地区：日本

作者：Shoichi Kamata，Najeong Kim，Nobuharu Masuyama，Risako Tanaka，Yoshifumi Satake

组织：FUJITSU DESIGN LIMITED（富士通设计）

标签：老年机、丰富老龄、DOCOMO、智能手机、日本

引自：日本优良设计大奖

这是一款为丰富老年人的生活而开发的智能手机。常见的手机适老龄化设计主要体现在软件上，如针对老年人生活服务或老年人社交沟通的软件等，智能机要么是功能太过于强大导致体验不佳，要么是设计太平庸简单缺乏时尚感，能在设计与功能上找到平衡点的老年人机寥寥无几。

日本富士通开发的这款智能手机很好地解决了这个问题，它具有大屏幕和简化的菜单，不仅可响应语音命令来实现操作，操作其触摸屏时还有按下按钮的回馈触感，集成的大图标用户界面可实现美观和易用性相互配合的体验。其外观的设计上也进行了较细致考虑，圆形倒角外观设计有较好的手握舒适度，手机外壳的色彩也有着较为年轻的选择，很好地呼应了其“丰富老龄”的广告宣传语。

专家点评：

为老年人设计的智能手机，很好地考虑到了产品易于使用和美观的特性，在设计上采用圆形大倒角设计，色彩上也比较有特色，很好地体现了“为丰富老年人生活”而设计的理念。

——北京服装学院　熊红云

docomo
4G 3/24 日曜日 12:34
電話/電話帳
メール
インターネット
1 2 3 4 5
Google
Play ストア
Google
カメラ・ビデオ
dメニュー/検索

docomo
4G 3/24 日曜日 12:34
電話/電話帳
メール
インターネット
1 2 3 4 5
Google
Play ストア
Google
カメラ・ビデオ
dメニュー/検索

P33 营养盒子 / Nutritional Boxes
老年人营养护理产品服务设计

类别：产品设计、视觉设计、食物设计

年度：2017

地区：中国台湾

作者：CHIEH-YU CHEN，JIN-DIAN CHAI，YUE-SIOU LAN，CHIA-YI LO

组织：中国台湾明志科技大学

标签：营养护理、营养监控、餐盒、中国台湾

引自：IF国际设计论坛

这是一款用于老年人营养护理的餐盒。全球老龄化趋势逐渐严重，照顾老年人成为一个极其重要的社会问题，老年人通常在年老的家庭和社区中互相认识、互相照顾，他们一起做饭，把食物分给有需要的人，但并不是每个人都有相同食量与营养需求，所以很难满足所有人的需要。这款餐盒很好地解决了这个痛点，餐盒让膳食提供者通过按盖上的凹凸点来告知老年人营养含量的比例，包括碳水化合物、蛋白质和蔬菜等。考虑到老年人视力下降的问题，盖子上的这些凹凸点的功能使老年人可以通过触摸点的数量为他们选择合适的营养午餐盒。

这款午餐盒不光有漂亮的外观，还能让人们使用它来追踪每日摄入的营养。例如，患有糖尿病的人可以通过午餐盒上代表淀粉类食物的点，轻松地判断出食物成分而不需担心用餐问题。不同大小的餐盒适合放置不同类型的食物，外观耐看的同时也十分实用。

专家点评：

仅从外观上看，该营养餐盒能够显示3个维度的营养成分，分别是碳水化合物、蔬菜和蛋白质。从日常的生活经验来说，人体每日所需的营养元素远远不止这里能够显示的3种这么简单，因此该项设计应用的现实领域还是相对狭窄的。但是从出发点和立意来说值得赞赏，后期的改进可以更加精细化和智能化，如能够实现每日用餐数据的自动保存和录入，并能定期向使用者提供相应的数据分析报告，它将拥有更广泛的使用价值。

——西南交通大学　杨一帆　潘君豪

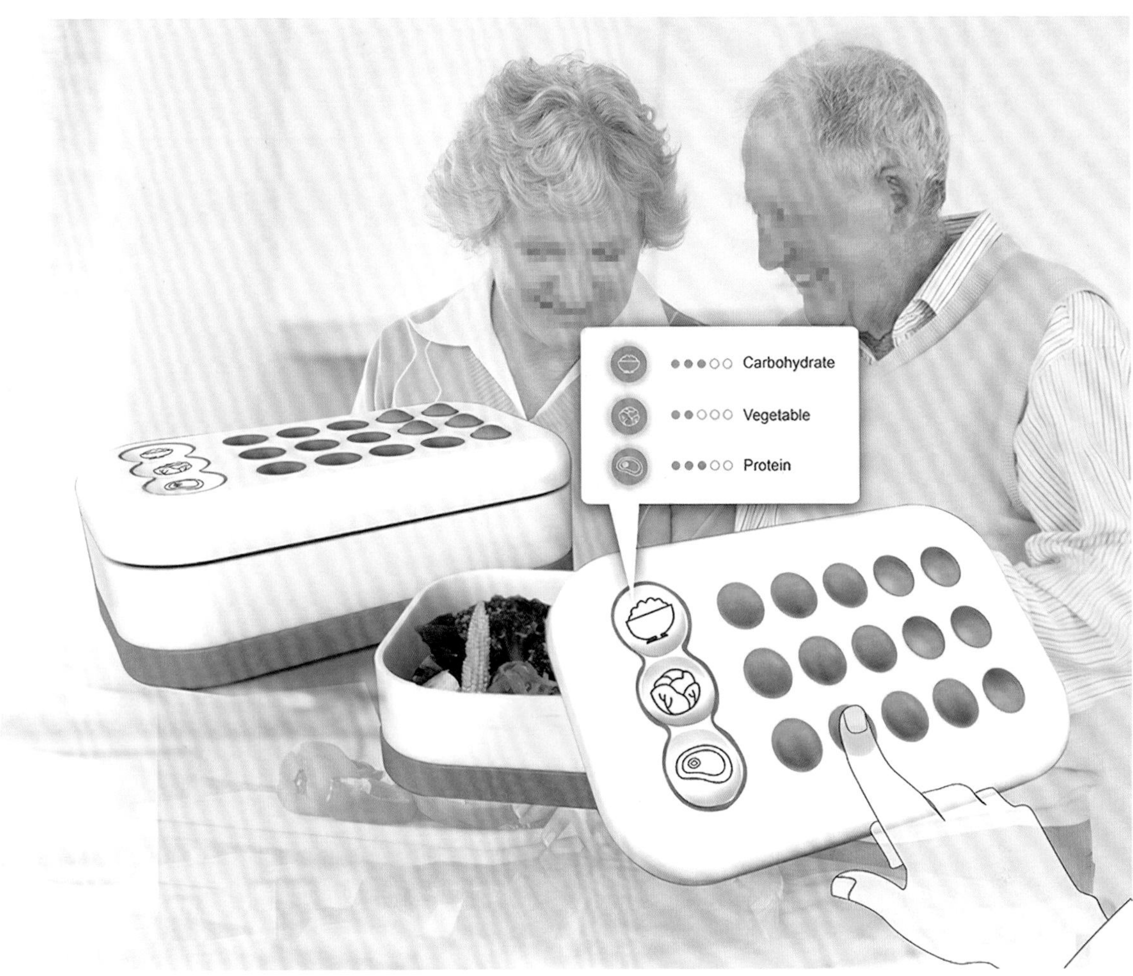
Carbohydrate
Vegetable
Protein

P34 水龙头瓶盖 / Sodavalve
让老年人轻松拧开塑料瓶盖

类别： 产品设计、工业设计

年度： 2014

地区： 韩国

作者： 杨仁俊（Injoon Yang）

标签： 拧瓶盖、水龙头、人体工程学、杠杆原理、韩国

引自： YANKO DESIGN

这是一款帮助老年人更容易开启的省力瓶盖设计。老年人由于年龄问题导致身体行动力不足，力气较小，市面上常规的瓶盖设计并不适合老年人开启。设计师通过观察他的奶奶很难打开一瓶普通的矿泉水为契机，设计了一个形状酷似水龙头的替换盖。水龙头瓶盖的形状和功能与水管插头类似，在拧不开瓶盖的情景下，老年人只需将其套入瓶盖即可轻松拧紧和松开。这款设计同样适合关节不适的人群使用。

除了水龙头的造型，该设计师还设计了另一款圆形瓶盖，其作用与水龙头瓶盖相同，在用户打不开瓶盖的情况下，只需将其替换为两种符合人体工程学的手柄设计中的一种，在杠杆原理的作用下，即可轻松拧紧和松开。

这项设计已在亚洲的几个国家开始使用，设计师们正在收集不同国家的数据信息对产品做出优化，旨在设计出适合各个国家的不同瓶盖与不同用户群体的多样化产品。

专家点评：

这项设计虽然简单却创意十足，可精巧也可粗糙，具备工业标准化生产的潜力，通过习以为常的机械原理和人体工学设计来解决日常生活中容易被大家忽视的问题。这让很多生活中无法打开瓶盖的孩子或者老年人可以在不借助他人帮助的情况下自己打开密封紧密的瓶盖。下一步的优化设计应该考虑如何让这个“开瓶器”的尺寸灵活变动，使其能够通用于不同类型的产品。

——西南交通大学　杨一帆　潘君豪

Coca-Cola
Perrier

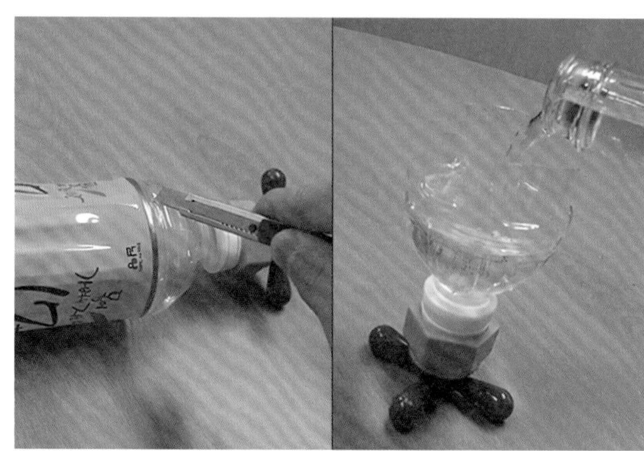

P35 吃得好餐具 / Eatwell
老年人独立进食辅助餐具

类别：产品设计、视觉设计、食物设计

年度：2014

地区：中国台湾

作者：姚彦慈

标签：阿尔茨海默病、辅助进食、进食量、餐具、中国台湾

引自：斯坦福设计挑战赛

这是一套针对老年人独立进食的辅助餐具。该产品的设计师在祖母患上失智症时目睹了她进餐时会遇到的困难，因此发明了一套新餐具，通过鲜艳外观以及符合人体工学的巧妙手握，来帮助身患阿尔茨海默病的祖母进行有尊严的饮食。

利用通用设计的理念来便利用餐不便的患者摄取食物，该设计师从增加患者进食量、维护患者尊严、减轻照顾者负担三大初衷出发。该餐具的外观具备缤纷色彩，能促进用户食欲，倾斜且防滑的碗底可更方便用户取食，托盘上嵌入的餐巾可适时接住掉落的食物。以上设计细节可让患者尽可能独立地使用餐具，鼓励其生活自主性和提升他们的尊严。用餐不只是为了获得生命延续，更是人们品尝美食的乐趣以及对维系自主生活的基本期待。Eatwell改善的是进食体验，也改善了患者们的生活品质。

专家点评：

该设计的设计初衷是增加患者进食量、维护患者尊严以及减轻照顾者负担，这些初衷应该是来自对老年人进食的深入研究得到的需求，概念很清晰，整体设计也很完整且富有探索性。

——北京服装学院　熊红云

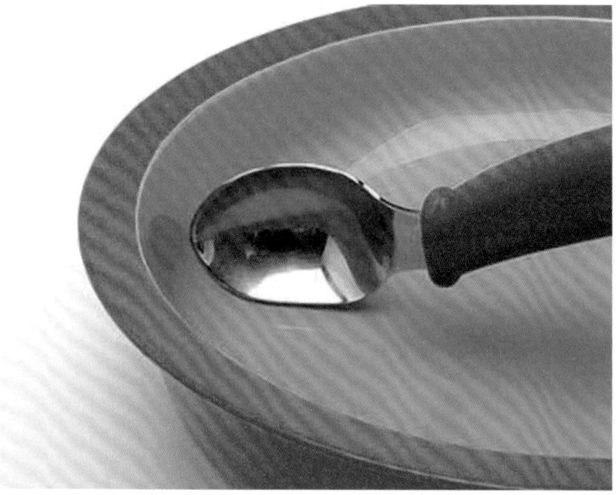

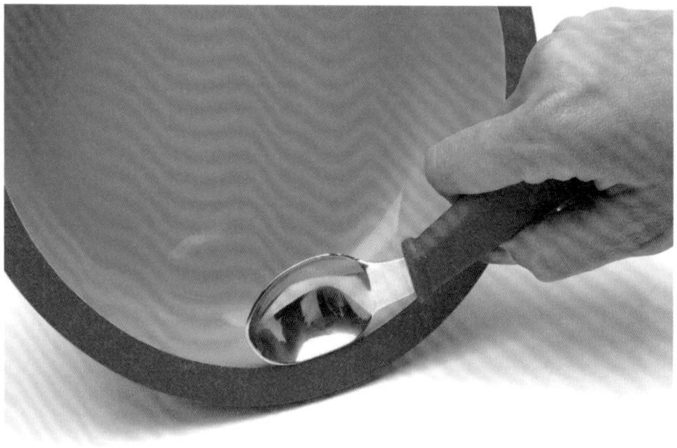

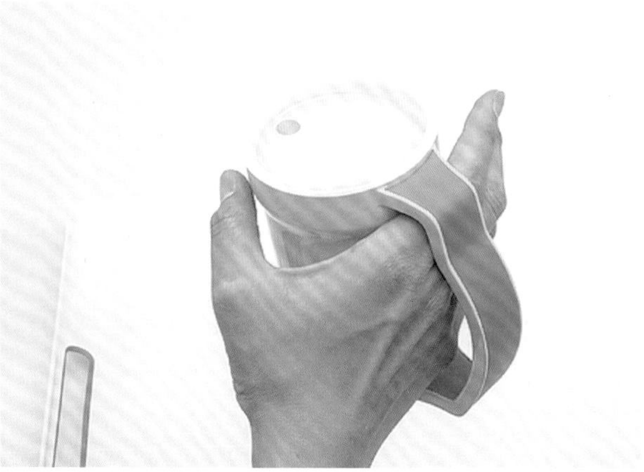

P36 护理汤匙 / Nursing Spoon
易于护理老年人用餐的汤匙

类别： 产品设计、工业设计、食物设计

年度： 2019

地区： 泰国曼谷

作者： Saisuda Kaseamtanasak

组织： Scrap Lab

标签： 老年人护理、餐具设计、人体工程学、汤匙、泰国

引自： 日本优良设计大奖

这是一款头部弯曲更易于老年人用餐的汤匙。老年人在使用汤匙时经常遇到抓握不便和食物掉落的困难。泰国设计团队Scrap Lab为了方便老年人用餐，设计了一款前段有凹槽，握把能横放，并更好地结合老年人生理机能的汤匙。该汤匙经过精心设计可适应手的自然曲线，使其更易于握住并减少食物溢出。弯曲的外观造型也有助于食物轻松入口，即使老年人在手臂肌肉无力的情况下，也能满足日常生活中的自我饮食能力。该餐具的设计可帮助老年人更好地进食并改善其健康状况，使他们能够自食其力，减少对他人的依赖。

专家点评：

小小的设计改变了生活。这个设计运用力学原理解决了老年人由于自身生理机能衰退造成的自我吃饭的难题。《联合国老年人原则》关于“照顾”的基本理念是：老年人享有照顾、保护和保健，帮助维持或恢复身体、智力和情绪的最佳权利。健康积极的老龄化理念是倡导老年人的自立自助。因此，我们应该积极推崇老年照护的维系功能、尊严独立，延缓老年人衰退及恶化，增强老年人自我照顾能力的做法。

本产品充分体现了上述理念，帮助老年人树立了信心。本产品也适用于幼儿学习吃饭，有较高的市场推广价值。

——上海市老龄科学研究中心　殷志刚

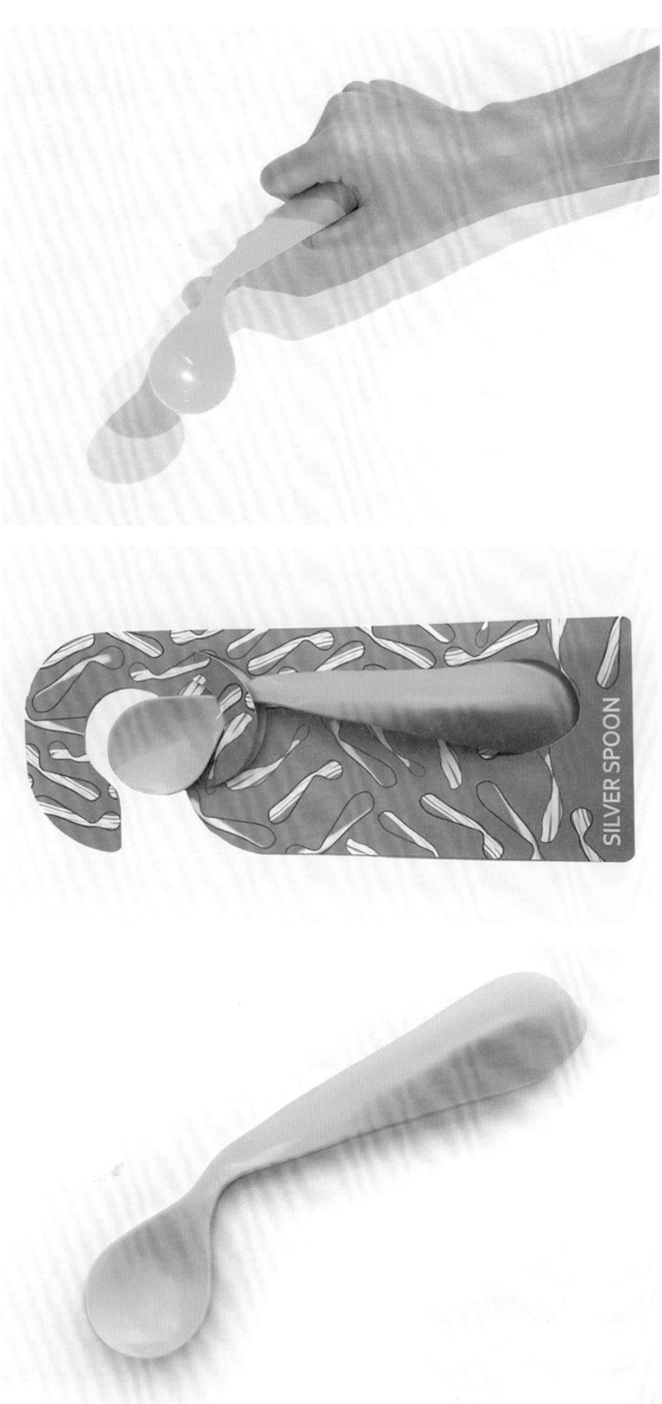
SILVER SPOON

P37 无障碍智慧厨房 / Accessible Smart Kitchen

应对老龄化社会而设计的智慧厨房

类别：交互设计、产品设计、服务设计

年度：2018

地区：中国

作者：李芳宇、倪佳

组织：西南交通大学

标签：无障碍设计、智能厨房、便利生活、中国

这是一套无障碍智能厨房。随着中国老龄人口的急速增加，适老龄化设计已然成为当前社会的刚性需求。由于老年人消化功能减弱，不合理的饮食与烹饪习惯会带来其负面健康影响，老年人身体疾病也会伴随发生。在老年慢性病多发的背景下，设计适老性智慧厨房尤为重要。

该产品从行为层次得出APP功能模块权重，确定了功能模块优先级；从体验层次得出APP用户体验要素权重，确定了用户满意的表现形式；从无障碍层次分析了老年人智慧厨房交互设计的三个方案。智慧厨房可在烹饪过程中保护老年人，减少刀具伤害，避免食品卫生问题，以及预防火灾等突发事件的发生。

专家点评：

该设计是一个关于运用现代化技术的厨房系统的设计，在系统中注重交互以及体验，还考虑了老年人特有的生理需求，对厨房使用过程中的细节做了适老龄化设计。

——北京服装学院　熊红云

P38 智能开关S1 / Smart Switch S1 自定义组合开关

类别：产品设计、工业设计、视觉设计

年度：2019

地区：中国深圳

作者：肖涛

标签：老年生活、智能开关、小模块、灯光、中国

引自：2019深圳全球设计大奖

这是一套可以自定义组合的开关。老年人常无法区分开关的按键功能，如哪个按键控制哪个灯。设计师设计了一款可以由老年人自己组合，自己进行功能定义，促使用户不再忘记关闭家中电器的开关，通过选择不同的图形、颜色、材质等设计选项用于区分、记忆开关按键的功能。

此外，对于生产企业而言，该开关可只需生产底座和小模块，能最大限度地缩减产品的型号并且减少资源浪费。这些模块的扩展性也较强且成本低，符合现代家庭绿色生活的理念，尤其是为那些旧房改造的家庭提供了更好的产品选择。

专家点评：

普通插座一旦排成一排来实现不同灯光的控制，就成为困扰记性不好的老年人辨认的一大难题。选择不同图形、颜色、肌理设计的记忆开关可以很好地解决老年人的辨认难题，记忆开关上实时显示的图标直观地给老年人提供功能提醒帮助。

——北京邮电大学　汪晓春

Smart Switch S1
智能开关 S1

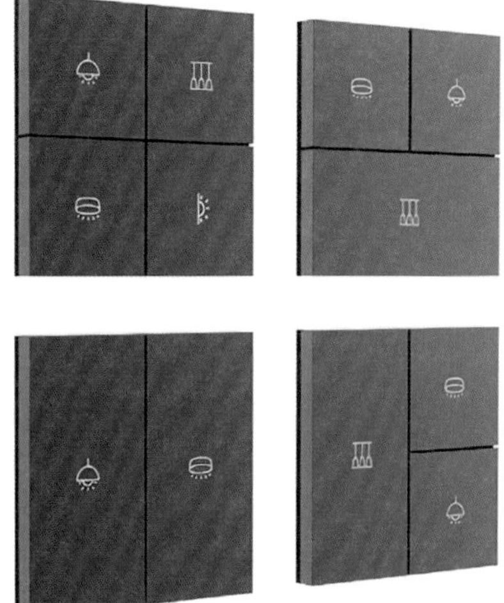

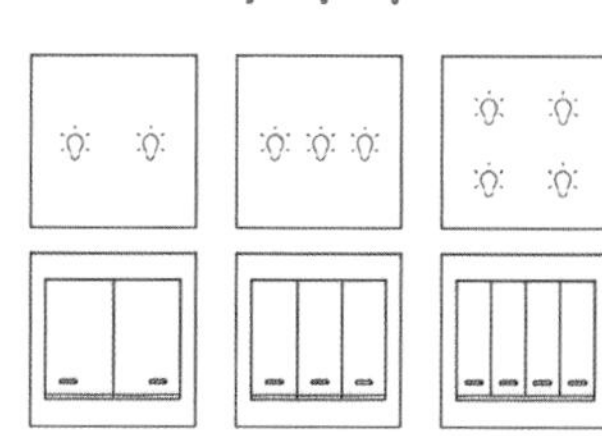
? ? ?

用户经常无法区分开关按键的功能，例如哪个按键控制哪个灯？

为了解决这个问题，我们设计了一款可以由用户自己组合，自己进行功能定义的开关。对于生产企业来讲，就可以只生产底座和小模块，最大限度缩减产品的型号，减少资源浪费、节省制造成本。用户可以通过选择不同的图形、颜色、机理等方案，用于区分、记忆开关按键的功能，给用户带来生活上的方便。

Smart Switch S1
智能开关 S1

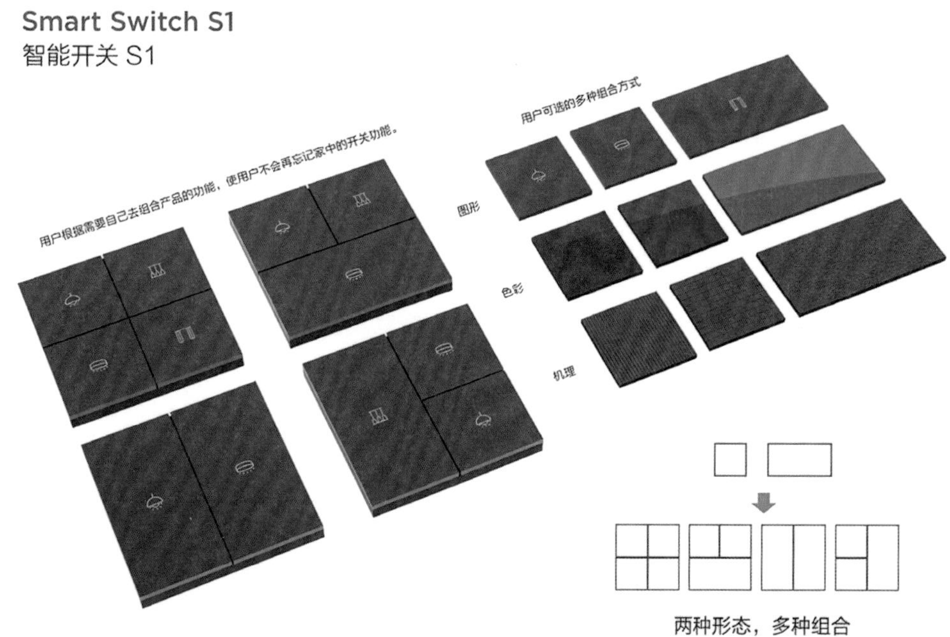
用户根据需要自己去组合产品的功能，使用户不会再忘记家中的开关功能。
用户可选的多种组合方式
图形
色彩
机理

两种形态，多种组合

P39 老年人专用插座 / Elderly Impaired Special Socket

为视力障碍人群设计的安全插座

类别： 无障碍设计、产品设计、工业设计

年度： 2019

地区： 中国

作者： 公牛集团工业设计团队

标签： 视力障碍、行为障碍、触电风险、安全开关、中国

引自： IF国际设计论坛

这不仅是为老年人，也是为视力障碍和行为残障人士所设计制造的插座产品。

公牛集团的设计师们在全国范围内进行广泛的调查研究之后发现，传统插座并没有考虑视力障碍和行为残障人士的使用痛点，导致“插插座”这件事变成了这一用户群体在生活中遇到的最大难题：他们往往需要十分钟甚至一个小时才能找到插座，并且在使用插座时存在一定的安全隐患。

为此，设计师在这款插座上单独设计了一个自回弹式凸盖，并在凸盖上加了盲文，加上对比鲜明的配色，以帮助用户快速定位插孔位置并防止触电。此外，产品还有一个独立的无源无线开关，让用户不用弯腰就能使用插座。因此，从安全性方面考虑，这款插座可以有效应对视力障碍人士和行为残障人士在使用插座时无法对准、电源线被损坏的情况，使用者触摸识别的过程中也能避免触电。

专家点评：

产品通过对比比较两个强烈的颜色，改变了传统插座白色带来的难辨认插孔的状况，通过明度非常高的橘色插孔位置的设计，让视力较弱的老年人能够较方便地找到插孔位置。凸盖上增加的凸起的盲文设计，很好地为视力障碍人士或盲人提供了方便。独立的无源无线开关，给行为障碍人士也提供了便利，他们不用弯腰，就可以给电子产品充电。

——北京邮电大学　汪晓春

P40 LED感应悦光灯 / LED Automatic Induction Night Light 老年人的夜间居家行动守护者

类别： 产品设计、工业设计

年度： 2019

地区： 中国台湾

作者： 云光照明有限公司（Epoch Chemtronics Corp）

标签： 光学夜灯、生理功能退化、居家安全、智能互联、中国台湾

引自： 日本优良设计大奖

这款获得专利的光学夜灯，以老年人的夜间照明需求为设计初衷，作为夜间守护者点亮老年人的居家安全。在夜间光线昏暗的情况下，老年人最怕光线忽然出现并直入视线，这会让他们感到极不舒适。现有的夜间辅助照明灯不是太刺眼就是不够亮，无法真正符合老年人的需求。

这款夜光灯具有减少眩光、光束角度可控、可旋转运动感应等功能。三角形棱柱的外观设计可以将光线较好地融入周围环境，为老年人及看护者提供安全舒适的夜间光照。除了照明功能外，该产品还可与手机连接，为用户提供便捷的智能控制功能。而其内置的环境光检测器和运动感应器，更有利于监测老年人的活动状态，简化看护流程的同时又提升了安全性。

专家点评：

由于老年人的生理功能逐渐退化，老年人普遍有夜间如厕、喝水、吃药等需求。老年人夜间起床是一种常态。然而，由于太暗或大灯炫目等造成跌倒也不乏案例。因此，一款亮度适合、安装简便、照射角度科学的室内夜灯尤为重要。本款安全夜灯具有减少眩光、可控光束角和可旋转运动传感器的特点，三角形棱柱外观设计将光线与周围色彩融入，不仅设计科学，还体现了老年友好的理念，并获得光学专利。此款夜灯是适合老年人居家和婴儿看护者使用的安全夜灯，也适用于养老照护机构、护理院和医院等场所。

——上海市老龄科学研究中心　殷志刚

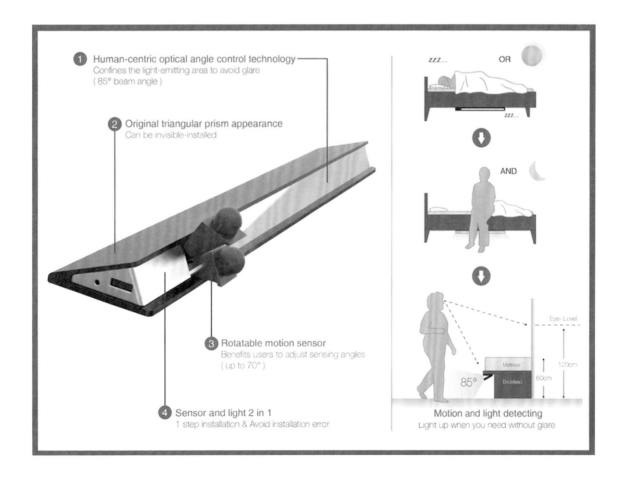

① Human-centric optical angle control technology
Confines the light-emitting area to avoid glare
(85° beam angle)

② Original triangular prism appearance
Can be invisible-installed

③ Rotatable motion sensor
Benefits users to adjust sensing angles
(up to 70°)

④ Sensor and light 2 in 1
1 step installation & Avoid installation error

zzz...
OR
zzz...
AND
Eye- Level
120cm
Mattress
60cm
Bedstead
85°

Motion and light detecting
Light up when you need without glare

P41 报警地毯 / SensFloor
可以实时监测老年人活动状态的报警地毯

类别：产品设计、工业设计、交互设计、信息设计

年度：2018

地区：德国慕尼黑

作者：未来形态有限公司（Future Shape）

标签：生理功能退化、跌倒报警、实时监测、智能地毯、德国

这款报警地毯能够实时监测人的活动，并将数据传输到控制模块，及时提醒护理人员，减少独居老年人跌倒受伤的风险。在此之前，如果老年人在家中摔倒，护理人员往往不会在第一时间感知到，这通常会浪费掉宝贵的治疗时间。SensFloor报警地毯在监测到有人摔倒后，就会立即向护士站发出警报，从而避免出现更严重的事故。

设计该地毯的未来形态有限公司认为，在地面部署传感器显然拥有尚未挖掘的商业机会，由于地毯能与用户实时产生“交互”，因此它可以作为下一代家庭自动化的基础设施，并与其他智能设备产生联动。比如，当用户走进房间，报警地毯可监测到用户进入房间，可引导电灯与空调等家电设备自动打开。

专家点评：

老年人跌倒是老年人死亡的最大诱因，该设计利用信息传感技术，在地毯这一常用的家居用品加入信息技术，变得智能，从而有效监测老年人的跌倒。这种设计也是非常好的适老龄化设计，不需要改变原有的产品造型，让老年人仍然可以生活在熟悉的场景中。

——北京服装学院　熊红云

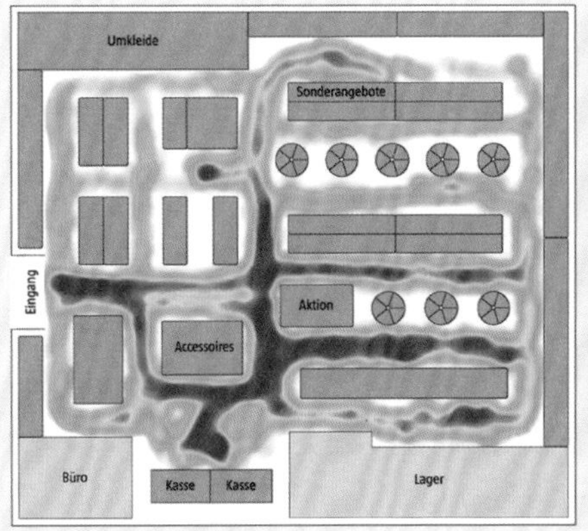
Umkleide
Sonderangebote
Eingang
Aktion
Accessoires
Büro
Kasse
Kasse
Lager

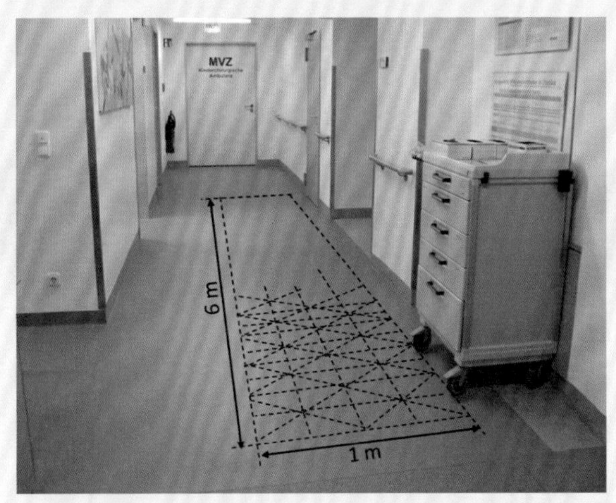
MVZ
6 m
1 m

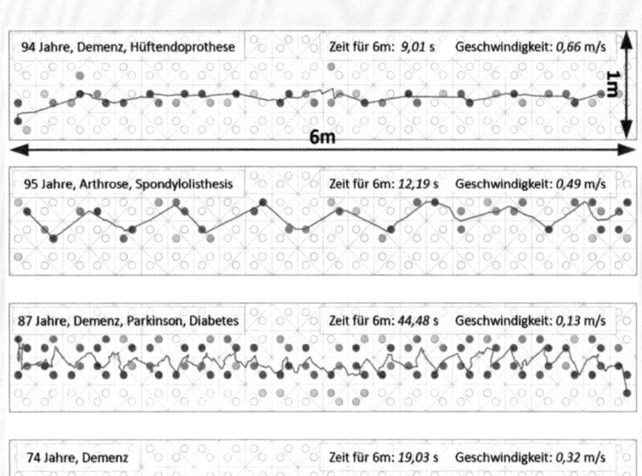
94 Jahre, Demenz, Hüftendoprothese
Zeit für 6m: 9,01 s
Geschwindigkeit: 0,66 m/s
1m
6m
95 Jahre, Arthrose, Spondylolisthesis
Zeit für 6m: 12,19 s
Geschwindigkeit: 0,49 m/s
87 Jahre, Demenz, Parkinson, Diabetes
Zeit für 6m: 44,48 s
Geschwindigkeit: 0,13 m/s
74 Jahre, Demenz
Zeit für 6m: 19,03 s
Geschwindigkeit: 0,32 m/s

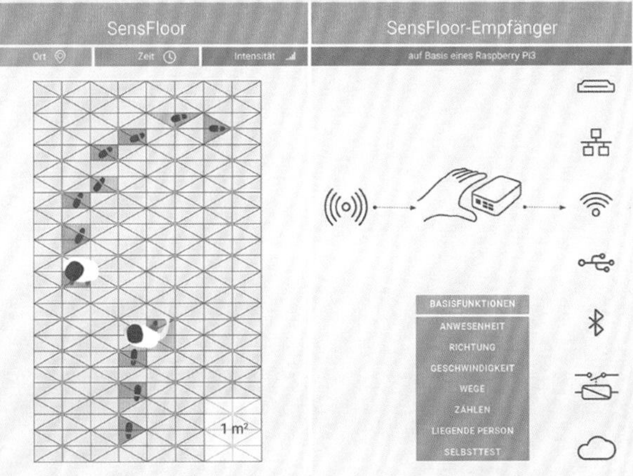
SensFloor
Ort
Zeit
Intensität
SensFloor-Empfänger
auf Basis eines Raspberry Pi3
BASISFUNKTIONEN
ANWESENHEIT
RICHTUNG
GESCHWINDIGKEIT
WEGE
ZÄHLEN
LIEGENDE PERSON
SELBSTTEST
1 m²

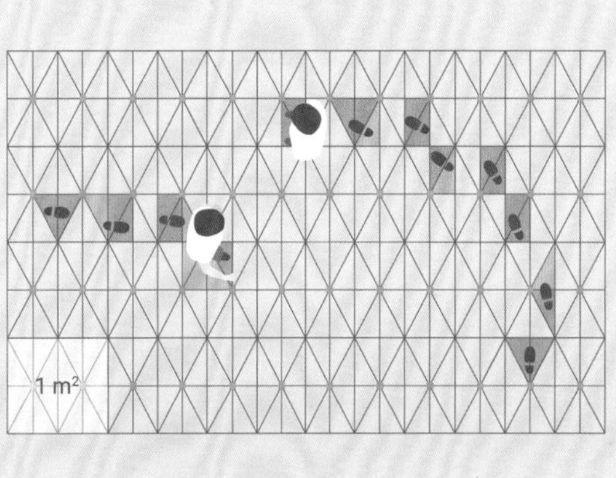
1 m²

P42 防摔腰带 / Anti-fall Belt

预防跌倒意外的腰部安全气囊

类别： 产品设计、工业设计、无障碍设计

年度： 2018

地区： 法国

作者： 赫利特（Helite）

标签： 生理功能退化、髋关节摔伤、臀部气囊、法国

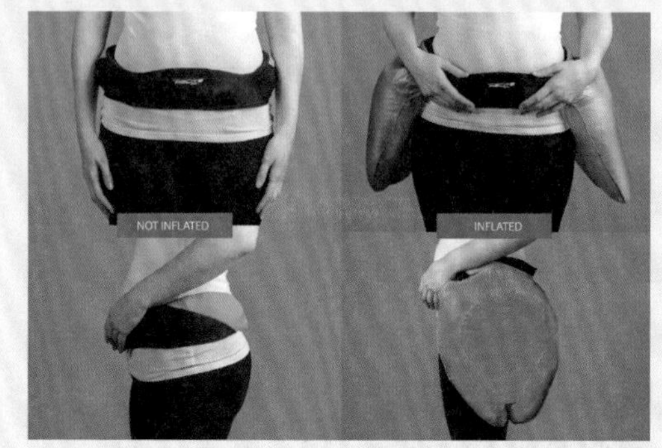

这是一款为老年人设计的可穿戴安全气囊，以减少其跌倒时臀部受到的伤害。该产品的设计小组通过研究发现，在全球范围内的老年人摔伤事故中，造成髋关节骨折的案例竟占了八成之多。在美国，每年就有30万例髋部骨折病例，在患者髋部骨折后的一年内，超过55岁的人群中约有23%的人死亡。除了伤者本人需要忍受伤痛折磨之外，家庭也需要负担大量的医疗费用。这款产品能在老年人摔倒的瞬间给气囊充气，从而保护老年人的腰部与臀部，避免老年人受到更大的伤害。

该气囊的外形类似于一个大号的腰带，可紧密贴合在腰身周围。根据该设计师的说法，此腰带可吸收掉正常摔倒过程中所产生的90%的冲击。用户穿戴此产品时，产品的内置处理器能判断出穿戴者是否处于正常行走状态，当有跌倒失去重心的情况出现时，充气机制可以在200毫秒的时间内做出反应并完成气囊充气，给用户臀部完美的保护。

专家点评：

这是一款非常实用的设计，充分利用了材料本身的特性，对老年人减少摔倒所造成的伤害非常有帮助，设计简单且有效。

——北京服装学院　熊红云

P43 B型鞋 / B-Shoe
防跌防摔智能鞋

类别：产品设计、工业设计、无障碍设计

年度：2013

地区：以色列

作者：B-Shoe

标签：意外跌伤、跌倒预判、智能鞋垫、防摔鞋、以色列

这是一款专为老年人设计的防摔智能鞋。在全球65周岁以上的老年人中，已有超过33%的人受到了来自跌倒的威胁，而“跌倒”会造成老年人严重的伤害乃至于死亡的可能。目前主要的解决手段就是使用医生推荐的拐棍等辅助器材来帮助老年人行走。但是，使用这些辅具时若操作不当，往往又会对老年人造成更严重的伤害。

这款防摔智能鞋在鞋底安装了压力传感器、驱动单元、可充电电池和微处理器，通过专有的智能算法来确定是否需要进行相应的跌倒保护措施，当它预判到老年人即将摔倒的一刹那，会自动引导用户的一条腿迈开向后撤步，以防止摔倒的情况发生。

专家点评：

老年人摔倒成为危害老年人健康的不可忽视的危险因素，如何有效地预防老年人摔倒是社会热点话题。给老年人设计安全防摔鞋对于老年人来说是个很好的创意：通过他们每天穿的鞋子，实时监测老年人的身体健康。穿上这款智能鞋，能有效预防老年人摔倒，体现了对老年人健康的关怀。APP的实时监测也能让不在身边的子女远程了解老年人的身体健康状况，增加了子女关爱父母的沟通渠道。

——北京邮电大学　汪晓春

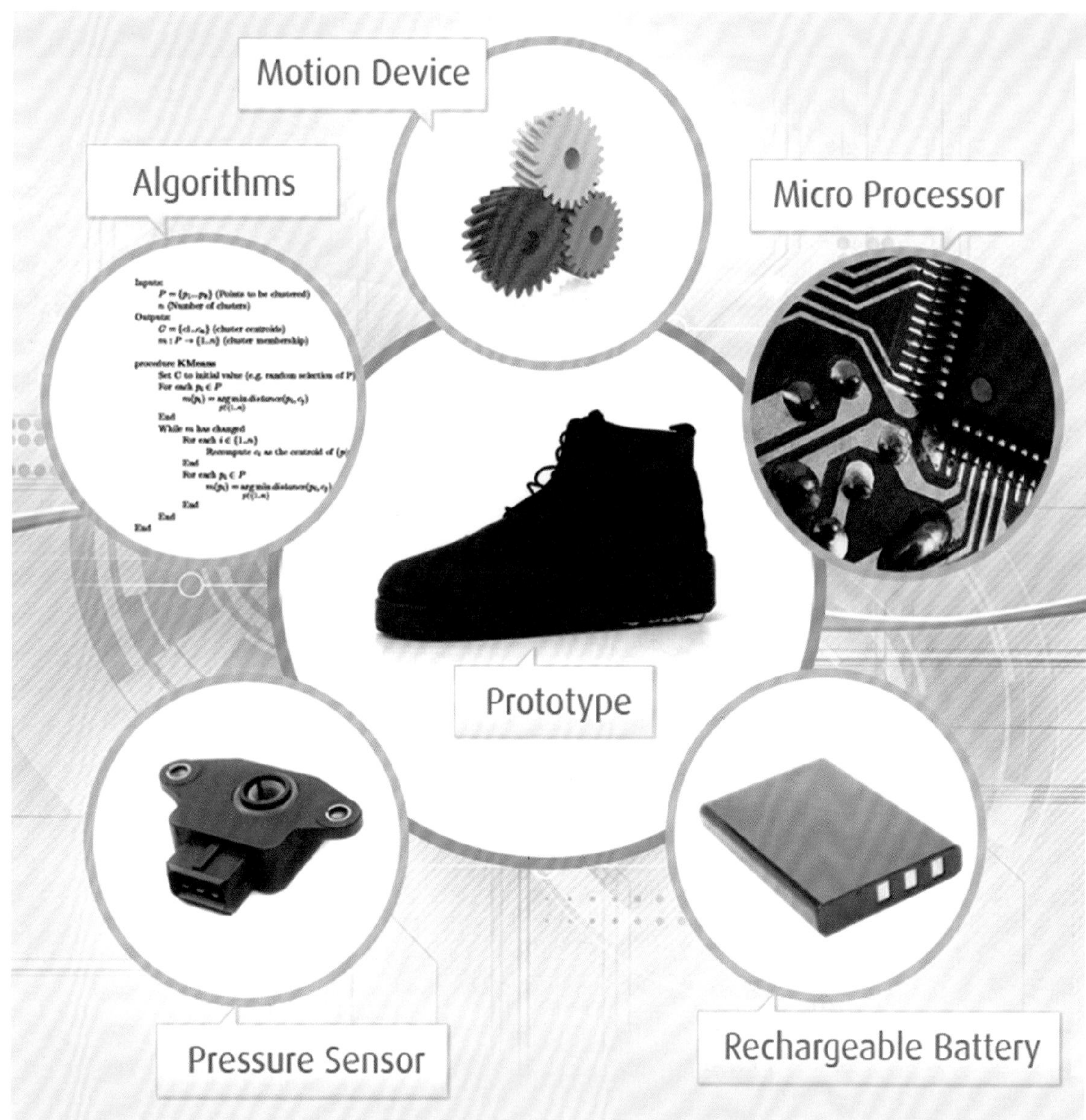
Motion Device
Algorithms
Micro Processor
Prototype
Pressure Sensor
Rechargeable Battery

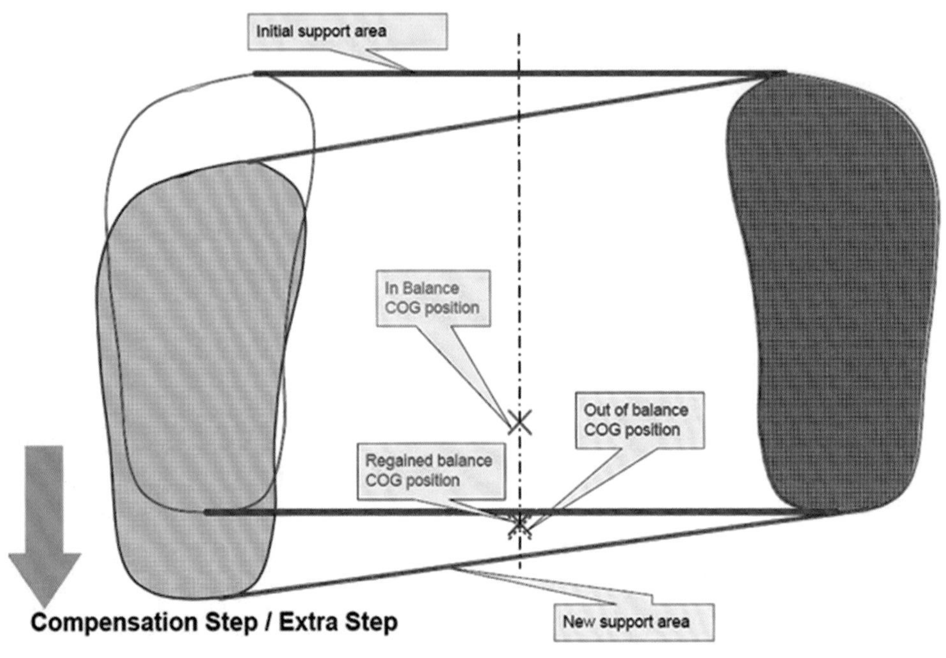
Initial support area
In Balance
COG position
Out of balance
COG position
Regained balance
COG position
Compensation Step / Extra Step
New support area

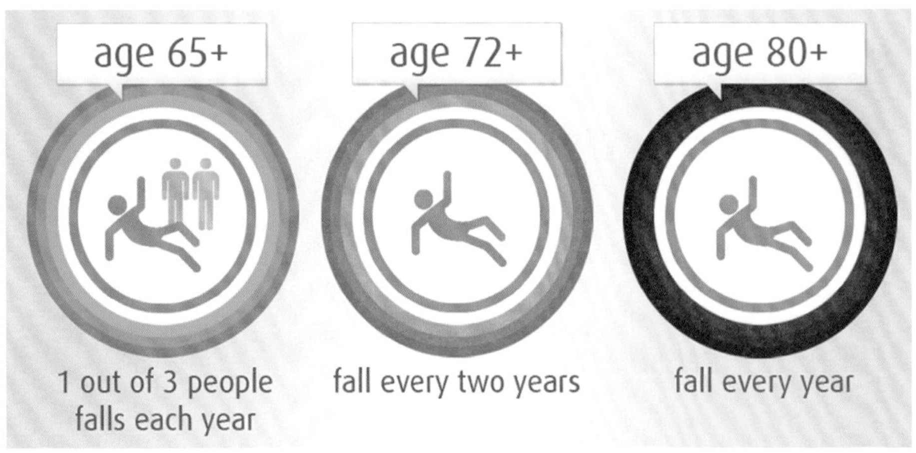
age 65+
age 72+
age 80+
1 out of 3 people
falls each year
fall every two years
fall every year

Internet
Shoes
Bluetooth
4.0
GPRS
Server
Call center
Mobile Device

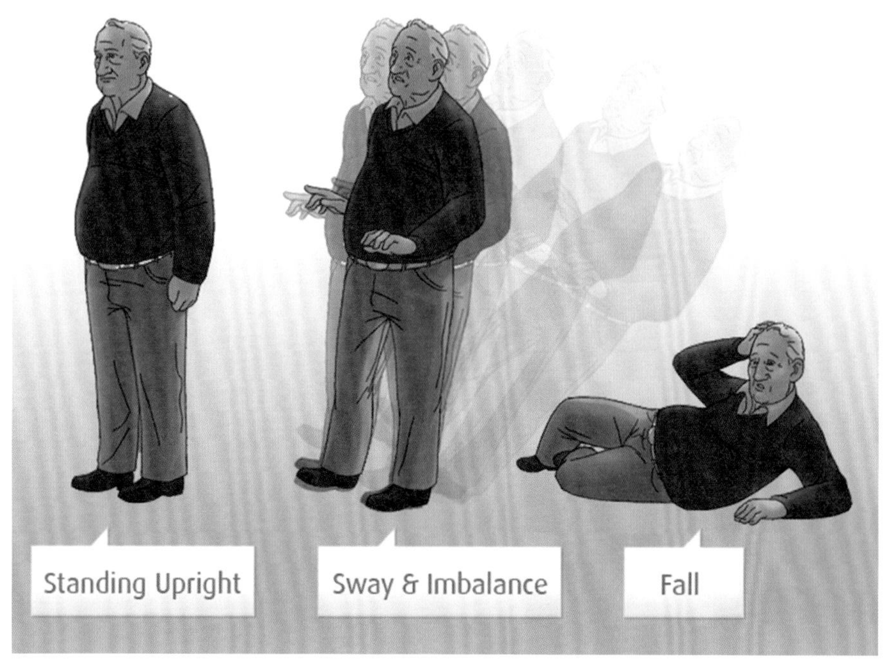
Standing Upright
Sway & Imbalance
Fall

P44 滑轨式楼梯扶手 / Railing Stair Handrail
简易方便的无障碍楼梯扶手

类别： 产品设计、工业设计、无障碍设计

年度： 2018

地区： 英国

作者： 露丝·阿莫斯（Ruth Amos）

标签： 行动不便、楼梯扶手、滑轨、英国

英国一位叫作露丝·阿莫斯的女孩在自家的楼梯上设计了一款滑轨式扶手，上下楼时只需双手握住它，推一段走一段就可以安全抵达目的地。

上下楼梯对于行动不便的老年人来说，是一件非常困难的事情。他们通常需要借助拐棍，或依靠家人搀扶来完成这件事，造成生活中极大的不便。这款滑轨楼梯的应用条件只是在墙上装一条固定轨道，装好后直接套上一根引导扶手就可使用。不仅结构十分简单，而且只要家里有楼梯就可以很便捷地进行安装，行动不便的用户也无须考虑采购昂贵的电动滑轨。除了辅助上楼的功能，它还能帮助用户进行适当的身体锻炼。

专家点评：

滑轨式楼梯扶手对于不能行动自便的老年人上下楼梯起到了很好的辅助作用，这个创意非常好。这样的设计可以在一些上下楼梯处的无障碍设计处和医院的上下楼梯处进行推广，让腿部行动不便的老年人或患者能够自主上下楼梯。

——北京邮电大学　汪晓春

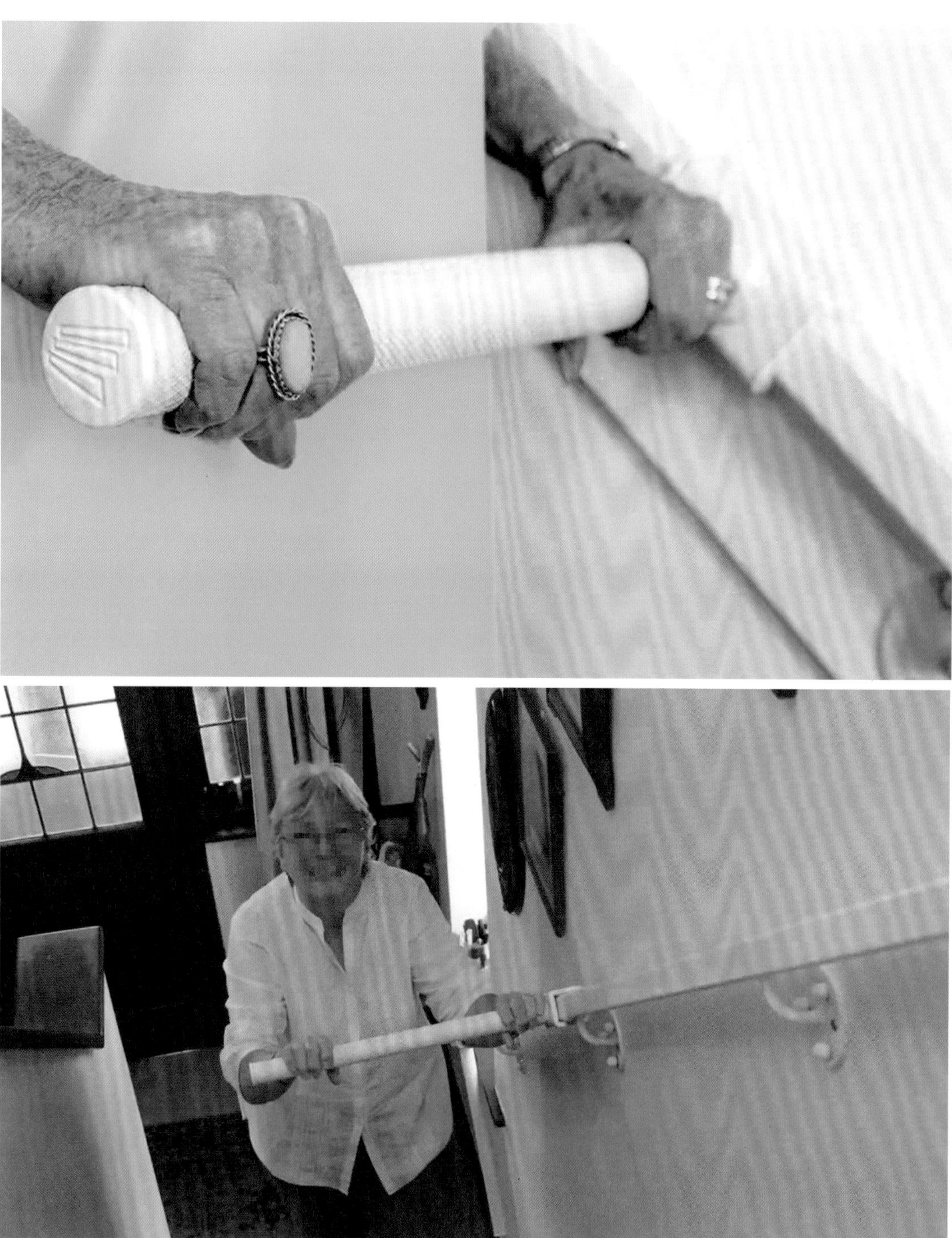

P45 马桶升降辅助器 / Toilet Lifting Aid
老年人与行动不便者如厕辅助

类别：产品设计、工业设计、无障碍设计

年度：2017

地区：中国

作者：董平莉、吴冬

标签：行动不便、实时监测、马桶、升降辅助器、中国

引自：红星奖

这款马桶升降辅助器是针对老年人、病人、孕妇等腿脚不便的特殊群体而设计的，辅助他们坐下与起立，恢复其半自理如厕能力。近年来，我国人口老龄化速度加快，越来越多的老年人倾向较为熟悉的居家养老模式。但随着老年人身体机能的逐渐衰退，居家生活中遇到如厕时腿脚乏力导致跌倒等意外的情况就愈加频繁。

这款产品可以保障老年人的如厕安全，不仅可以在老年人久坐时发出适当提醒，也能避免用户如厕时打瞌睡所造成的潜在危险。此外，它还能监测使用者的心率，在心率异常时向预设的用户监护人发出求救信号。这款产品的应用场景也十分广泛，可安装于浴室、卫生间、医院、疗养院等处。产品的材料采用不锈钢，既经久耐用又易进行医疗级别的清洗。

专家点评：

厕所是老年人使用频率最高的地方之一，也是老年人摔倒的高发地。本款马桶升降辅助器针对老年人、病人、孕妇等腿脚不便的特殊群体而设计，方便他们坐下与起立，恢复其半自理能力。比较新颖的是，这款产品还可以检测使用者的心率，在使用者发生异常状况时可以一键向预设的监护人发出求救信号，同时可以在使用者久坐时发出提醒，避免使用时打瞌睡等原因造成潜在风险，保障使用者的如厕安全。因此这是一款使用者省力舒心、家人安心的坐便助力设备。

——上海市老龄科学研究中心　殷志刚

PROTECTOR

老人马桶智能升降辅助器

一键升降功能：升降后高度最高可达600mm，并且提供12°的人性化倾斜角度，解决了老人如厕起坐困难的问题。

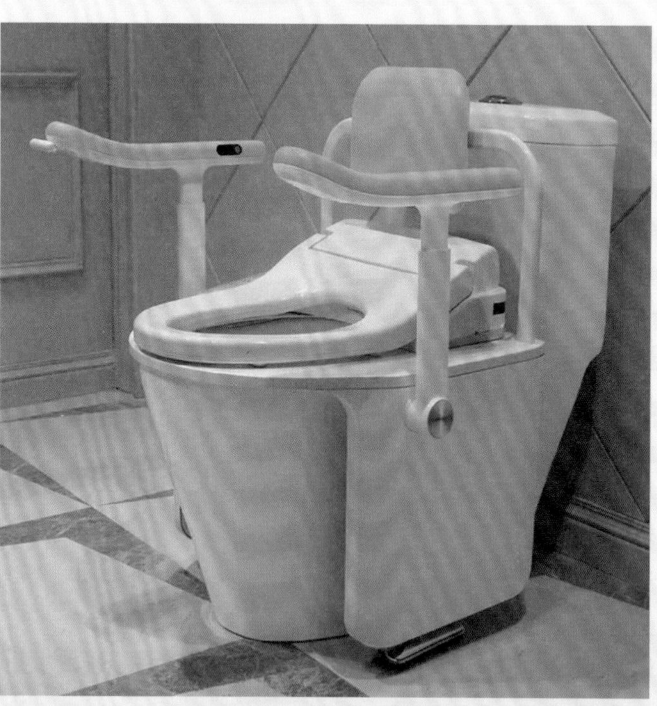

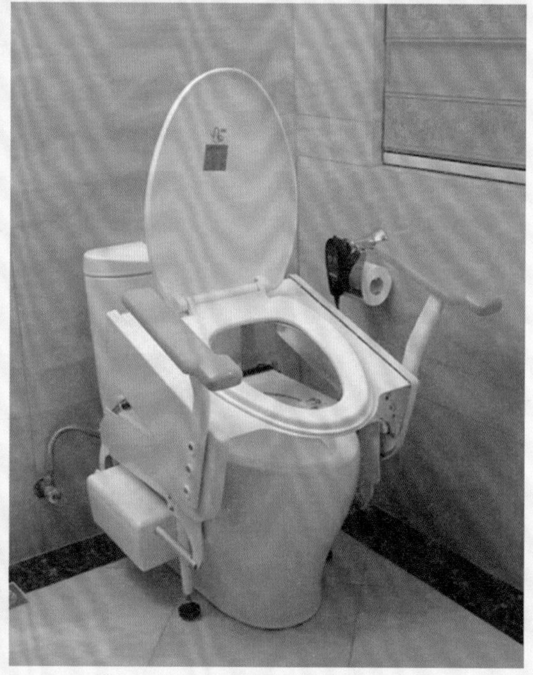

P46 智能呼叫 / Smart Call
一键联系实时定位的智能呼叫器

类别：产品设计、工业设计、交互设计、概念设计

年度：2012

地区：法国

作者：亚瑟·肯佐（Arthur Kenzo）

标签：监护压力、即时定位、紧急呼叫、急救、法国

这是一款外形小巧且操作简单的紧急呼叫器概念方案。防丢失定位功能对于患有失智症的老年人而言异常重要，近几年依托这种造型的轻量级呼叫器纷纷问世。Smart Call给了这些呼叫器的制造商很多灵感。因为它的外形小巧，几乎可以被用户忽略，而且可以别在衣服上出行。

此呼叫器的外观很像一个吉他拨片，交互按键仅有两个，外加一个不大的功能提示屏幕。内置24小时急救中心呼叫与GPS定位功能，方便急救中心和家人随时定位，当被定位的老年人超出安全区域时，家人也会收到提醒。同时，它还具备服药时间提醒功能，满足用户在生活中的医疗需求。

专家点评：

此设计采用黑白设计，造型简洁，大小非常适合装在衣兜内随身携带，操作简便，对老年友好，内置GPS跟踪和呼叫急救中心的功能让家人安心、放心，但需要考虑避免老年人在活动时不慎挤压按钮造成误操作。

——中国质量认证中心　吴旭静

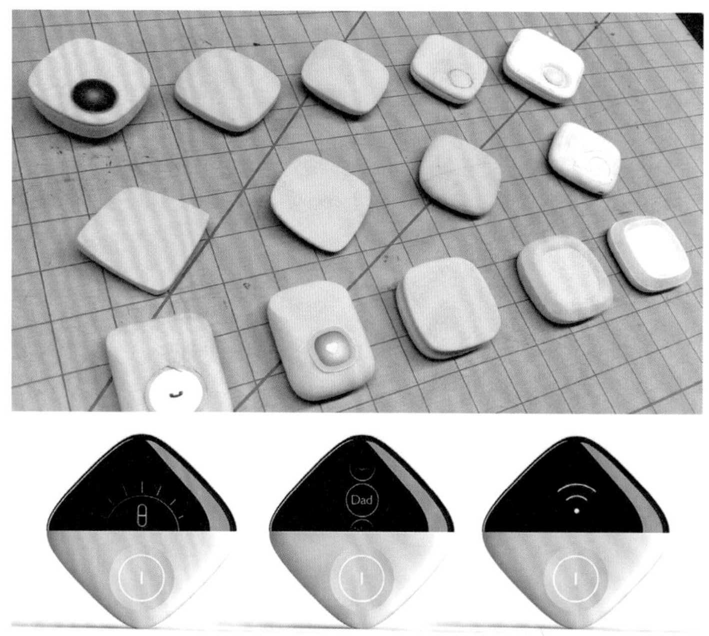
Dad

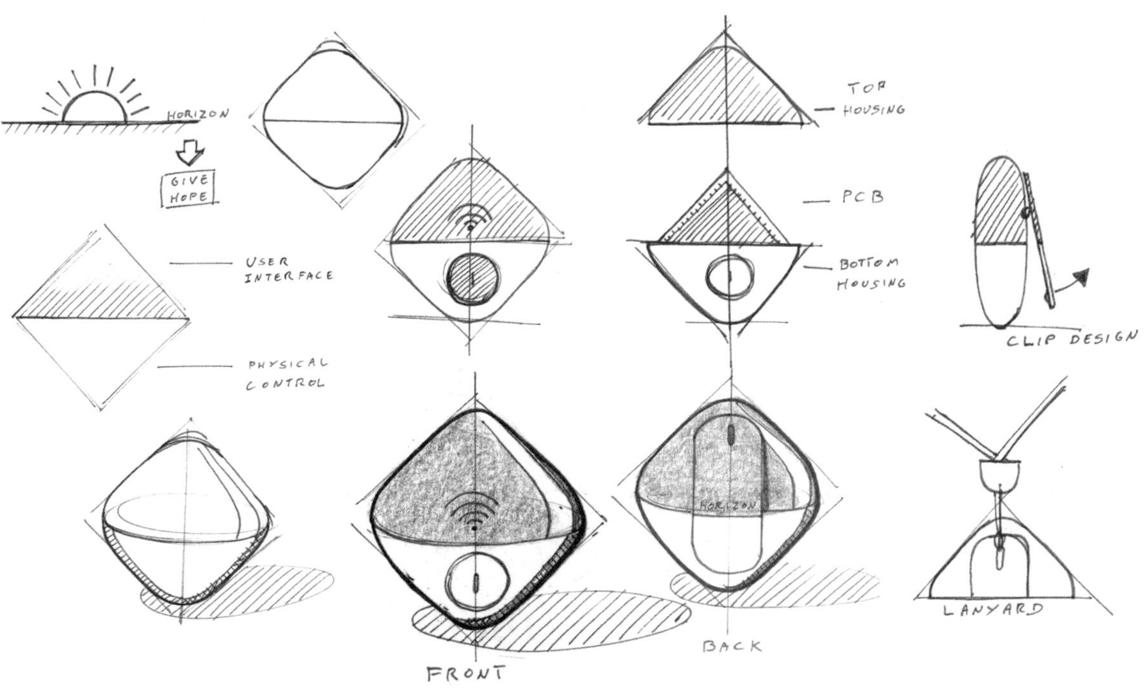
HORIZON
GIVE HOPE
USER INTERFACE
PHYSICAL CONTROL
TOP HOUSING
PCB
BOTTOM HOUSING
CLIP DESIGN
FRONT
BACK
LANYARD

P47 Aiyu淋浴机 / Aiyu Shower Machine

帮助老年人独立洗浴的辅助器

类别： 产品设计、工业设计、无障碍设计

年度： 2020

地区： 中国

作者： 陈欣怡、梁家华、李家祥

标签： 无障碍、淋浴机、洗澡、中国

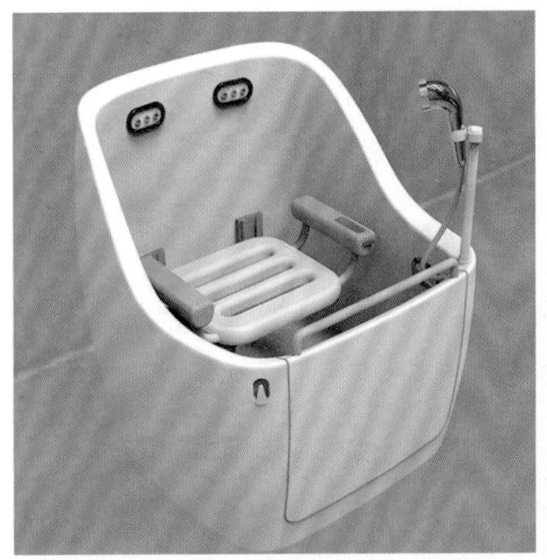

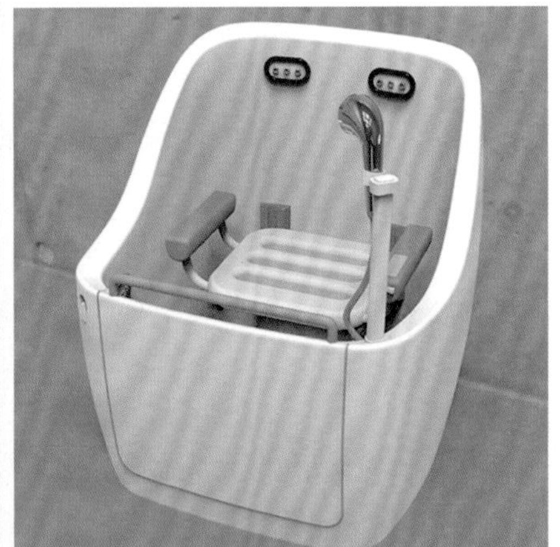

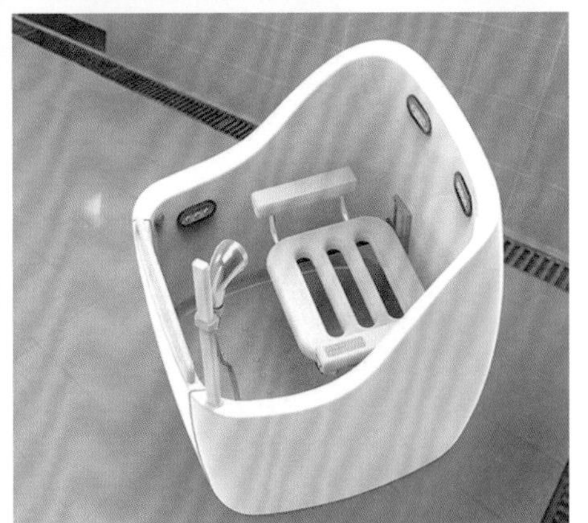

这是一款专为老年人设计的洗浴辅助器。随着年龄的增长，人的关节和四肢的柔韧性也在下降，再加上湿滑的浴室地板，对一般人而言简单的洗浴就可能变成一项艰巨且危险的任务。该产品旨在为老年人提供一个舒适的场所，让他们坐下来放松身心，且更方便地洗澡。

老年人使用此半自动淋浴设备便可以独立洗澡，只需要坐在这个淋浴机里按下按钮即可。淋浴过程中采用了高频微振动的水压来帮助他们清洁身体，自动调节座椅也可以让用户更容易站起来。该产品还配置了安全与救援装置，包含温度控制器、自动紧急呼叫系统、钥匙报警器等。这些都在用户们洗澡时手臂可触及范围之内，更大限度地确保他们的洗浴安全。

专家点评：

该款半自动淋浴设备能够帮助身体机能较为健全的老年人安全地享受洗澡的乐趣。相比于传统的浴缸，该款设备采用开门的设计能够尽量避免设备与地面的高度差，采用的自动调节座椅能够适用于不同体貌特征的老年人并帮助其站立，避免了滑倒风险，同时浴后清洁也较为简便。从人机交互角度看，坐式淋浴器能够克服长时间站立对使用者体力的消耗，但是过于狭隘的空间环境可能会给老年人带来障碍和局促感；坐式的洗澡方式也无法对身体上的死角部位进行有效清洁，设备四周无法喷洒出温暖的水雾环抱，老年人淋浴着凉的风险也会进一步增加。

与市场同类已上市产品相比，按钮式被动报警装置无法对老年人在洗澡过程中发生的意外情况进行有效预防，譬如在老年人淋浴完走出设备后滑倒休克等诸多情况下便无法自己按下按钮报警，因此建议采用温度、重力等自动传感器更为有效地保护老年人在淋浴过程中以及淋浴后的安全。此外，为老年人设计的坐式淋浴器应当考虑老年人多元化的需求，配合以淋浴为主的不同生活场景的需求，提供多种淋浴方式以供选择。除了花洒，还可以采用可大范围喷淋的螺旋形喷嘴，在水流量与手持式淋浴器持平的情况下，让水流覆盖全身，使人们通过淋浴不仅能够很好地洁净身体，还能实现与泡澡一样的暖身效果。

——西南交通大学　杨一帆

P48 伴 / Companion
老年人情感沟通与安全陪护系统

类别：交互设计、产品设计、概念设计

年度：2018

地区：中国北京

作者：王晓雨、杜泓涛、王耀蕾、梁筱濛

标签：移居老年人、三代同堂、情感沟通、智能手环、中国

引自：2018年设计马拉松

这是一款专门测定老年人、子女、孙子辈三代人联系数据的情感沟通与安全陪护系统。移居老年人在照顾第三代期间通常容易出现精神和身体上的压力，因而更容易生病，并且由于对周围环境不熟悉，移居老年人的出行也十分不便。

这款产品外形与手表相仿，其通过探测数据，实时同步到APP，给予三代人更好的情感沟通与安全陪护。该系统还可以实时监测老年人和儿童的活动范围，定制出行导航和安全围栏，防止老年人和儿童走失。另外，它还可以每日生成照顾日记及老年人的健康监测记录，让子女对孩子的关爱能在系统中被传递和感知。

专家点评：

此设计关注到了移居老年人这个特殊群体，在陌生环境照顾儿童的确会给他们带来心理和生理上的负担。这个系统性的设计，采用智能手环的技术连接老中幼三代，符合目前我国由老年人照顾幼年一代的社会状况。区别于传统的智能产品，这个产品考虑到了老年人不能熟练运用智能手机的问题，将儿童信息同步于老年人的手表终端，同时可以到监测老年人与儿童的健康状况，为子女关注父母和孩子的健康提供了便利。手表的造型和色彩以及APP的设计符合产品的定位，是一款优秀且成熟的产品。

——西南交通大学　李芳宇

移居老人在照顾第三代期间更容易生病
身体和精神的双重压力
不想给孩子添麻烦

7:17
红点提示
有未查看的新照片
Daily Activity Record
照 顾 日 记
选择喜欢的照片
点亮爱心
子女APP端

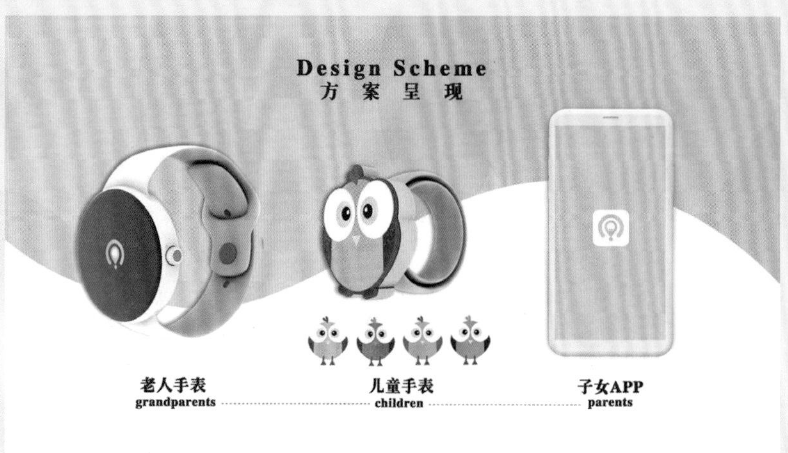
Design Scheme
方 案 呈 现
老人手表
grandparents
儿童手表
children
子女APP
parents

Safety Fence
安 全 围 栏
宝贝跑远啦
老人手表端
子女APP端

Real-time Location
实 时 定 位
老人和孩子的实时定位
颜色的深浅来表示
停留时间的长短
点击图标显示
老人和孩子的停留时间
子女APP端

GPS System
出 行 导 航
健安东路
路口左拐
老人手表端
子女APP端
家
公园
超市
商场

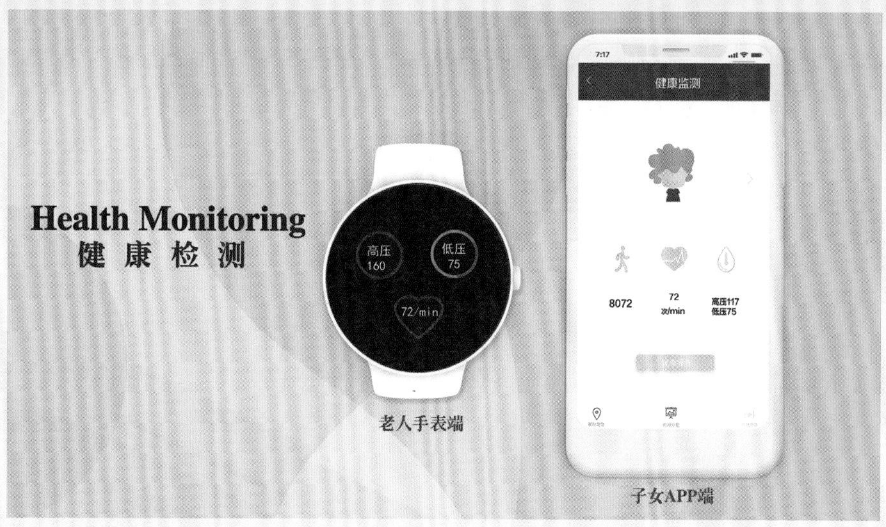
Health Monitoring
健 康 检 测
高压
160
低压
75
72/min
老人手表端
健康监测
8072
72
次/min
高压117
低压75
子女APP端

P49 自动立正的扫帚 / Self-Righting Broom
适合老年人体态与人体工学的扫帚

类别： 产品设计、无障碍设计

年度： 2012

地区： 韩国

作者： 朴良福（Liang-Hock Park）

标签： 不倒翁、扫帚、弯腰困难、韩国

这是一个可“自动立正”的扫帚。由于普通的扫帚不能够立正放置，我们使用完扫帚后经常会将其靠墙摆放，而它又常会自己倒下不能保持平衡，对于弯腰困难的老年人而言，捡拾起扫帚的动作十分麻烦，并有一定程度的危险性。而这款扫帚通过简单的结构变化，在不需要使用时仍可保持握杆的直立，从而省去了弯腰捡拾的麻烦。用户在扫完地后，只需简单地拿住手柄往下压一下，然后顺时针方向转动手柄，扫帚的头就会自动折叠并稳稳地立在地上。这极大地方便了老年人生活日常中的房间打扫，并且让他们在室内的移动更加安全。

专家点评：

据国外有关研究，60岁以上老年人经常做一些简单的清扫、打理等家务劳动，其心脏病和中风的风险会降低30%左右。日常多活动，有利于老年人保持心血管健康，有利于延年益寿。

但由于老年性骨关节的退化，弯腰屈膝多有不便。此设计的奇妙之处在于细微的改变。本款自动立正的扫帚，设计巧妙，独具匠心，方便了老年人的日常打扫，避免了老年人由于弯腰屈膝而造成的骨关节和腰肌损伤。

——上海市老龄科学研究中心　殷志刚

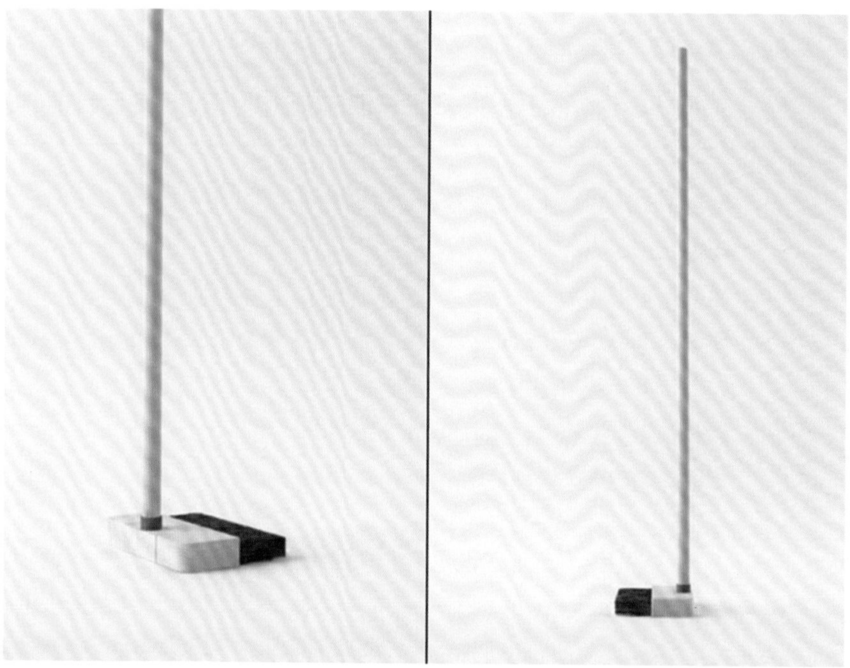

P50 生活平衡套装 / Life Balancing Device Set

通过MR眼镜实现平衡能力训练及跌倒预警

类别：无障碍设计、交互设计、产品设计

年度：2019

地区：中国北京

作者：席琳·李（Celine Lee）、达索姆·帕克（Dasom Park）、崔恩义（En-Yi Chui）、高子淳、李田甜、李天翼

标签：老年人跌倒、跌倒预警、MR眼镜、中国

引自：2019年设计马拉松

这是一套基于混合现实技术（MR技术）的平衡训练和跌倒预警系统。世界卫生组织指出，全球65岁以上的老年人跌倒是造成他们意外伤害死亡的第二大原因。预防老年人跌倒十分重要，而进行运动训练是提高平衡能力的一个必要手段。

本产品将MR眼镜及平衡能力训练相结合，通过眼睛前的屏幕呈现出模拟现实的场景，从而提前唤醒老年人的警觉意识，减少意外事件发生。通过实时监测老年人的活动范围、定制路线、检测路边的情况进行及时感知预警，从而最大限度地避免意外发生。平时，老年人也可在空旷的地方进行虚拟训练，以改善肢体平衡问题。

专家点评：

这个创意从预防老年人跌倒的角度出发，运用了当下热门的混合现实技术，提供了改善老年人平衡能力的方式、定制路线、监测老年人在行走过程中的安全隐患这些功能方便老年人的出行。但考虑到对于混合现实技术的适应性问题，老年群体可能对混合现实技术的接受度不高，在使用过程中可能会出现一些问题。

——西南交通大学　李芳宇

平衡生活

BALANCE LIFE

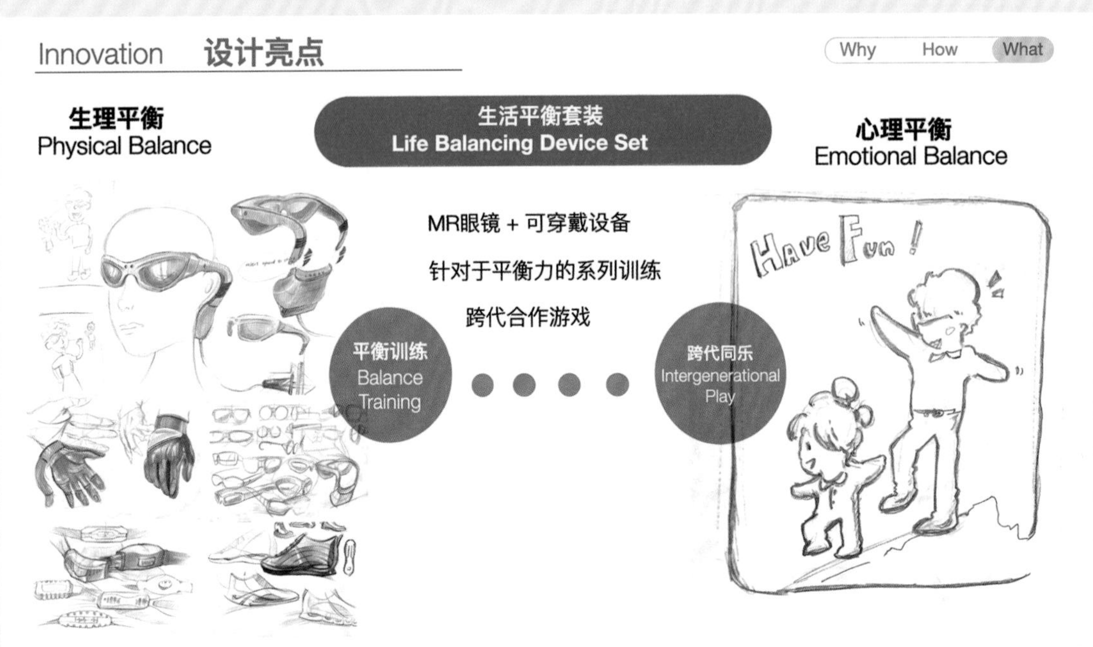
Innovation 设计亮点
Why How What
生理平衡
Physical Balance
生活平衡套装
Life Balancing Device Set
心理平衡
Emotional Balance
MR眼镜 + 可穿戴设备
针对于平衡力的系列训练
跨代合作游戏
平衡训练
Balance Training
跨代同乐
Intergenerational Play
Have Fun!

平衡生活
BALANCE LIFE
娱乐 + 锻炼 = 平衡生活
Play + Exercise = Life Balanced
Drawing
Parent-child interaction
Vision
MR
intergenerational companionship

Problem 现存问题

Why How What

每19分钟就有一名老年人因跌倒而死亡。

减少跌倒发生 Reduce Falls

缺乏社会关系对健康的危害不亚于每天吸15支烟。

提供有效交流 Provide Effecitve Interaction

Exploration 设计探索

Why How What

1 跨代交流 +

2 融入日常生活中

3 一种崭新的、积极的生活方式

P51 CareAlert 智能夜灯 / CareAlert Smart Lights
为老年人设计的家用智能互联设备

类别：产品设计、工业设计、交互设计

年度：2019

地区：美国亚特兰大

作者：传感器呼叫（Sensorscall）

标签：老年人、数据监控、报警、智能夜灯、美国

这是一款带有即时沟通和监测功能的智能夜灯。当前家用智能互联设备普及率逐步攀升，但是这些设备较少是为针对老年人设计的。一个常见的痛点就是，老年用户需要更便捷的方式与亲朋好友电话沟通，但是如果家庭中有行动不便或卧床老年人，那么操作手机对他们而言也不一定是方便的联系途径。该夜灯针对此特殊需求，让用户们在无须下床的情况下便可与他人进行电话沟通。这个名为CareAlert的智能夜灯还提供了与Google Assistant和Amazon Alexa语音助手的连接，允许用户直接通过它们与家人朋友进行通信而无须通过拨打电话来达成。

CareAlert通过插入传统的壁装电源插座来工作，可捕获用户的运动信息，以及物理环境中的声音、温度、湿度、空气质量等信息。如果发现用户家中的环境数据异常或老年人有跌倒情况发生，它会自动向亲人发送通知，让家人或朋友及时查看老年人是否出现了突发状况。

专家点评：

这款智能夜灯可以说是一个功能多元的卧床老年人通信和健康情况监控设备。从设计意图和目的来看，照明功能显然并非绝对的必要，灯在这里只是作为植入新功能和新技术的媒介。决定这样的设计发明是否能够顺利实现的关键，在于对预设产品功能的相关技术以及如何将这些技术进行有效配置后，在后台管理系统中如何整合、运行的问题进行探讨。

——南开大学文学院艺术设计系视觉传达设计专业主任　吴立行

P52 第三只眼 / The Third Eye

体贴的多功能近视和远视眼镜

类别：产品设计、无障碍设计

年度：2013

地区：中国北京

作者：白英、刘媛媛、姜晓伟

标签：老年人眼镜、近视眼镜、可调节镜片、中国

引自：IF国际设计论坛2013年概念设计奖

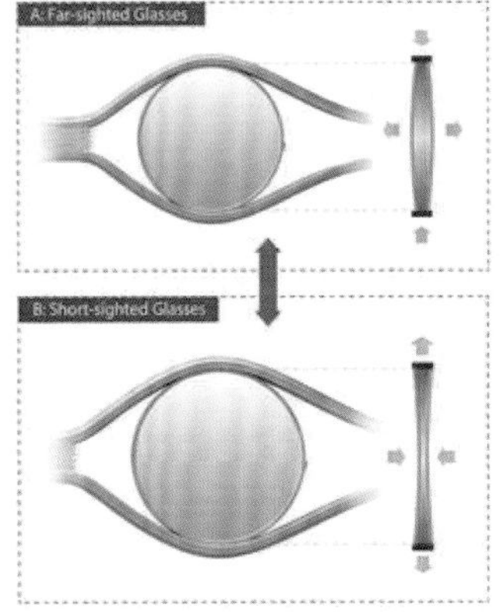

这是一幅兼具近视镜和远视镜功能的眼镜。生活中，老年人通常需要使用两副眼镜：近距离观察的老龄化眼镜，如阅读；远距离观察的近视眼镜，如观景。但这就意味他们必须随身携带两副眼镜。第三只眼则解决了这个困扰已久的问题。佩戴这副眼镜的人可快速切换与调节眼镜镜片来改变镜片的直径，使膜材料向内或向外弯曲，从而形成凹透镜或凸透镜。

该眼镜的操作方式简单，老年用户只需轻轻按压上下镜框，便可调节成老花镜或近视镜。整体操作方便、简单，既完美解决了眼镜之间的转换问题，又方便中老年人的使用和携带，可谓体贴且具备人性。

专家点评：

此款产品通过中间鼻梁架处的设计，实现镜片直径的任意改变，很好地解决了老年人近处老花、远处看不清楚的问题。柔性镜框的设计，按压操作方式的便利性，给行动缓慢的老年人提供了极大的方便。

——北京邮电大学　汪晓春

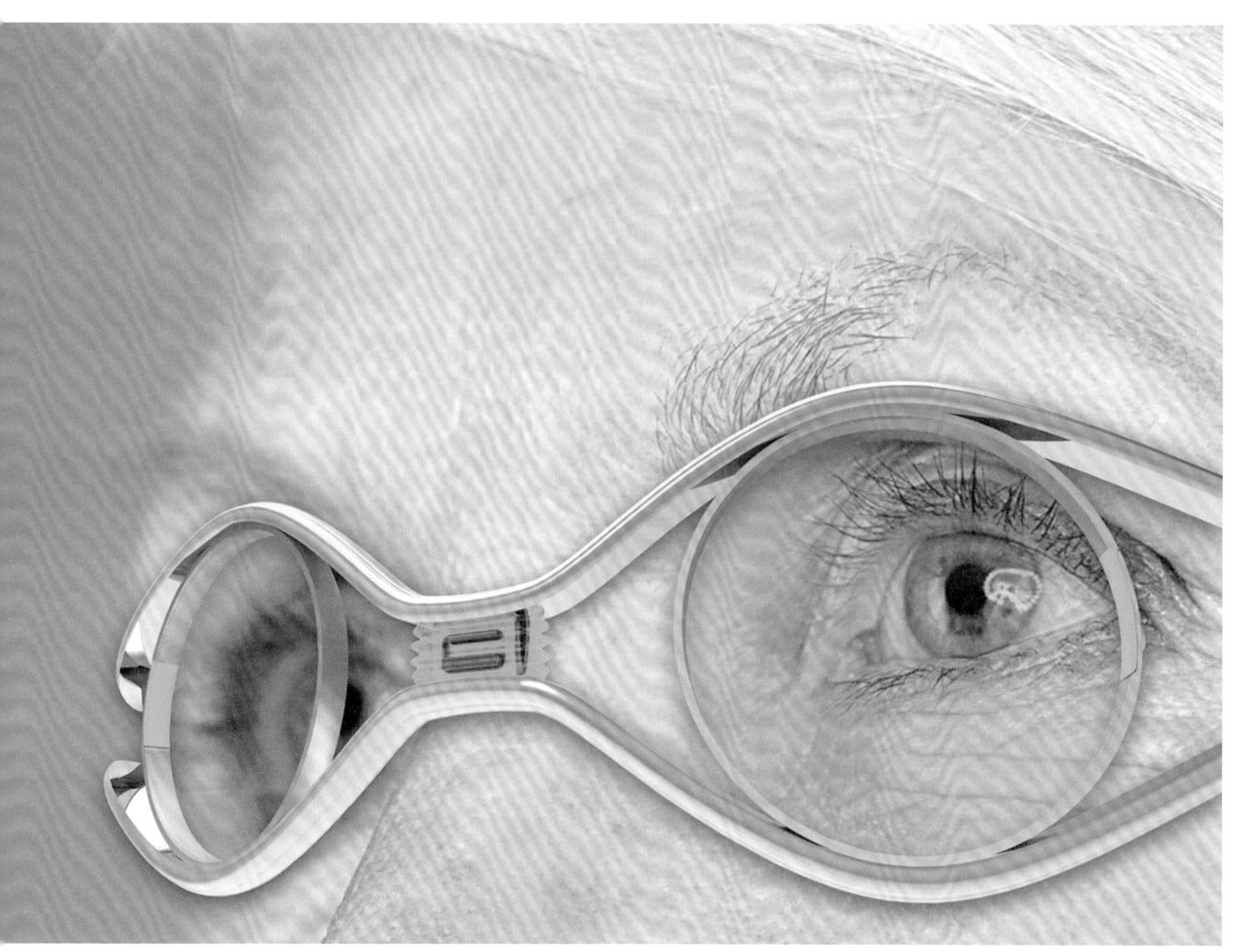

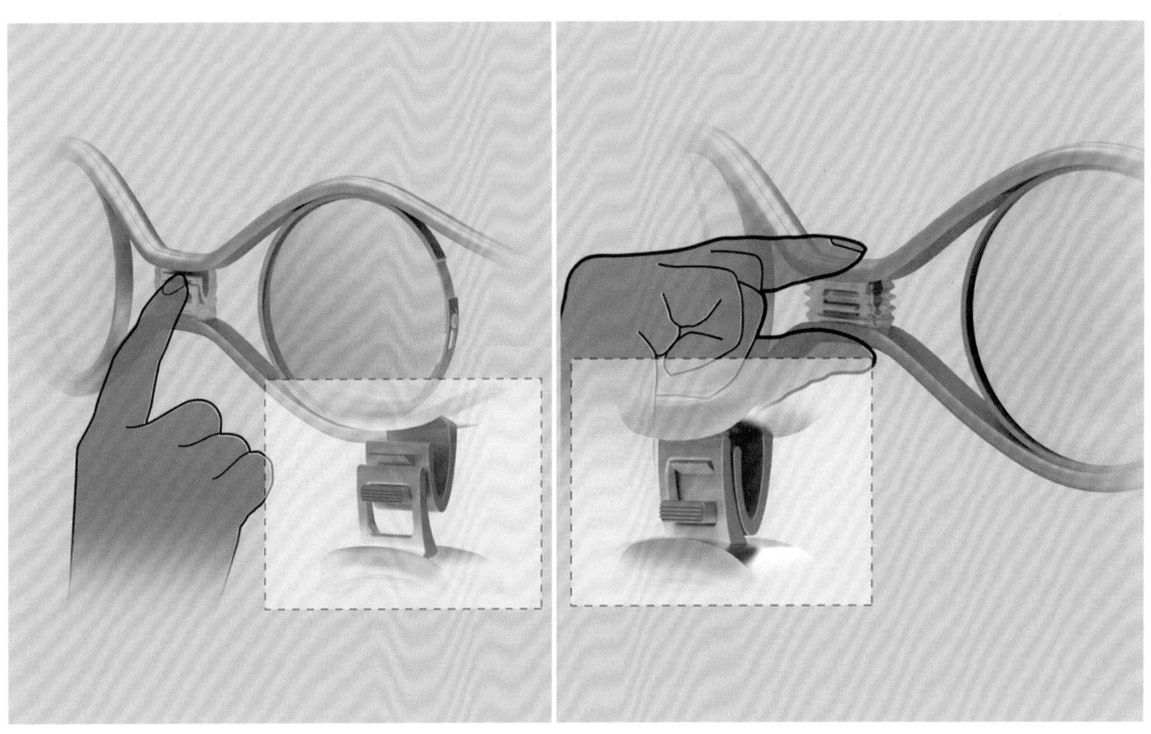

银发数字设计
Application Design

A1 富退人生攻略 / Fu Tui Life Raiders

向老年人传递正确财务规划和预防财务风险的观念

类别：游戏设计、服务设计

年度：2018

地区：中国台湾

作者：台湾科技大学、台湾大学、台湾政治大学

标签：人口老龄化、退休理财、投资、情景游戏、中国台湾

这是一个为退休前人士所设计的理财教育角色扮演游戏。人口老龄化在台湾地区已是既成事实，在人们关注后半段生活的同时，我们发现退休后对个人资产影响最大的就是长期照护和慢性病等相关医疗需求。然而这些根本而且迫切的需求往往会被人们忽略，不易感受其重要性。未来的退休生活不到那个时候是难以想象的，尽管多数民众知道正式退休后财务规划的重要性，却鲜少付出行动。

富退人生攻略就是结合退休理财教育和未来生活探索的角色扮演策略游戏，体验现实世界中的各种挑战，用现有资源抵御老年人的各种退休风险。其针对退休前后10年人士，提升其对退休生活的想象与建立正确理财观念，以游戏化的退休体验设计，将艰涩难懂的退休规划观念与知识，转化为人们在游戏中可吸收的语言。

专家点评：

这个案例让我想起小时候玩的电子游戏《虚拟人生》，经过一遍遍的通关我对如何在游戏内实现财富自由或者职业巅峰了如指掌。这个游戏中的案例更加贴近生活，相信能够成为老年人的退休攻略，帮助他们实现“富退人生”。

——中国质量认证中心　吴旭静

Guarantee Income Stream Products
Investment Management
Retirement Asset Allocation
Alternative Investments

A2 康陪乐 / Kangpeile
陪伴空巢老年人的互联网电视服务

类别：服务设计、交互设计

年度：2018

地区：中国

作者：陈敏峰、杨珊、袁靓、张筑钧

标签：空巢老年人、社交服务、互联网电视、中国

引自：2018年设计马拉松

OTT TV（Over-The-Top TV）又名互联网电视服务，是指基于开放互联网的视频服务，终端可以是电视机、电脑、机顶盒、PAD、智能手机等。

这是一款帮助空巢老年人排解空虚感并加强交流沟通的OTT TV互联网电视系统。空巢老年人的基本需求是希望有情感寄托、与人交流沟通以及有人陪伴。面向空巢综合征人群，该电视的用户界面有一个用户朋友的互动框，使沟通与陪伴的功能选择更加方便。老年人不需通过复杂操作，就可以实时与家人和朋友进行沟通，使他们有了家人般的陪伴感和安全感。

专家点评：

陪伴和心理慰藉是当前社区居家养老服务的重要内容，但远不能满足空巢家庭的服务需求，本设计对解决这一难题有重要促进作用。老年人在这一线上社交平台既可以交友互动，也可以人机互动。本设计能满足老年人的个性化陪伴需求。如何促进线上和线下资源整合，以及加大人工智能技术的运用，是本设计可进一步拓展的方向。

——成都市社会科学院　明亮

产品界面Product Interface

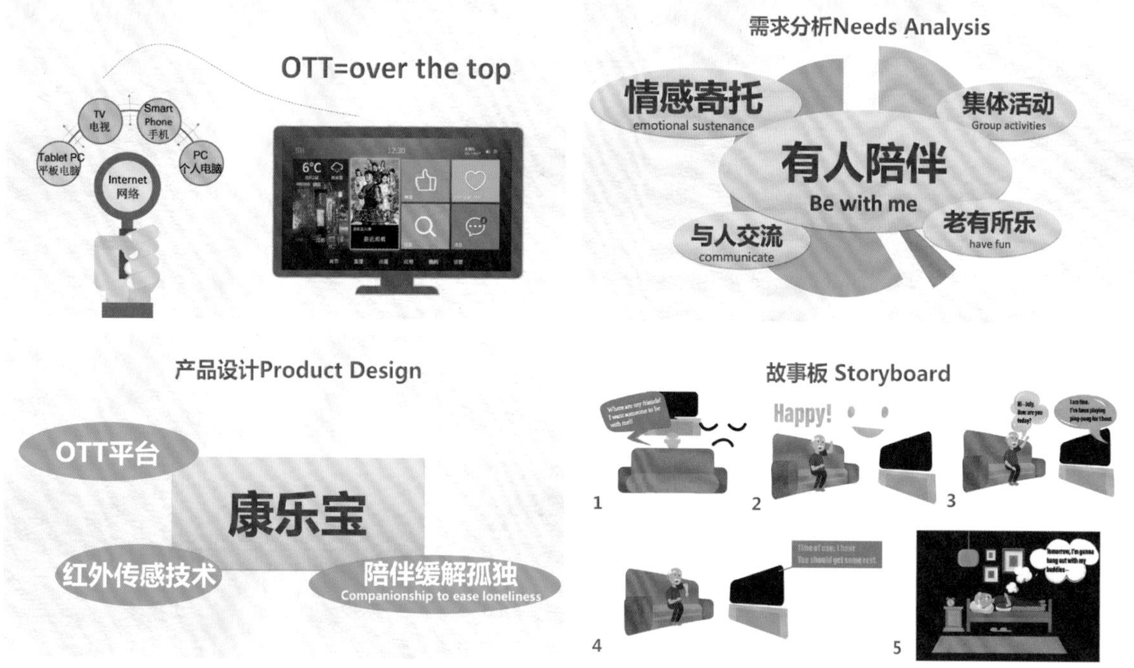

A3 圆梦清单 / Dream List
临终老年人关怀辅助小程序设计

类别： 服务设计、交互设计

年度： 2019

地区： 中国

作者： 吴立行、桑康健、孙若琳、王明玮、苏昶汐、张小灿、韩雨

标签： 临终老年人、人文关怀、梦想清单、中国

引自： 2019年设计马拉松

对于临终老年人而言，金钱与物质需求早已置之度外，他们更想实现的是那些即刻可完成但又错过了的梦想，也许是与家人朋友们的再次深谈，或是去一个梦想中的场所等。圆梦清单利用身份授权创建双向梦想电子清单，老年用户可以通过身份认证授权家人和朋友共同编辑愿望簿，实现超越时空的家庭团圆。而一般大众也能够在公开分享后的圆梦清单的愿望簿中浏览不同的家庭故事。

此设计帮助老年人圆了梦，有效增加了彼此之间沟通交流的机会，帮助家人和老年人更好地表达爱，进而让家人与老年人成为彼此的心灵支柱，共同以积极的心态走过生命中重要且艰难的时刻。

专家点评：

这是一个具有人文关怀的创意。目前社会对临终老年人这个特殊群体还没有很高的关注度，帮助老年人完成心愿不仅为老年人抒发临终愿望提供了入口，也能够呼吁公众去关注临终关怀的话题。以这种形式作为纽带连接老年人与家人或外界，让我们去思考生命恢宏的意义，以积极的心态面对生活。但是考虑到目前老年人对于智能手机的接受度不高，在操作上具有一定的难度，可以考虑其他的圆梦清单形式。

——西南交通大学　李芳宇

· PLAN HIGHLIGHTS I 方案亮点

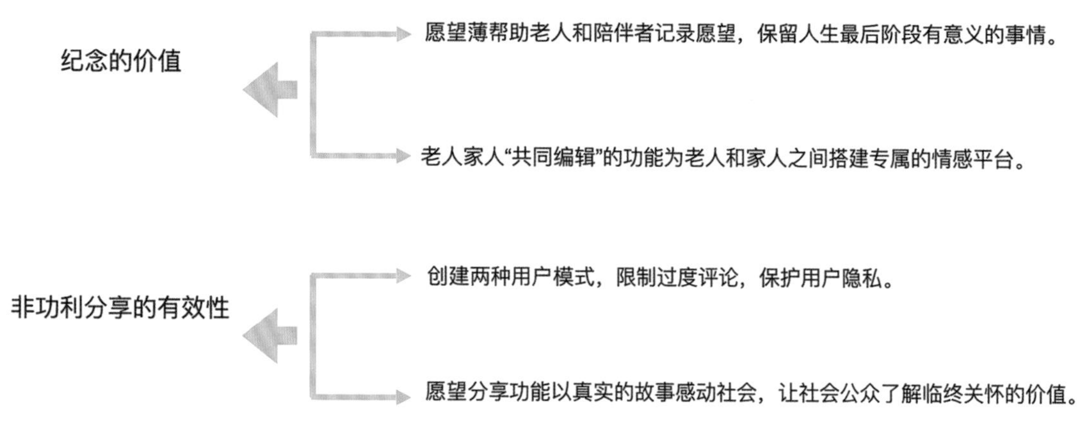

纪念的价值
愿望薄帮助老人和陪伴者记录愿望，保留人生最后阶段有意义的事情。
老人家人“共同编辑”的功能为老人和家人之间搭建专属的情感平台。
非功利分享的有效性
创建两种用户模式，限制过度评论，保护用户隐私。
愿望分享功能以真实的故事感动社会，让社会公众了解临终关怀的价值。

· FUCTIONI 功能展示

家庭模式—老人对家人授权后即可同老人共同编辑愿望薄

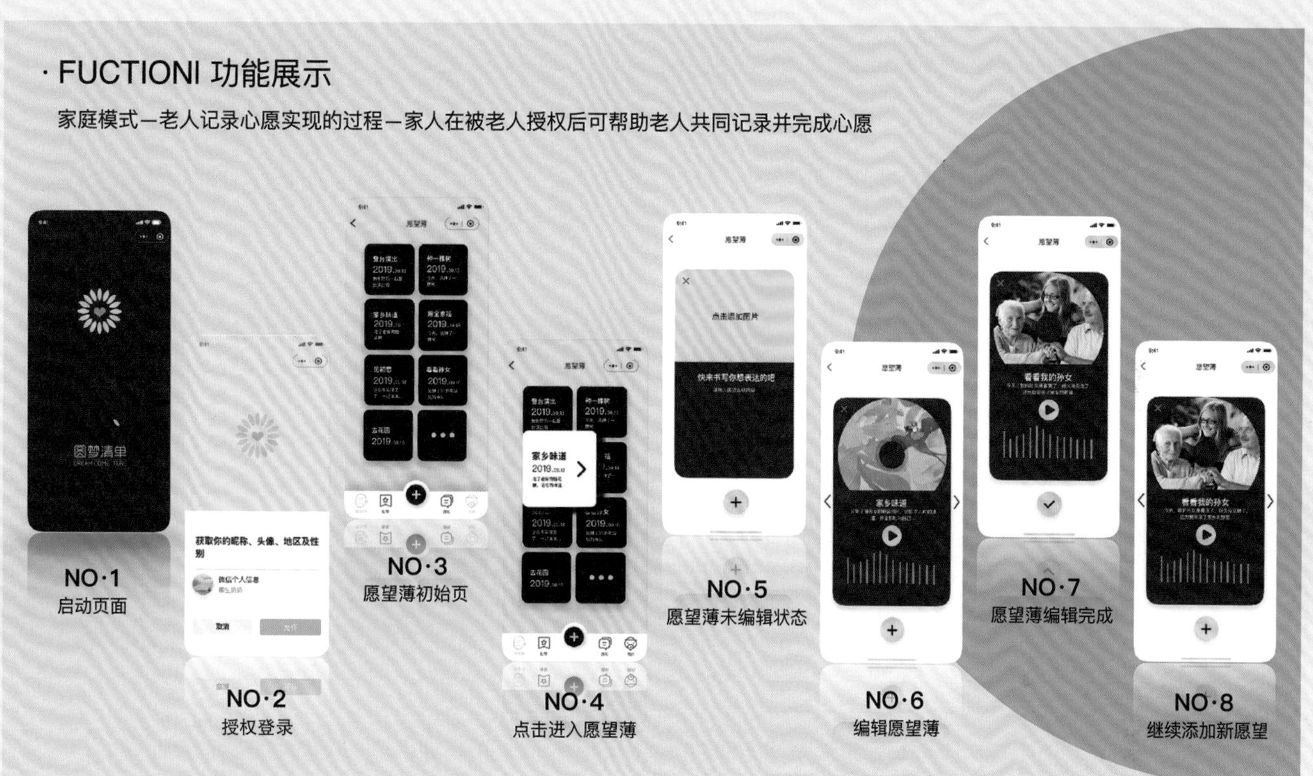
· FUCTIONI 功能展示
家庭模式—老人记录心愿实现的过程—家人在被老人授权后可帮助老人共同记录并完成心愿
NO·1
启动页面
NO·2
授权登录
NO·3
愿望薄初始页
NO·4
点击进入愿望薄
NO·5
愿望薄未编辑状态
NO·6
编辑愿望薄
NO·7
愿望薄编辑完成
NO·8
继续添加新愿望

A4 移居乐 / Immigration 移居老年人服务系统

类别：服务设计、交互设计

年度：2018

地区：中国

作者：宁兵、吕纯纯、王瑞良、徐嘉莉、闫思森、张帆

标签：新环境、社交生活、移居老年人、数字化沟通、中国

引自：2018年设计马拉松

这是一款为城市移居老年人设计的数字服务系统。老年人移居的主要原因是支援在城市中工作的子女的育儿生活。刚搬到子女身边的老年人，因为子女工作忙碌没有很多时间陪伴他们，所以老年人难以融入陌生环境与群体。该设计的目的是让移居城市的老年人快速融入社交圈，并增强他们在新环境生活的幸福感。移居乐可定位周边市场与娱乐活动等相关地理与活动信息，帮助老年人通过推送信息去参加社区活动，结交新朋友，并快速适应城市新生活。

专家点评：

随迁老年人的社区融入是当前我国城市社会普遍存在的问题，本项设计提供了一个解决方案。我很喜欢这类来源于社会现实的公益设计，且该项目蕴藏着较大的商机，整合社区资源为老年人服务的可行性较高。但还需要考虑到两个方面的影响：一是老年人对手机的熟练程度和其对APP的依赖程度，相对于这类网络售卖系统，老年人可能更喜欢传统社区市场体系，他们需要通过市场、商贩来认识和融入新的社会环境，结识新的朋友；二是百度地图、高德地图和微信等成熟移动网络巨头完全可提供本设计的相关功能服务，那么如何推广和生存将是这类社区服务系统面临的现实问题。

——成都市社会科学院　明亮

小程序

9:41 AM
首页
+ 发布
华联超市鸡蛋仅需5元/千克
一场盛大的广场舞会

9:41 AM
当地生活
周边活动
周边市场
美食推荐
广场舞
老乡会
附近公交站
我有问题

9:41 AM
周边活动
搜索
广场舞
2018.8.12 民生广场
一场为中年妇女准备的盛大的广场舞大赛
标签：唱歌、新朋友
象棋大比拼
2018.8.12 民生广场
一场为中年妇女准备的盛大的广场舞大赛
标签：唱歌、新朋友
太极拳晨练
2018.8.12 民生广场
一场为中年妇女准备的盛大的广场舞大赛
标签：唱歌、新朋友
老年合唱团

farm
home
park
school
market
center

background
User behavior analysis
service system
公园 park
医院 hospital
超市 supermarket
广场 park
停留时长
duration of residence
菜市场 vegetable market
中国科学技术馆
金泉美食宫
北辰世纪中心
国家体育场
(鸟巢)
北辰时代
小营北路
安立路

background
User behavior analysis
service system
STORY
独自一人帮助子女照看孩子，
有家乡口音与外地人交流存在一定不便的移居老人。
The immigrant elderly help children to take care of their children alone. She has a home accent.
Before
Mom, We go to work.
Children are busy with their work.
子女工作忙。
Difficult to integrate into new groups.
难以融入新群体。
ON SALE
not familiar with shopping
买菜不熟悉
HOW?
I don't like it !!
Cooking
饮食

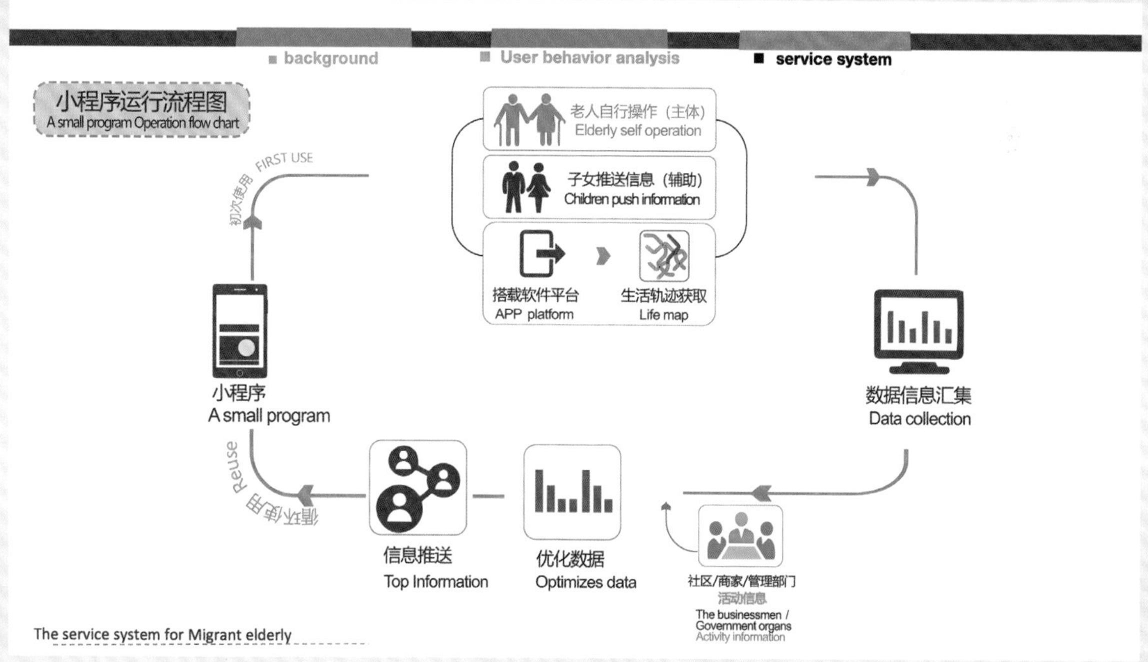
background
User behavior analysis
service system
小程序运行流程图
A small program Operation flow chart
FIRST USE
初次使用
老人自行操作（主体）
Elderly self operation
子女推送信息（辅助）
Children push information
搭载软件平台
APP platform
生活轨迹获取
Life map
小程序
A small program
数据信息汇集
Data collection
Reuse
循环使用
信息推送
Top Information
优化数据
Optimizes data
社区/商家/管理部门
活动信息
The businessmen / Government organs
Activity information
The service system for Migrant elderly

A5 么么 / MOOMOO
进城老年人与隔代教养

类别：交互设计、展示设计、服务设计

年度：2019

地区：中国

作者：吴建莹、袁文浩、王思雨、王晓萱、段慧云、郑安、李子一

标签：三代同居、科学教养、代际沟通、中国

引自：2019年设计马拉松

此品牌是针对祖父孙三代交流而设计的游戏化教具。MOOMOO这个设计名字取自孩子的“么么”作响声，同时M、O、O分别代表祖、父、孙三代。城市年轻家庭普遍存在进城老年人与隔代教养问题，0～3岁是儿童早期教育的关键时期，此教具通过专业游戏化教具的导入与共享来试图改善隔代教养的质量。此游戏可增加孩子、父辈、祖辈三者之间的交流，改善隔代教养的质量，搭建连接三代的科学教养空间，并促使他们更好地走向新生活。

专家点评：

隔代照料原本更多的是用于研究农村留守儿童的一个概念，而如今却成为城市中产及以下阶层家庭普遍的幼儿照料模式。本设计聚焦老年人进城照料孙辈的代际关系，具有强烈的现实关怀，但核心可能不是隔代教养质量，而是在家庭整体利益最大化选择下，进城老年人的心理健康、家庭和社会融入等问题。现代教育理念和专业教/游具可能有助于解决上述问题，但其实际效果还有待进一步验证。

——成都市社会科学院　明亮

0-3岁教/游具共享空间

0-3 years old teaching / playing equipment sharing space

MOOMOO

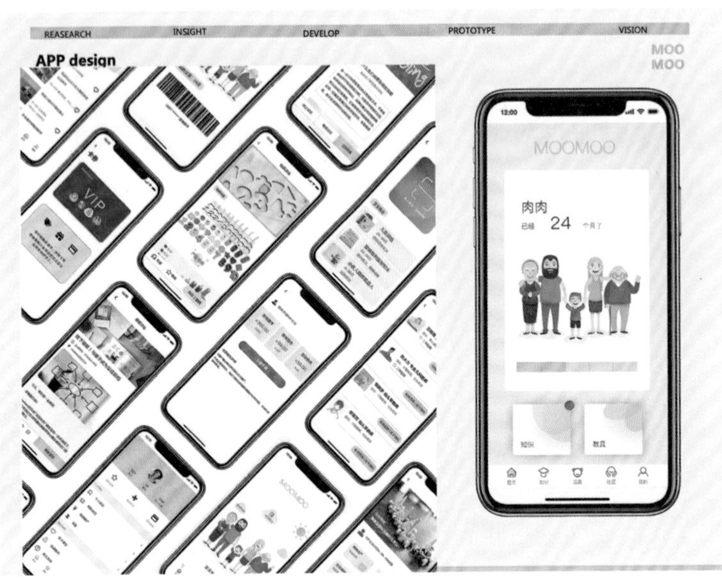

REASEARCH INSIGHT DEVELOP PROTOTYPE VISION

Solution
解决方案

MOO
MOO

0-3岁教/游具共享空间

0-3 years old teaching / playing equipment sharing space

MOOMOO

中产阶级以下的青年家庭普遍面临着城市老年人和代际教育的问题，0-3岁是幼儿教育的关键时期。

通过引进和共享专业的教学/教具设备，我们努力提高下一代的教育质量。

以孙辈为桥梁，打造连接祖孙三代的科学教育空间，引领三代人在城市中开始新的生活

Elderly City Migration and Intergenerational Education
进城老人与隔代教养

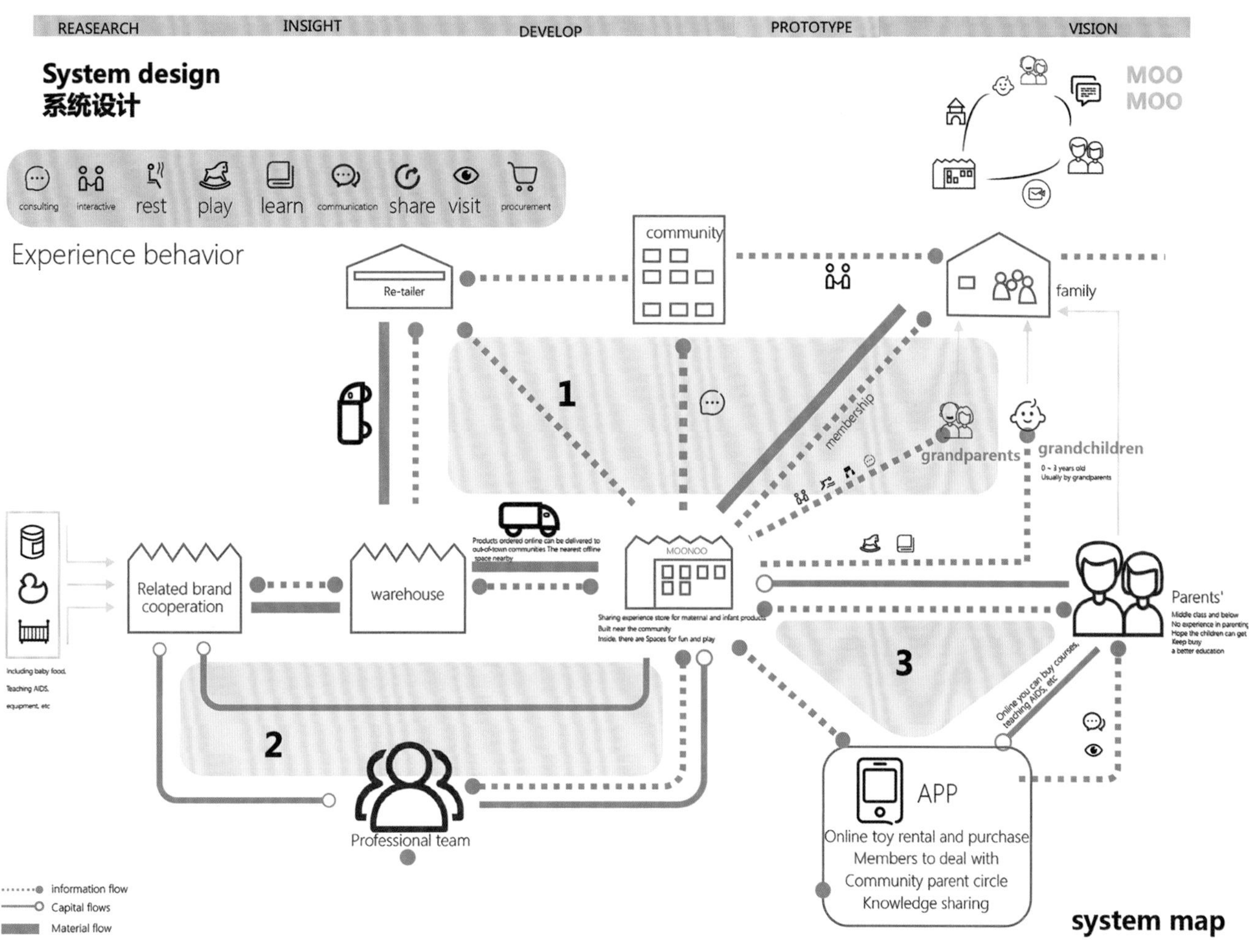
REASEARCH
INSIGHT
DEVELOP
PROTOTYPE
VISION
System design
系统设计
MOO
MOO
consulting
interactive
rest
play
learn
communication
share
visit
procurement
Experience behavior
Re-tailer
community
family
1
membership
grandparents
grandchildren
0 ~ 3 years old
Usually by grandparents
Including baby food,
Teaching AIDS,
equipment, etc
Related brand cooperation
warehouse
Products ordered online can be delivered to out-of-town communities The nearest offline space nearby
MOONOO
Sharing experience store for maternal and infant products
Built near the community
Inside, there are Spaces for fun and play
Parents'
Middle class and below
No experience in parenting
Hope the children can get
Keep busy
a better education
3
Online you can buy courses, teaching AIDS, etc
2
Professional team
APP
Online toy rental and purchase
Members to deal with
Community parent circle
Knowledge sharing
information flow
Capital flows
Material flow
system map

A6　老年技能商店 / Elderly Skill Shop
智慧之神技能商店

类别： 服务设计、交互设计

年度： 2019

地区： 中国

作者： 宁兵、倪仁凯、宣安然、颜颖枝、贾峨垒、吴家文、黄宝欣

标签： 技能交换、社交圈、老年生活、中国

引自： 2019年设计马拉松

这是一款帮助老年人进行技能学习的APP。当下，随着信息技术的迅速发展，年轻人的生活更为便利，而对于生活在智能化时代的老年人，他们并不希望被时代所抛弃，所以此设计以老年人学习技能为出发点，以可交互的日历为载体。此日历分为不同的卡片，这些卡片以老年人在生活中可能出现问题的多种形式为基础，主要包括线上买药、挂号、网购和缴费等。如果老年人使用智能手机时出现困难，只需扫描日历中相对应的卡片，按照卡片流程便可以轻松操作。

专家点评：

本设计有利于将老年人的生活和社会技能从家庭外溢到社会层面，能够为生活技能缺乏的年轻群体提供低成本的解决之道，也有助于消除老年人是社会负担的片面观念，增强老年人的自我价值体验和社会成就感。

——成都市社会科学院　明亮

老年
技能商店
登录/log in
注册/Registered

9:41
老年技能商店
音乐
运动
手工
其他
小提琴技能学习
R Ryan
吉他技能学习
W 吴先生
弹指吉他技能学习
Z 张先生
萨克斯技能学习
Z 周老师
立即
发布
何女士

Solution
MORE CARE
1 Wisdom Of Weekly Calendar
MORE FUN
2 Elderly Skill Shop
Wisdom Of Weekly Calendar
Display
2019
不插电 UNPLUGGED
贴近生活 CLOSE TO LIFE
功能性强 FUNCTIONAL

Wisdom Of Weekly Calendar Framework

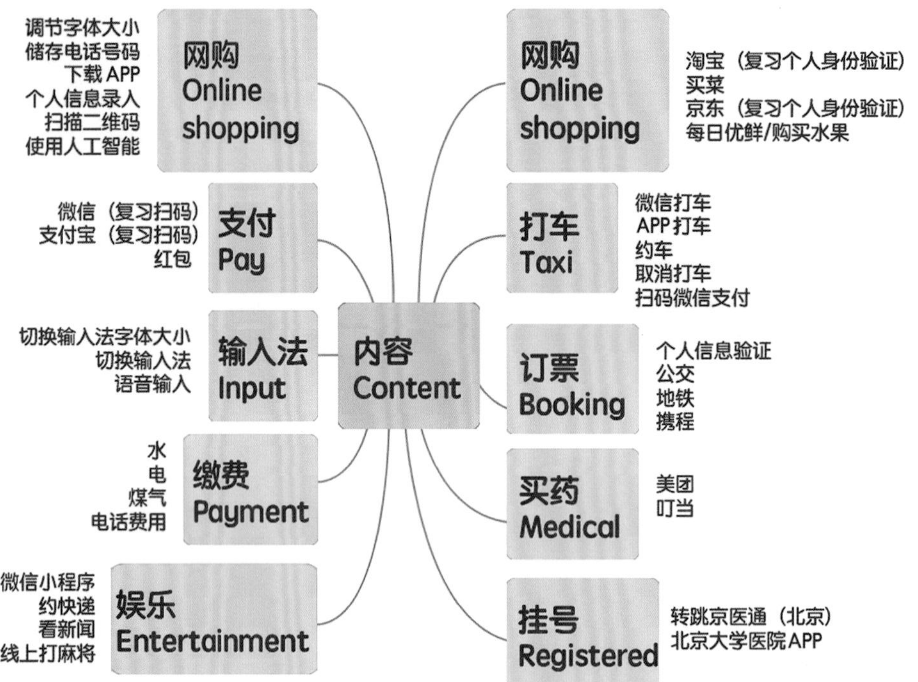
内容 Content
网购 Online shopping
调节字体大小
储存电话号码
下载APP
个人信息录入
扫描二维码
使用人工智能
支付 Pay
微信（复习扫码）
支付宝（复习扫码）
红包
输入法 Input
切换输入法字体大小
切换输入法
语音输入
缴费 Payment
水
电
煤气
电话费用
娱乐 Entertainment
微信小程序
约快递
看新闻
线上打麻将
网购 Online shopping
淘宝（复习个人身份验证）
买菜
京东（复习个人身份验证）
每日优鲜/购买水果
打车 Taxi
微信打车
APP打车
约车
取消打车
扫码微信支付
订票 Booking
个人信息验证
公交
地铁
携程
买药 Medical
美团
叮当
挂号 Registered
转跳京医通（北京）
北京大学医院APP

A7 锦囊妙计 / That Old Ace in The Hole
家有一老如有一宝

类别：服务设计、交互设计

年度：2019

地区：中国

作者：黄文宗、杨雅滢、汪承晰、金英恩、郑杰、黄婷

标签：技能交换、智能平台、自我价值、中国

引自：2019年设计马拉松

该设计以老年人生活经验和知识储备与他人进行交换为出发点，在不改变老年人现有的生活方式下给他们带来生活上的改变，将老年人与年轻人完美结合，形成“取长补短”的技能交换模式，实现双方的跨代交融。

用户在线发布技能及图片后，可以根据自己的喜好选择技能并输入要交换的技能，匹配后进行线下技能交换学习。这个线上线下结合的互联网工具可以帮助老年人扩大社交圈并丰富他们的老年生活，从而打破“老而无用”的陈旧观念，让老年人找到自我价值。

专家点评：

中国的老年人往往把过多的精力放在了儿女和孙辈身上，缺乏对自身的关注。这款线上平台的设计可以有效将老年人的注意力从外界转移到自身，通过自身产生的快乐和满足，扩大社交圈的年龄纵深和地域广度，让晚年生活变得多样而精彩。只是对青年受众而言，可能使用的原生动力会较老年人小，可考虑通过公益活动嫁接等方式吸引受众；对老年人而言，接受线上智能平台的能力较低，如何帮助他们简单、迅速地通过线上社区获得乐趣是需要不断解决的问题。

——上海国展展览中心有限公司　马智雯

USER PORTRAIT 用户画像

Grandpa Bai guo白果奶奶　65岁　从事刺绣行业

痛点：现在年纪太大，刺绣对于她来说有点困难，想共享自己从业的宝贵经验，但是身边没有对此感兴趣的人。
需求：她认为刺绣与设计行业是相通的，想了解一些关于设计的知识。
共享：自己多年来刺绣的经验。

YaYa雅雅　26岁　平面设计师

痛点：从事平面设计行业3年，对手工刺绣类感兴趣，身边会手工刺绣人很少。
需求：希望有一位经验丰富的人可以共享这方面的知识。
共享：设计类的知识。

IMPORTANT FUNCTION 重要功能

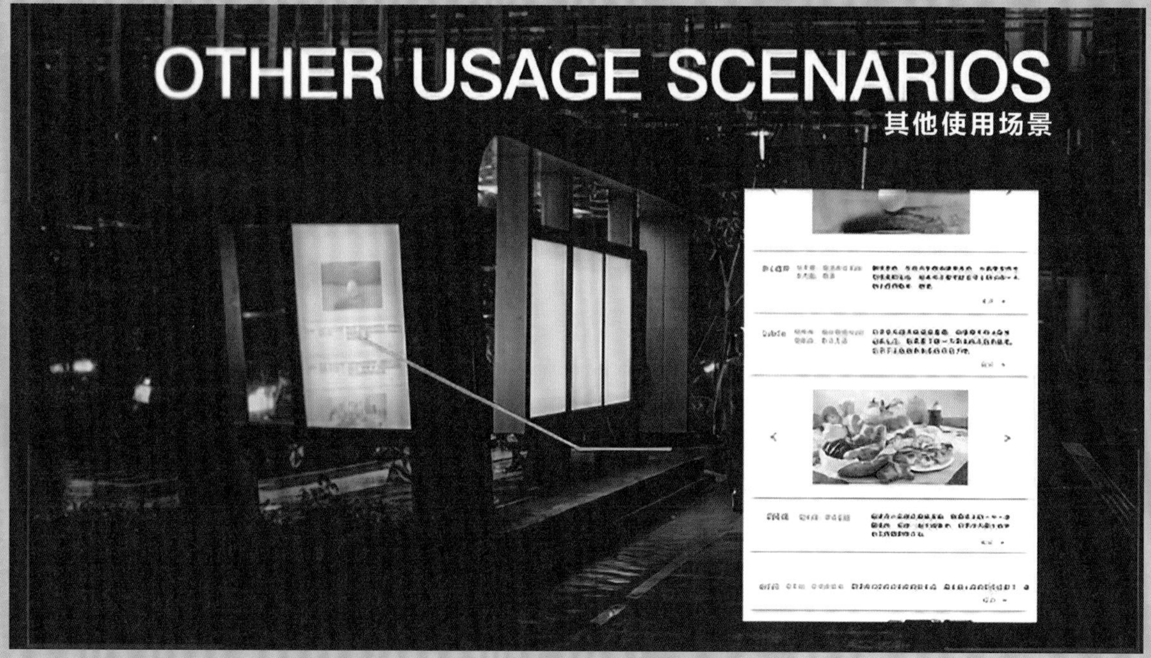

宣传功能：

一方面，为了让入住的用户相对多，选择在公共场合放入电子屏，供感兴趣的人体验。

另一方面，老年人不一定全部主动使用智能手机，所以，在公交站台、公园、报亭等老年人经常出现的地方放置电子屏幕，供他们体验和使用。

在移动设备前扫描脸部可以直接登录，但是仅显示附近人的需求和技能特长。当你离开移动设备时，摄像无法捕捉脸部信息则自动退出。

PRODUCT FRAME 产品框架图

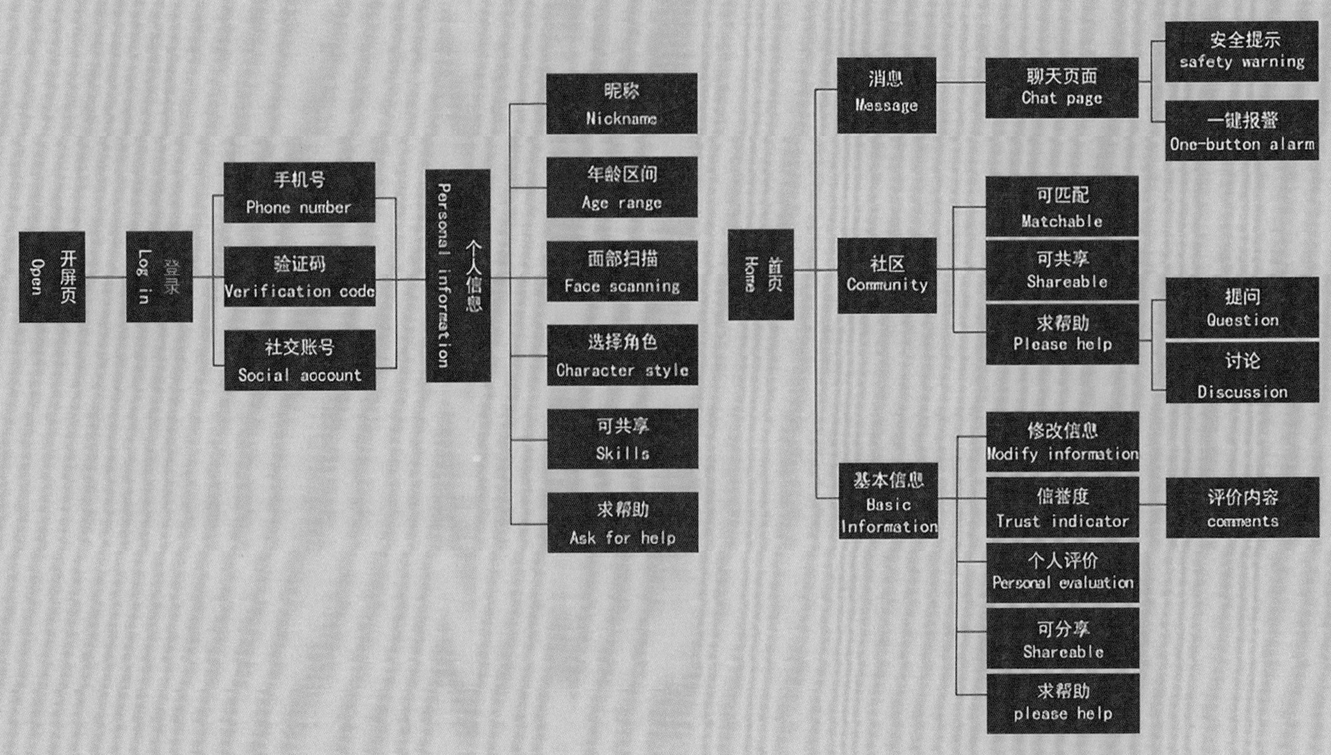

7:30
完善您的登录信息
您想要实现的愿望/感兴趣的话题:
绘画
装潢
手工
宠物
养生
游泳健身
美食
书籍
影视
社会
穿搭
设计
经营管理
农业
星座
科技
生活
音乐
舞蹈
住房
闲置物
航海
收纳
设计软件
音乐
您可以添加自己的愿望/感兴趣的话题:
信息入档功能：
用户完善自己可共享和帮助信息，进入社区后，大数据直接提供与用户匹配度清淡，匹配度依次递减，用户选择其中感兴趣的进行交流。
7:30
匹配度
可共享
求帮助
胡桃夹栗子
银小食大
常开怀
兔飞和猫遥
二森森
厉害的黄爷爷
康包儿
人生如茶
云淡风轻

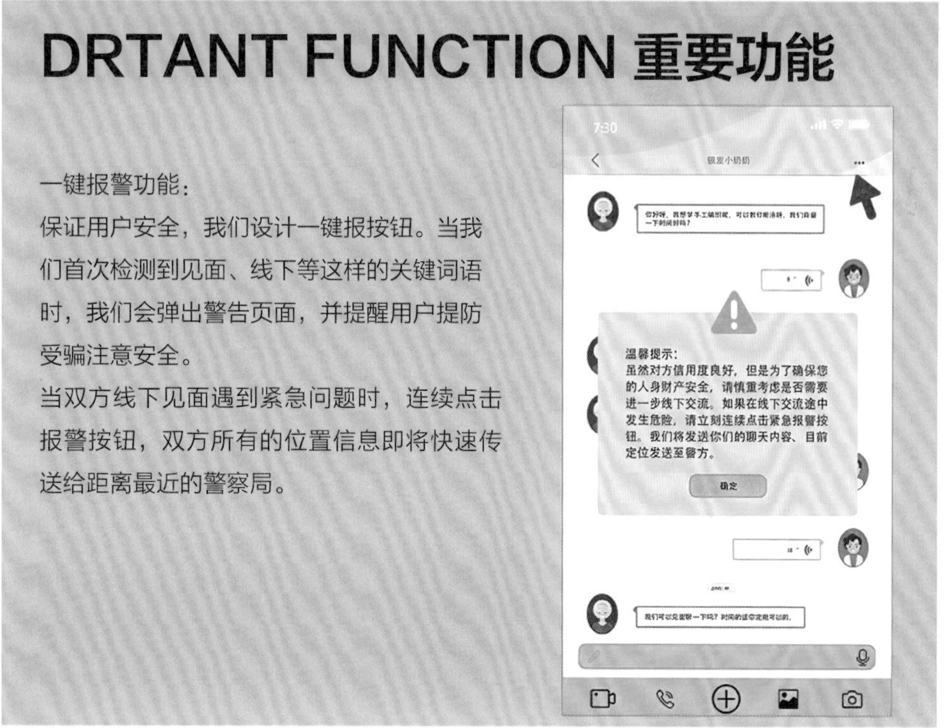
DRTANT FUNCTION 重要功能
一键报警功能：
保证用户安全，我们设计一键报按钮。当我们首次检测到见面、线下等这样的关键词语时，我们会弹出警告页面，并提醒用户提防受骗注意安全。
当双方线下见面遇到紧急问题时，连续点击报警按钮，双方所有的位置信息即将快速传送给距离最近的警察局。
7:30
银发小奶奶
温馨提示：
虽然对方信用度良好，但是为了确保您的人身财产安全，请慎重考虑是否需要进一步线下交流。如果在线下交流途中发生危险，请立刻连续点击紧急报警按钮。我们将发送你们的聊天内容、目前定位发送至警方。
确定

A8　壹听 / One Listen
老年人新闻APP程序设计

类别：交互设计、信息设计、概念设计

年度：2019

地区：中国

作者：王晨、雷泽华、孙晨宇、邓妍怡、王志国、张萌

标签：数字化服务、社会参与、社交软件、中国

引自：2019年设计马拉松

这是一款专门为老年人设计的新闻应用类APP。据权威报告显示，银发群体上网人数逐年攀升，而手机是多数老年人上网的主要工具，占全部网民的11%。在上网老年人群体中，76%的中老年人会上网看新闻资讯（QuestMobile GROWTH用户图像标签数据）。这个专为老年人观看新闻而设计的新闻APP具备一个特色功能，就是通过“辟谣”功能帮助老年读者获取真实的新闻信息，避免他们因为网上充斥的新闻谣言而受到伤害。该应用程序包含三个主要特效：互助功能辟谣、界面布局简洁、个人云端数据库。针对使用者操作体验来定制适用老年人的界面，让他们与时俱进地观看新闻。

专家点评：

这个设计创意的切入点比较巧妙，区别于目前的新闻应用类APP，考虑到了老年人爱看新闻的爱好，同时在功能上融合了老年人最常用的功能，可以看出设计师对老年用户的调研分析十分精准。收音机、助眠都符合当下老年人的生活习惯，尤其是辟谣的功能具有很高的实际应用价值。将这些功能集成在一个APP，层级简单，方便了老年人的操作，通过音频的方式播放新闻也考虑到了老年人的视力问题，界面风格符合当下老年人的审美，产品在细节上的设计也很用心。

——西南交通大学　李芳宇

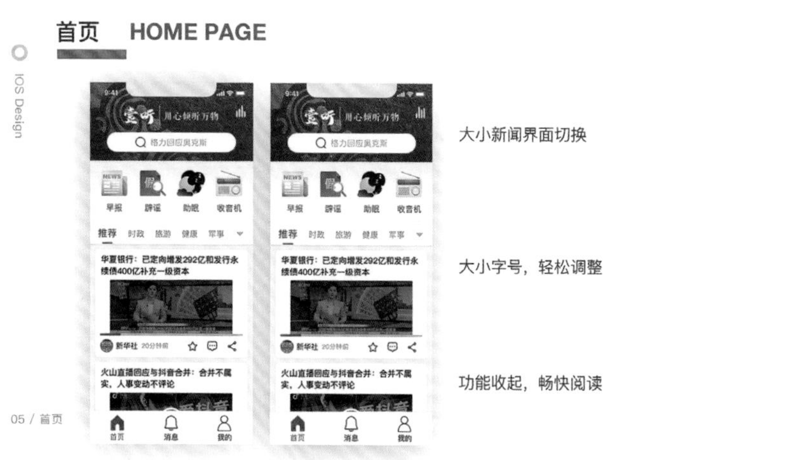
首页 HOME PAGE
IOS Design
大小新闻界面切换
大小字号，轻松调整
功能收起，畅快阅读
05 / 首页

情景功能 | 早报 MORNING NEWS
IOS Design
人性化日历，
贴近生活
早上晨练，一天新闻快速收听
08 / 早报

人性化功能 | 助眠&电台 HUMANIZED FUNCTION
IOS Design
助眠设计：
温柔舒适，睡得更香
电台设计：
随心倾听，有质感
湖南交通广播电台
90.7
91.8
93.0
节目列表
09 / 助眠

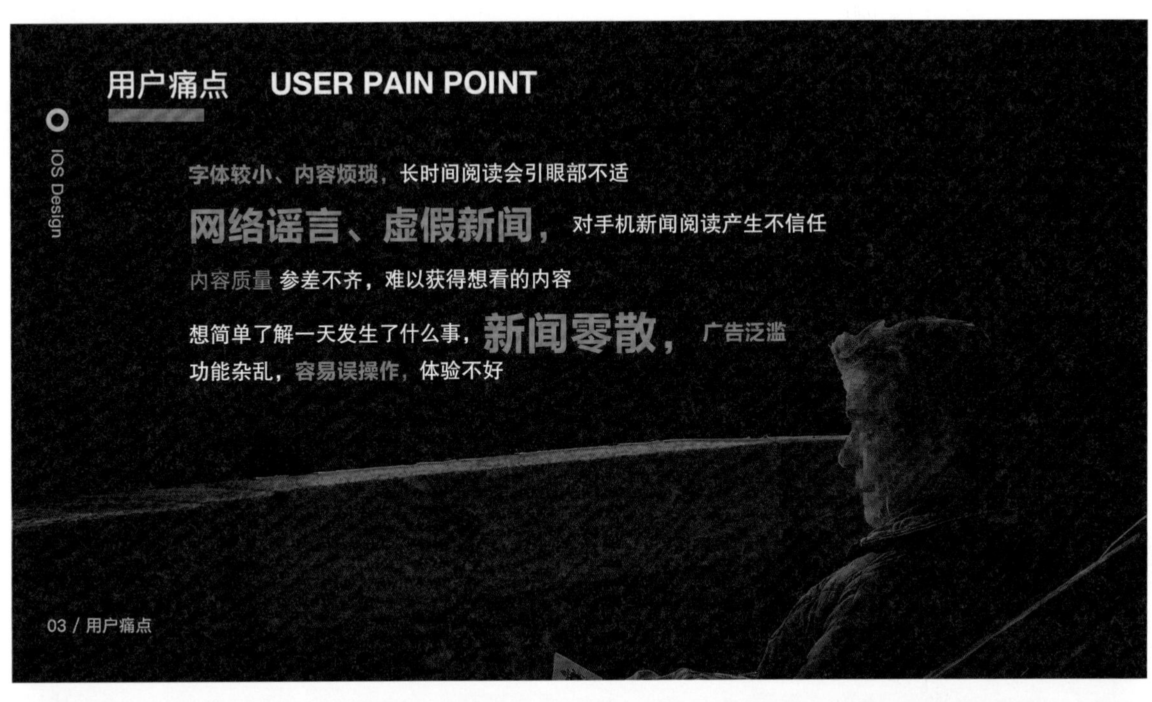
用户痛点 USER PAIN POINT
IOS Design
字体较小、内容烦琐，长时间阅读会引眼部不适
网络谣言、虚假新闻，对手机新闻阅读产生不信任
内容质量 参差不齐，难以获得想看的内容
想简单了解一天发生了什么事，新闻零散，广告泛滥
功能杂乱，容易误操作，体验不好
03 / 用户痛点

实用工具 | 辟谣 RUMOR REFUTING
IOS Design
端内辟谣平台，谣言话题可查询
微信辟谣助手，
朋友圈谣言杀手
最新辟谣
微信记录
肯德基吃多了，会容易得骨质酥松，小孩吃了会影响发育
震惊！狗狗两天不洗澡身上会长这种虫子，会寄生在人体！
新闻辟谣助手
进入公众号
不再关注
下载APP
我要查询
更多
口腔卫生，你不知道的小知识
如何辟谣
热门谣言
法律法规
06 / 辟谣

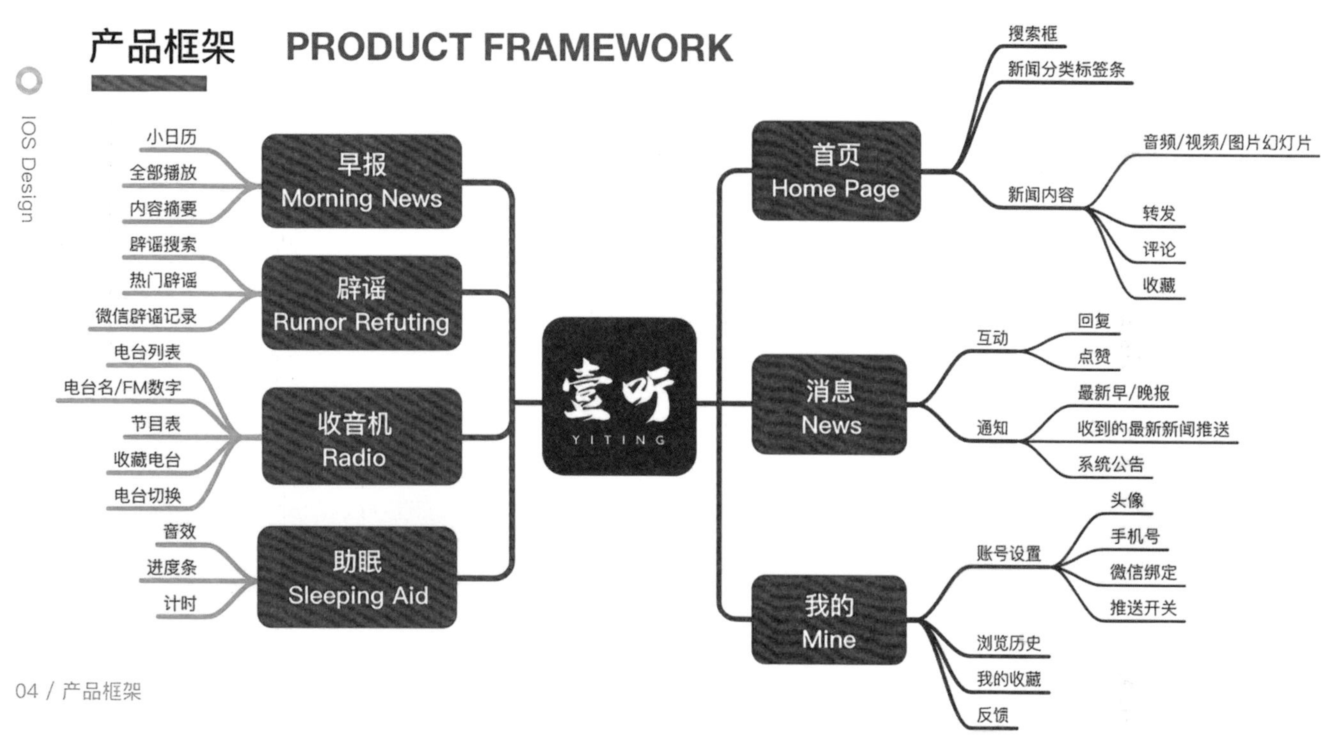
产品框架 PRODUCT FRAMEWORK
IOS Design
壹听
YITING
早报
Morning News
小日历
全部播放
内容摘要
辟谣
Rumor Refuting
辟谣搜索
热门辟谣
微信辟谣记录
收音机
Radio
电台列表
电台名/FM数字
节目表
收藏电台
电台切换
助眠
Sleeping Aid
音效
进度条
计时
首页
Home Page
搜索框
新闻分类标签条
新闻内容
音频/视频/图片幻灯片
转发
评论
收藏
消息
News
互动
回复
点赞
通知
最新早/晚报
收到的最新新闻推送
系统公告
我的
Mine
账号设置
头像
手机号
微信绑定
推送开关
浏览历史
我的收藏
反馈
04 / 产品框架

A9 佩戴式身份证 / Mi Wear

老龄用户数字身份证

类别： 服务设计、产品设计、概念设计

年度： 2018

地区： 中国台湾

作者： 黄文宗、Jarred Kristal、Lewi Tate、Maria Veraldo Rojas、Matthew Shelton、Melanie Billig

标签： 通用设计、可穿戴设备、身份识别、数位身份证、中国

引自： 2018年设计马拉松

mi
wear.
The worlds first wearable
identification card.
世界上第一个佩戴身份证。

这是一款数字身份证的概念产品设计。佩戴式身份证是一个安全且易于使用的模块化身份识别装置，它也是用户的国家级别ID卡，使用时可安全方便地访问全国各地，并且提供相应的用户安全与健康信息。

它具备手戴式和佩戴式两种外观，用户只需佩戴出门即可享受高效率识别身份和了解自身健康情况。此设计可方便老年人在多种需要证明身份的场景中识别身份，设计本身也具备较好的通用性使用原则。

专家点评：

这个设计在创意上将用户的身份ID作为可穿戴设备方便老年人随身携带。考虑到部分老年人无随身携带身份证的习惯，通过这种将身份ID作为可穿戴设备随身佩戴的方式，可以方便老年人在多种需要证明身份的场景中识别身份。但这个设计具有一定的实效局限性，考虑到未来随着面部识别技术的全面普及，以及目前NFC技术在移动端的普及，能够证明身份的方式会更加便捷高效。

——西南交通大学　李芳宇

A10 1家1 / One Plus One 老年人空间设计与社区数据服务

类别：服务设计、空间设计、交互设计

年度：2018

地区：中国

作者：李伟晗、石爽、黄琦、高原、David Niguyen、David Chen（陈佳兴）、朱泽一、陈佳璐

标签：老人社区、生活空间、养老服务、中国

引自：2018年设计马拉松

这是一项专为银发老人社区生活而打造的社区活动空间与数据收集为目标的服务设计，针对老人社区活动空间的类型需求、空间设计模块采用无零件即自带拼插结构，底层可透水可循环，从产品特性、安全须知、如何拼插和如何安装等细节入手，建立更为安全的生活空间设计。

同时，这项设计还基于老年人使用智能手机的普及现状，建立了一个以数据收集为目标的系统。该系统鼓励老年人多进行实体交流，减少过多不必要的界面操作，并且基于适老龄化的人体工程学设计需求，提供符合手指的滑动界面，打造出一项专为银发社区生活服务的老人社区数据。

专家点评：

电子产品更新换代非常快，这给老年人熟练使用电子产品带来不少挑战。本设计注意到了老年群体的这一特征，提倡手机操作应开发便于操作的人体工程学设计。本设计所倡导的老人社区服务系统通过整合社区范围内的公共服务和商业服务资源，有利于构建线上线下适老龄化环境，实现便捷化的养老服务，是构建社区养老服务体系的重要路径。

——成都市社会科学院　明亮

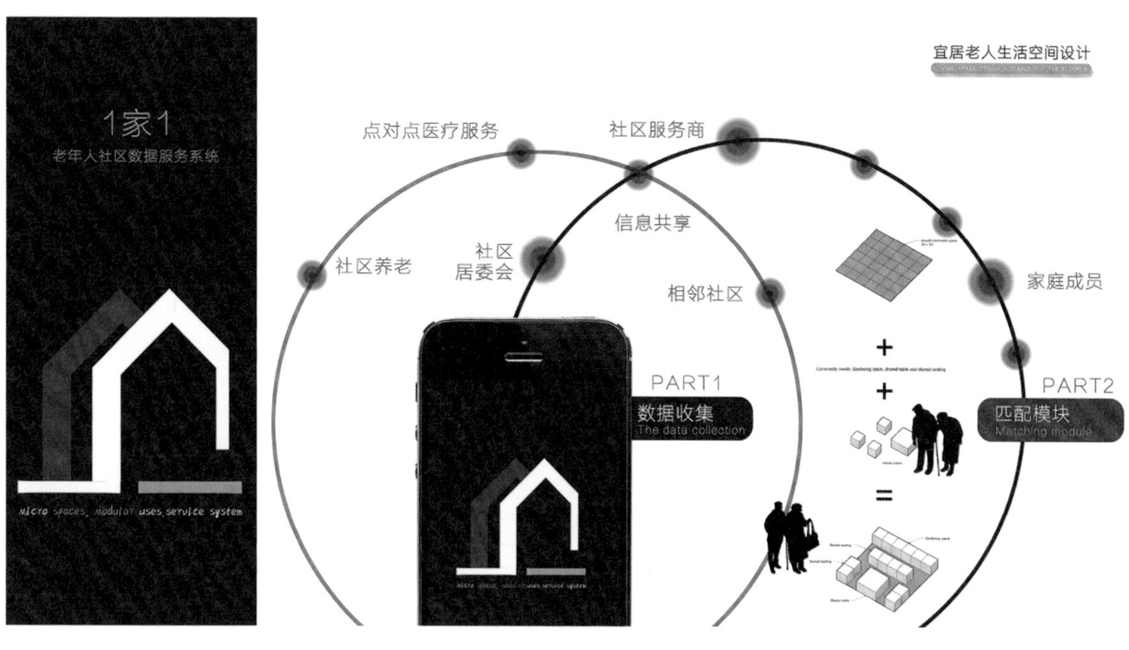
宜居老人生活空间设计
1家1
老年人社区数据服务系统
Micro spaces, modular uses, service system
点对点医疗服务
社区服务商
信息共享
社区养老
社区
居委会
相邻社区
家庭成员
PART1
数据收集
The data collection
PART2
匹配模块
Matching module
+
+
=

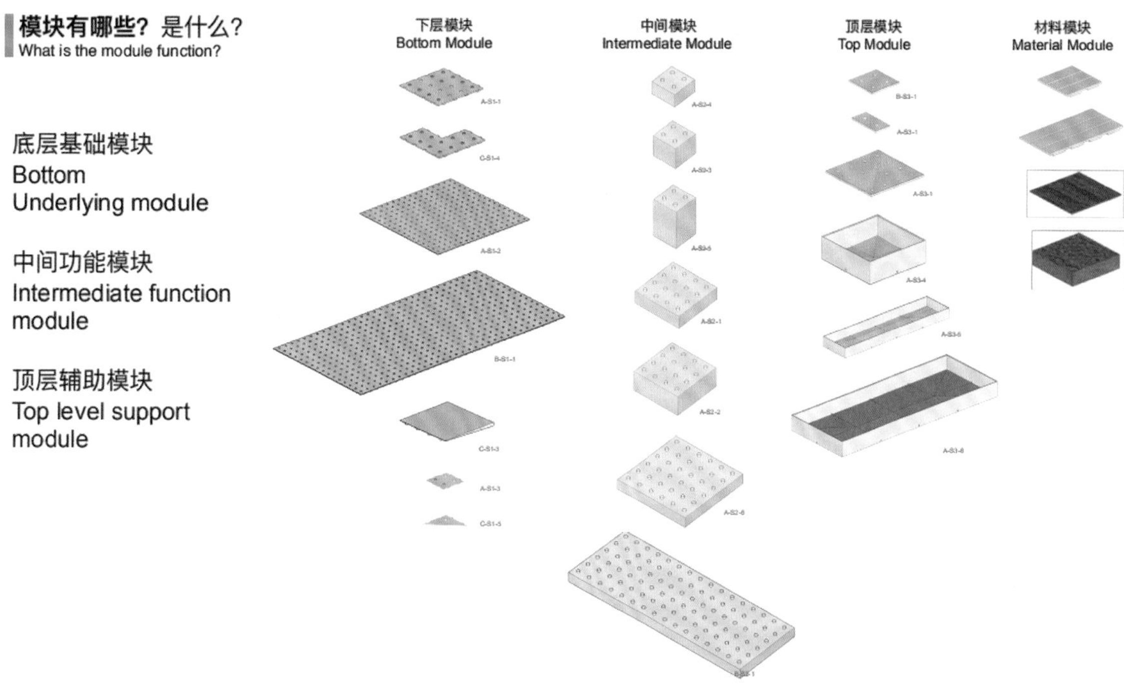
模块有哪些？是什么？
What is the module function?
底层基础模块
Bottom
Underlying module
中间功能模块
Intermediate function
module
顶层辅助模块
Top level support
module
下层模块
Bottom Module
中间模块
Intermediate Module
顶层模块
Top Module
材料模块
Material Module

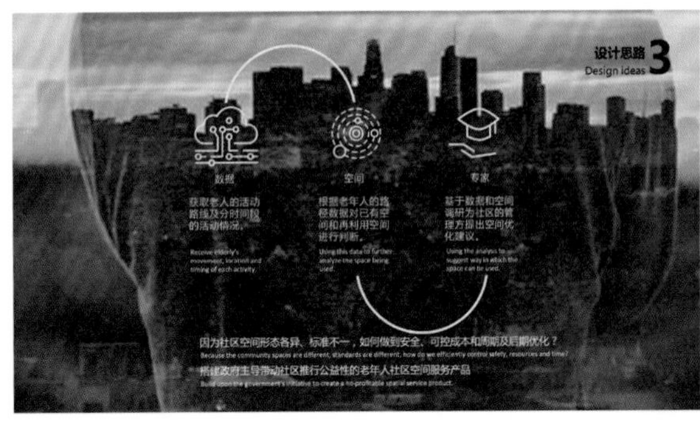

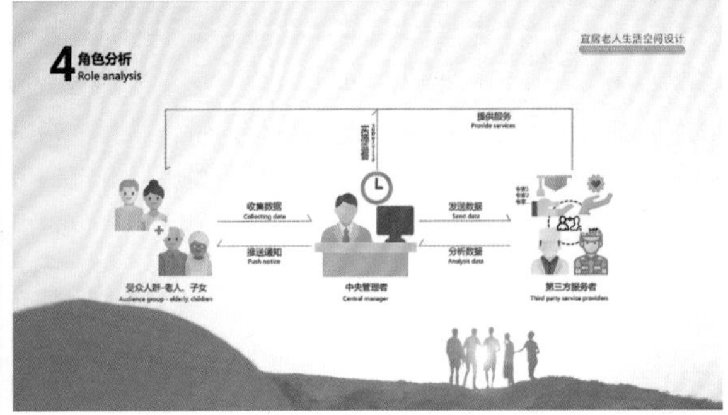

宜居老人生活空间设计

LIVING SPACE DESIGN SUITABLE FOR THE ELDERLY

Group5-A

周期 Cycle	用户 User	无形产品 Social organization	研发管理 Research	社会机构 Intangible product	有形产品 Tangible product	阶段 Stage
排斥期 Rejection period	受众人群——老人、子女 Audience group - elderly, children	数据收集 Data collection	中央管理者 Central manager	政府 Goverment 物业员 Property		阶段一 Phase 1 3个月~1年 3 months -1year
磨合期 Run-in period	受众人群——老人、子女 Audience group - elderly, children	推送通知 Information push	中央管理者 Central manager	调研分析 Survey 政府 Goverment 物业员 Property 专家 Expert 施工方 Construction side	调控优化 Optimization 基础模块 Basic module	阶段二 Phase 2 1~2年 1-2year
依赖期 Period of dependence	受众人群——老人、子女 Audience group - elderly, children	需求整合 Demand integration	中央管理者 Central manager	调研分析 Survey 政府 Goverment 物业员 Property 专家 Expert 施工方 Construction side 社区养老医护 Community care for the elderly	调控优化 Optimization 升级模块 Upgrade module 升级服务 Upgrade service	阶段三 Phase 3 2~5年 2-5year

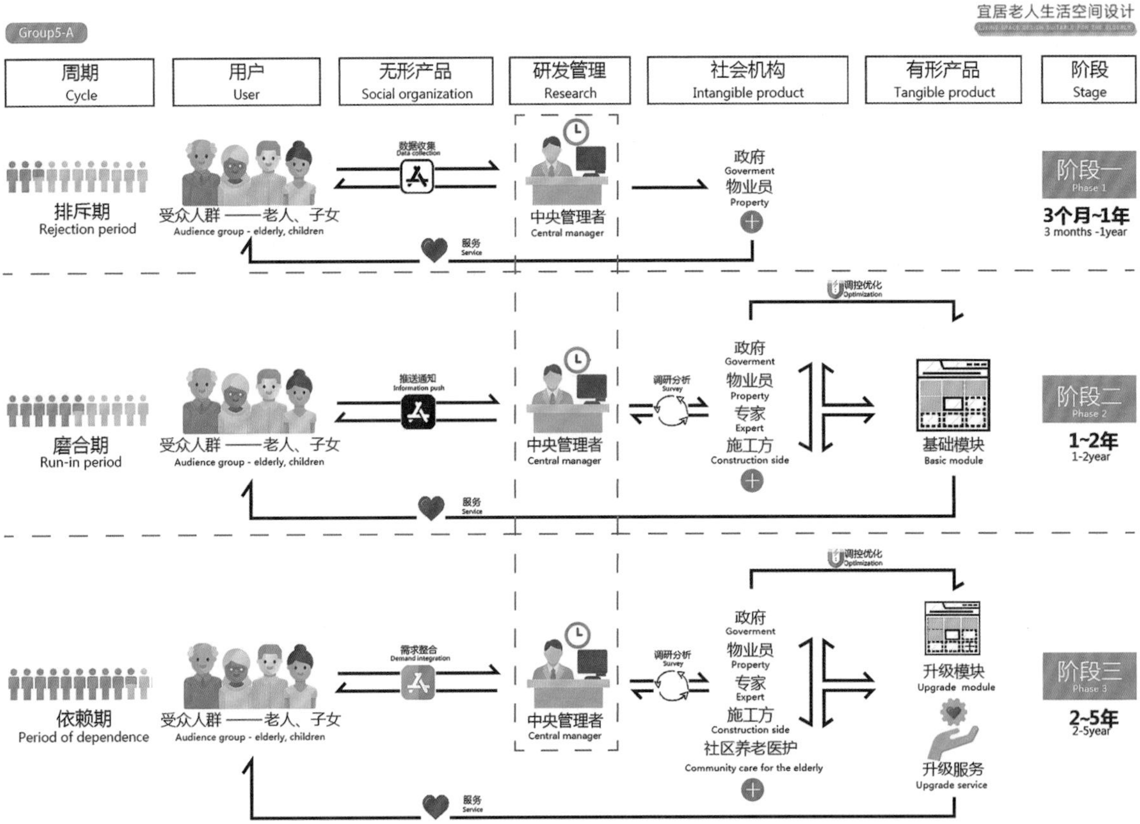

服务 Service

5 产品概念
Community research

提出模块产品概念
Suggesting block product's concept

1.调研现状：目前市场上有模块产品，但没有解决社区空间相关的模块产品。

2.关注需求：老人社区活动空间的类型需求。

3.优化细节：从产品特性、安全须知、如何拼插和如何安装等细节。

如何安装 椅子模块

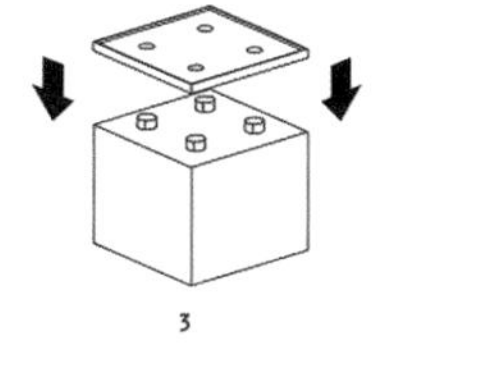

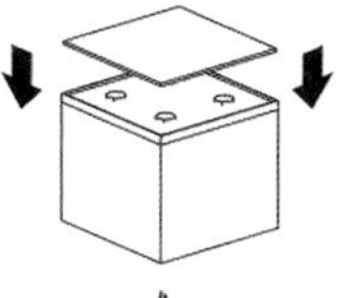

5 产品概念
Community research

宜居老人生活空间设计

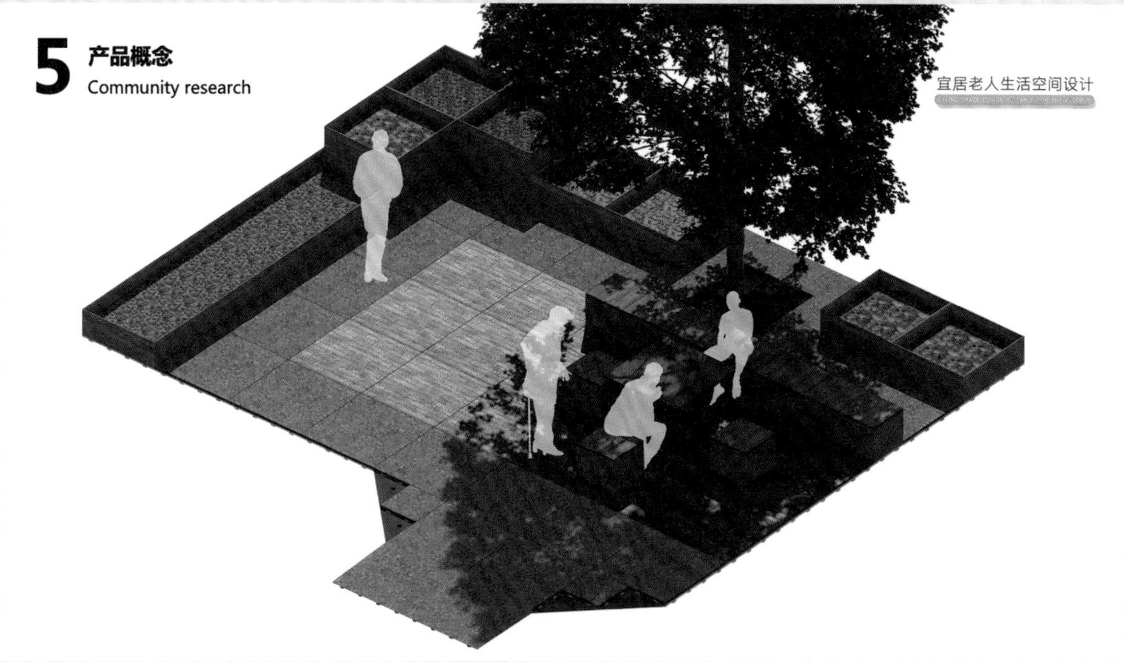

A11 家医 / Doctor at Home
老年智能健康服务链

类别：服务设计、交互设计、无障碍设计

年度：2018

地区：中国

作者：Jisun Park，Syivia Leung，Sui Xiu Zhang，Cao Yang，Lee Yi Chieh，Madiah Sakhi，Fang Xi，Bona Gu

标签：智慧医院、一站式照护服务、预约挂号、医疗照护、中国

引自：2018年设计马拉松

大部分老年人生活中缺乏足够照料，他们到医院就诊的路程要比一般人更久，此外经常去医院取药也费时费力。家医就像家里的医生，它的出现将成为高龄病人和医院之间的智能桥梁，提供一站式的照护服务。

比如，王奶奶在弯腰扫地的一瞬间闪到了腰，家医平台给出最近的医院地址和相关信息，并帮助王奶奶预约挂了李医生的门诊，帮助她平安到达医院并且成功就诊。家医同时有“+1”的意涵，代表有更好的医疗照护伴随高龄患者走向更为健康的未来。

专家点评：

老年人，尤其是独居老年人的照护问题是每个家庭都会头痛的问题。这款线上平台的设计可以给予老年人及其子女更多的安全感，帮助老年人解决日常的很多健康问题和就诊需要。难点在于平台建设需要每家医院的高度配合，民间力量可能很难完成全部内容架构。医疗和就诊建议可能也只能局限于相对简单的病例，实际使用的体验感及其中可能涉及的法律问题都是需要认真考虑的。

——上海国展展览中心有限公司　马智雯

Usage Scenarios 使用场景

Discover　Define　Develop　Deliver

在弯腰扫地的一瞬间，闪到了腰

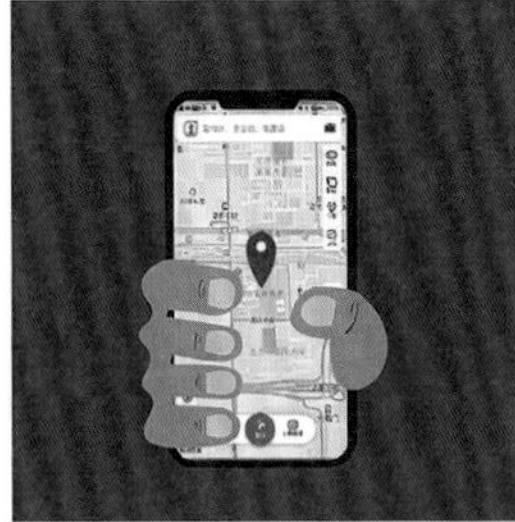

+1平台给出最近的医院地址和相关信息

刘奶奶预约挂号了李医生的门诊

刘奶奶平安到达医院

刘奶奶到了医院，到挂号区确认了挂号报到

手机的+1平台上显示第一个流程报道成功，提醒进行下一步

轮到刘奶奶就诊了

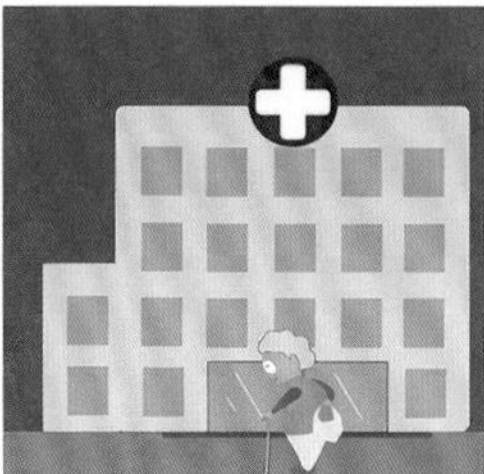

取了药，刘奶奶离开医院回家

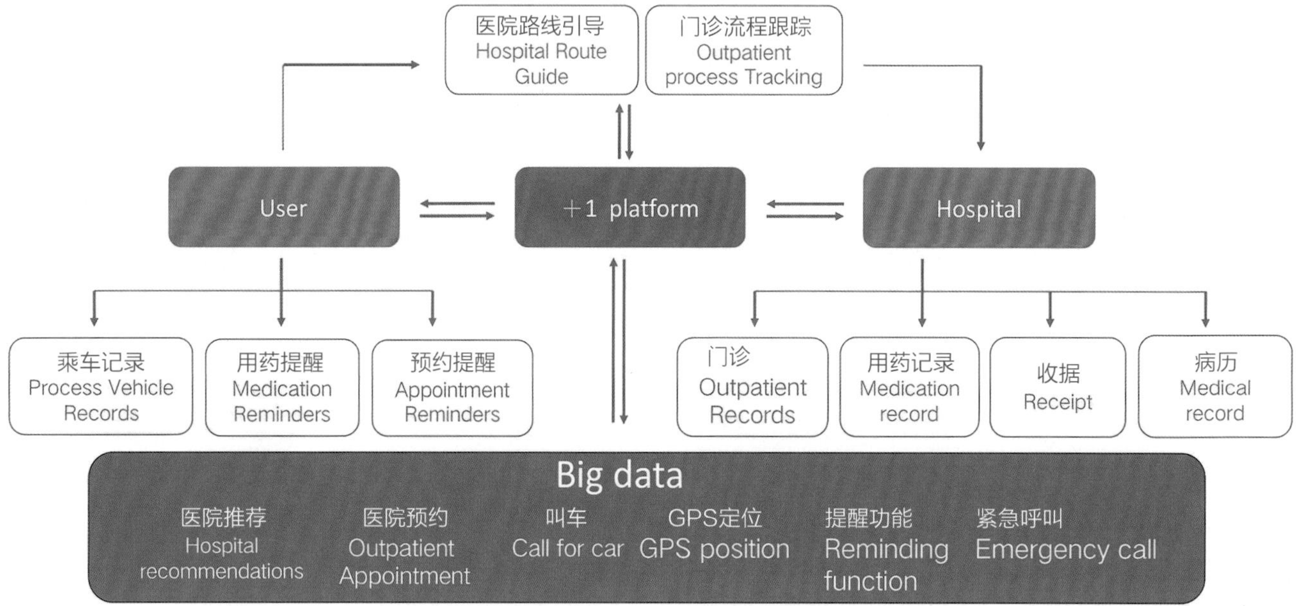
医院路线引导
Hospital Route Guide
门诊流程跟踪
Outpatient process Tracking
User
+1 platform
Hospital
乘车记录
Process Vehicle Records
用药提醒
Medication Reminders
预约提醒
Appointment Reminders
门诊
Outpatient Records
用药记录
Medication record
收据
Receipt
病历
Medical record
Big data
医院推荐
Hospital recommendations
医院预约
Outpatient Appointment
叫车
Call for car
GPS定位
GPS position
提醒功能
Reminding function
紧急呼叫
Emergency call

银发环境设计
Environment Design

E1 CO-OK共享厨房设计 / CO-OK Shared Kitchen 解决社区老年人就餐与社交需求

类别：室内设计、服务设计、食物设计

年度：2018

地区：中国北京

作者：北京邮电大学云纳回旋创新设计团队

标签：共享厨房、社会关怀、一条龙餐饮服务、食物、中国

这是一个基于服务设计工具和方法所提出的老年人共享厨房概念方案。《2018年中国餐饮报告》显示，“共享厨房”逐渐受到资本市关注，这与传统餐饮行业面临的困境有很大关系。传统餐饮业的固有问题，如收益低、人才紧缺、运营成本居高不下等无法得到有效解决。“共享厨房”也许是未来的发展趋势，主要原因是其性价比高，且能提供“一条龙”餐饮服务，让更多有一技之长的创业者能专注于菜品创新与品牌服务。

此“共享厨房”不仅向老年人提供就餐服务，还提供日常买菜、食材处理及烹饪服务，在简化买菜烹饪用餐流程的同时也能确保老年人的社交需求。该方案致力于打造一个“包含新意但不刻意”的厨房，让用户能获得尊重和快乐，满足了设计思维、社会创新、商业可行性研究的综合设计需求，也体现了以用户为中心和社会关怀的设计宗旨。

专家点评：

对于老年人而言，买菜做饭可能是一种负担，厨房也并非一个快乐的地方。共享厨房的理念将买菜、食材处理、烹饪和餐饮服务融为一体，不但致力于打造适老龄化的厨房设施，还赋予了这一过程社交属性，让老年人能够从中获得尊重，体会到快乐。这一设计打破了餐饮服务的利益至上原则，实现了经济属性和社会属性的有机统一，是一个体现人文关怀的公益设计。

——成都市社会科学院　明亮

Co-design
Cooperate
CO-OK
Co-ok是我们为社区内的共享厨房服务体系设计的一个品牌。我们的理念是：共同创造属于我们的美味，众享社区舒适空间。
接下来会详细展示具体的服务设计与产品设计。
共享厨房设计
2018 Industrial Design — Product System
李菁 杨铃卿 周维

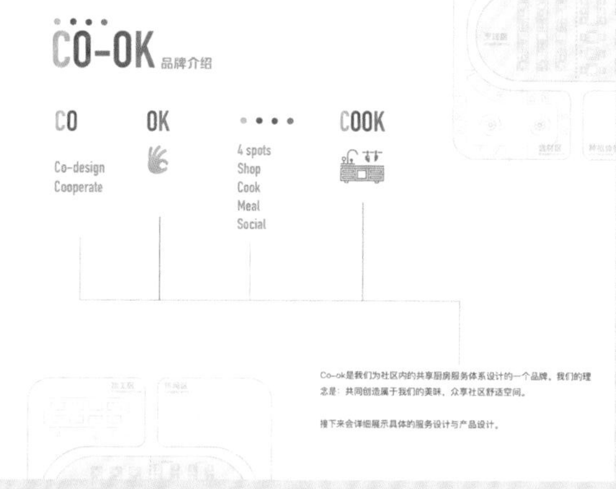

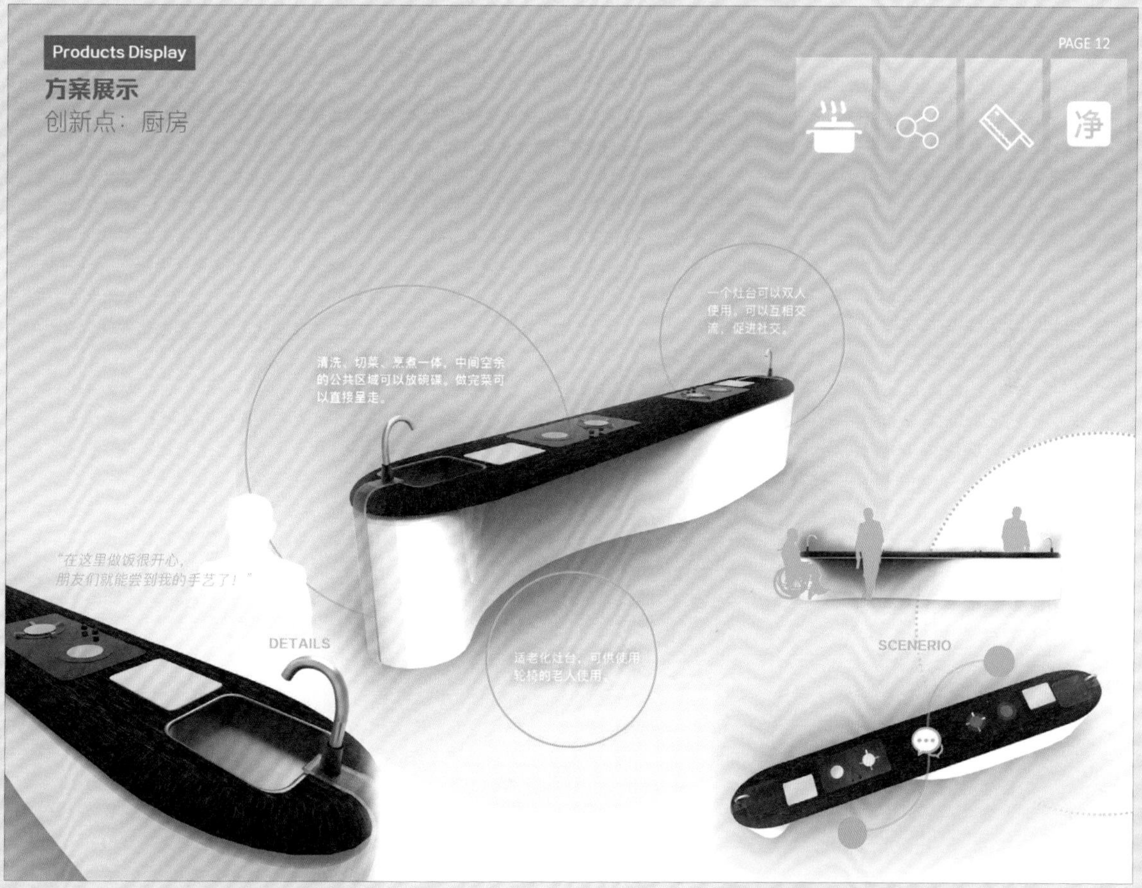

CO-OK 品牌介绍

Products Display

方案展示

创新点：厨房

PAGE 12

净

清洗、切菜、烹煮一体，中间空余的公共区域可以放碗碟，做完菜可以直接呈走。

一个灶台可以双人使用，可以互相交流，促进社交。

“在这里做饭很开心，朋友们就能尝到我的手艺了！”

DETAILS

适老化灶台，可供使用轮椅的老人使用。

SCENERIO

about CO-OK
Design Research
设计调研
关于"住"的定义与差异
访谈及结果分析
实地考察及结果分析
"住"的具体痛点
"住"的需求和需求层级
Design Foundation
设计基础
从设计目标得到的设计定义
确定设计对象
"买菜-烹饪-用餐"痛点分析
"买菜-烹饪-用餐"触点分析
设计原则
设计语言
"买菜-烹饪-用餐"内部外部系统图
Products Display
方案展示
平面布局图
创新点一：手推车
创新点二：货架
创新点三：厨房区域
Design Evaluation
设计评估
雷达图评价
商业模式画布
产品服务系统

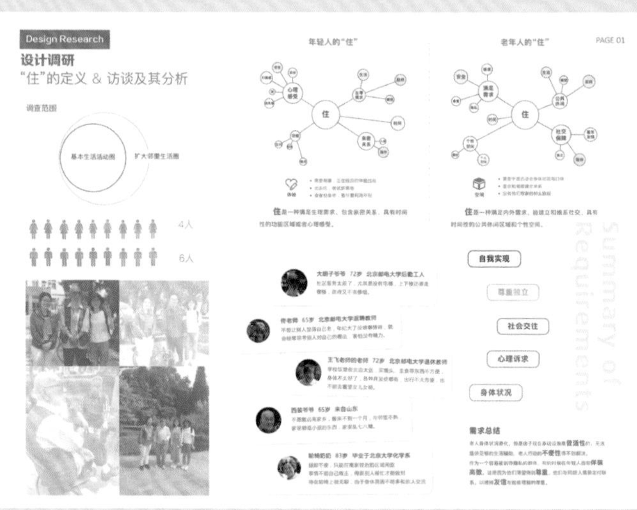

Design Research
设计调研
"住"的定义 & 访谈及其分析
PAGE 01
调查范围
基本生活活动圈
扩大邻里生活圈
4人
6人
年轻人的"住"
老年人的"住"
住
自我实现
尊重独立
社会交往
心理诉求
身体状况
需求总结
Summary of Requirements

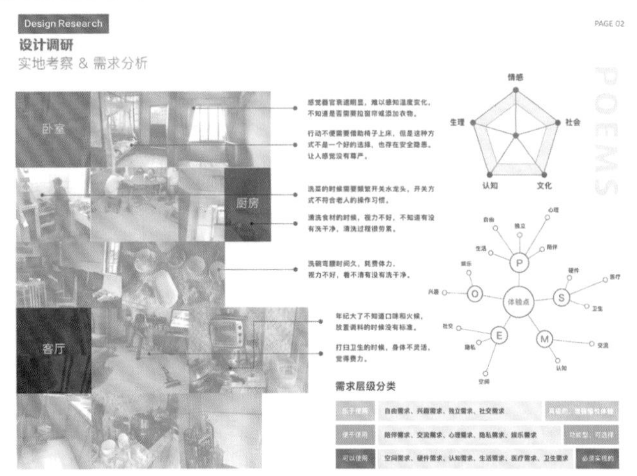

Design Research
设计调研
实地考察 & 需求分析
PAGE 02
卧室
厨房
客厅
感觉器官衰退明显，难以感知温度变化，不知道是否需要拉窗帘或添加衣物。
行动不便需要借助椅子上床，但是这种方式不是一个好的选择，也存在安全隐患，让人感觉没有尊严。
洗菜的时候需要频繁开关水龙头，开关方式不符合老人的操作习惯。
清洗食材的时候，视力不好，不知道有没有洗干净，清洗过程很劳累。
洗碗弯腰时间久，耗费体力，视力不好，看不清有没有洗干净。
年纪大了不知道口味和火候，放置调料的时候没有标准。
打扫卫生的时候，身体不灵活，觉得费力。
情感
社会
文化
认知
生理
POEMS
体验点
P
O
E
M
S
需求层级分类
自由需求、兴趣需求、独立需求、社交需求
陪伴需求、交流需求、心理需求、隐私需求、娱乐需求
可以使用
空间需求、硬件需求、认知需求、生活需求、医疗需求、卫生需求

Design Foundation
设计基础
从设计目标得到的设计定义
PAGE 03
设计目标
差异
老人不需要去体会新鲜与刺激，所以需要把自己的生活模式化，在有限时间内活得安全与稳妥。
痛点
身体不行了，机能各方面比不上年轻人，但是阅历很深，只能佯装高傲，去让别人看得起，从而得到尊重。
需求
根据马斯洛需求分析以及前期的调研可知，老人更注重的是最基础的生理需求，想回归到最质朴的生活状态。
满足内外需求
建立和维持社交
具有时间性
公共休闲区域
个人空间
基础设施
生理因素
情感因素
社交因素
生活方式
空间需求
硬件需求
认知需求
生活需求
医疗需求
卫生需求
自律
平等对待
便于使用
设计定义
致力于打造一个便于老人使用的产品或服务，帮助老人维持生活的规律性，同时能够让他得到尊重。
年轻时
年老时
根据马斯洛需求，
任何一种需要都不会因为更高层次需要的发展而消失。各层次的需要相互依赖和重叠，高层次的需要发展后，低层次的需要仍然存在，只是对行为影响的程度大大减小。
在老年人的生活中，生理需求占据着生活的主导地位。
饮食
睡眠
生理需求
保暖
锻炼

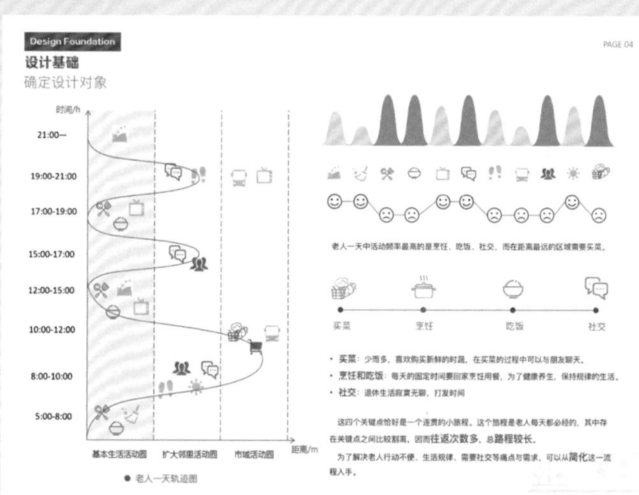

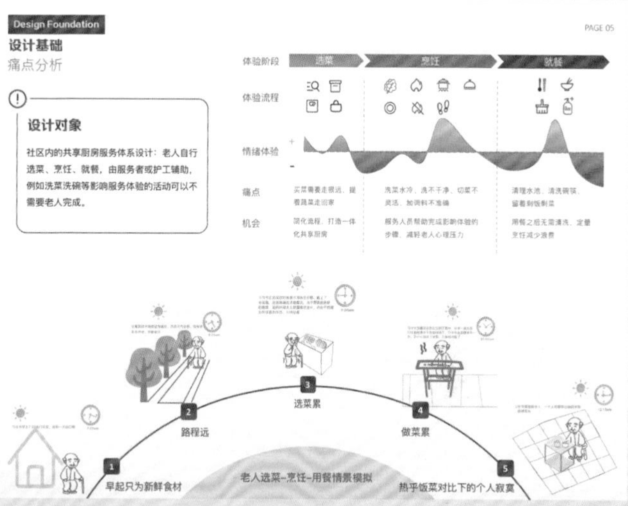

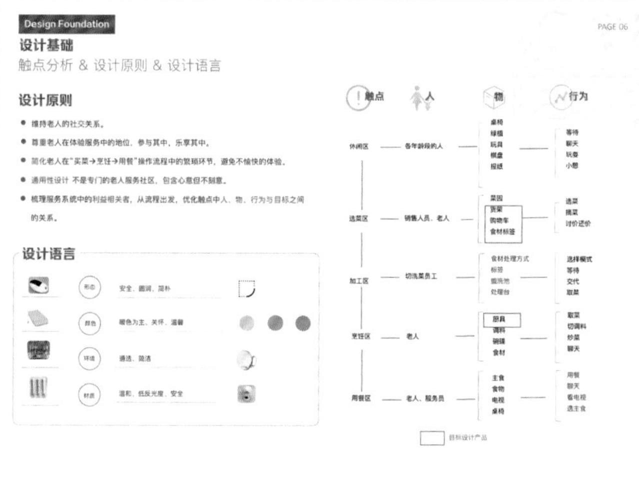

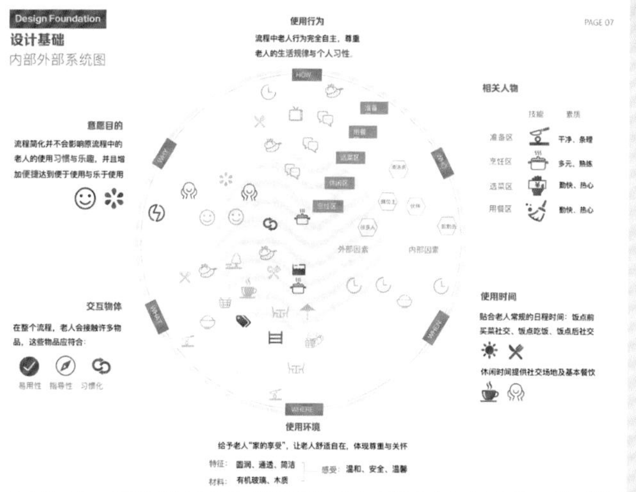

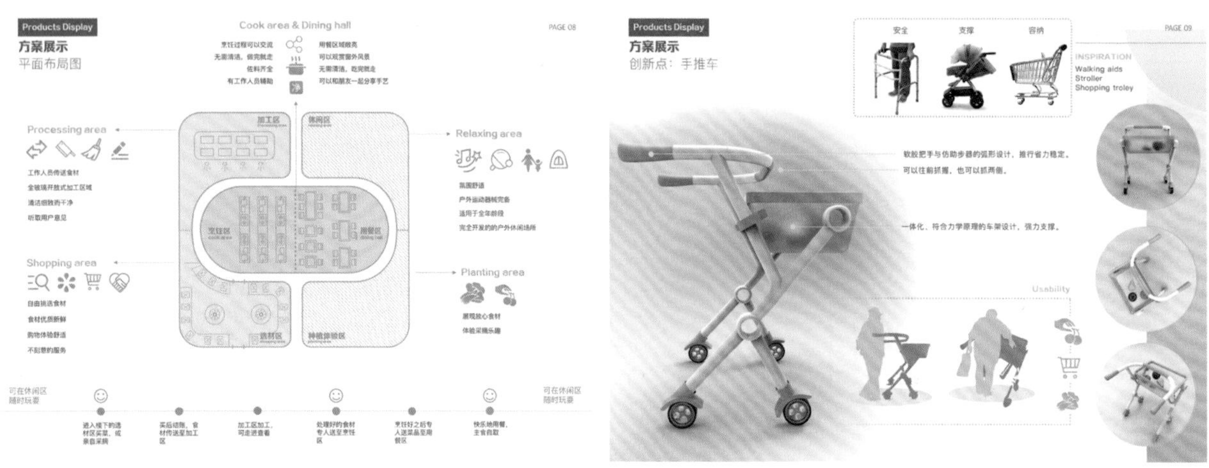

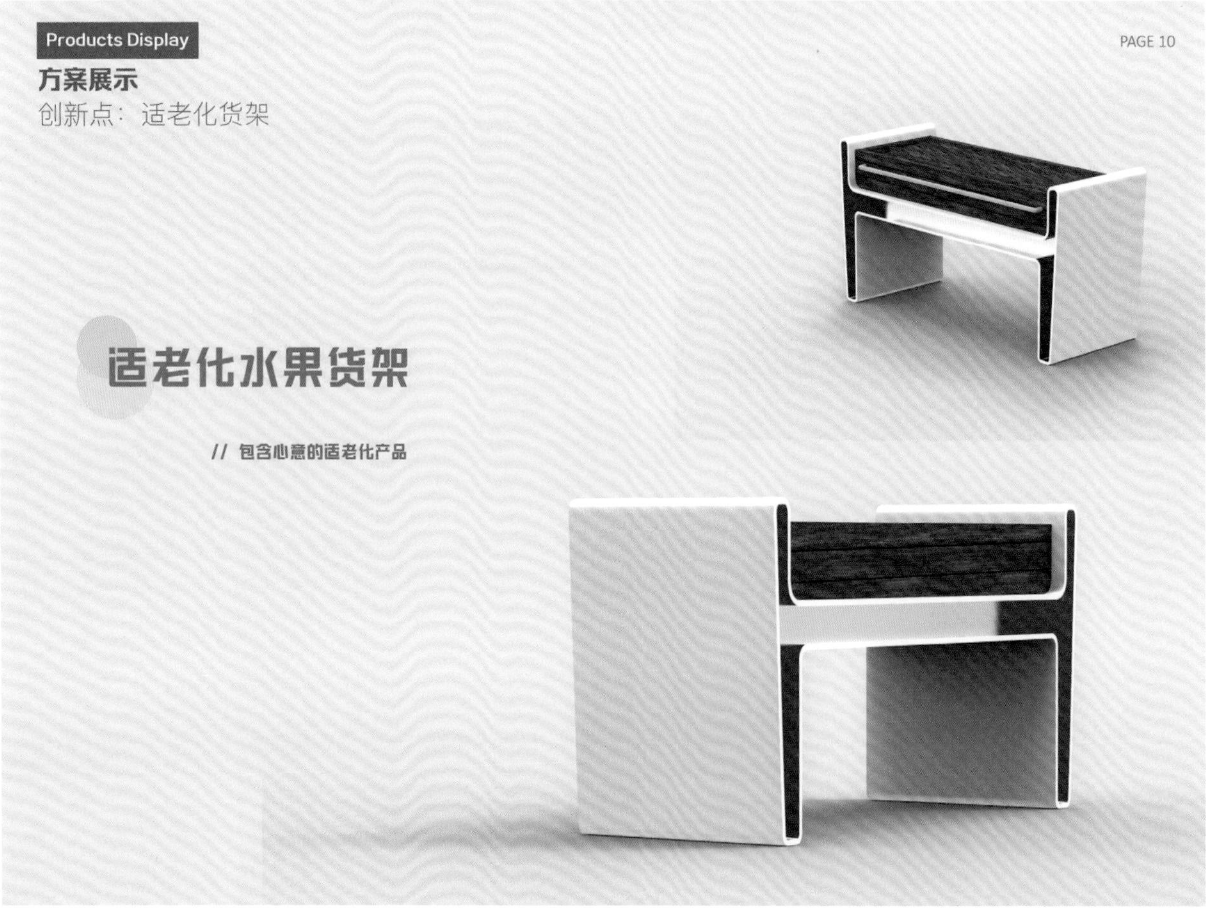

Products Display

PAGE 10

方案展示

创新点：适老化货架

适老化水果货架

// 包含心意的适老化产品

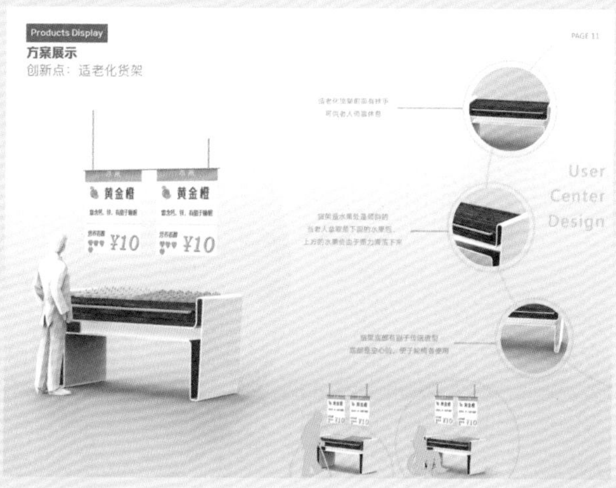
Products Display
方案展示
创新点：适老化货架
User
Center
Design

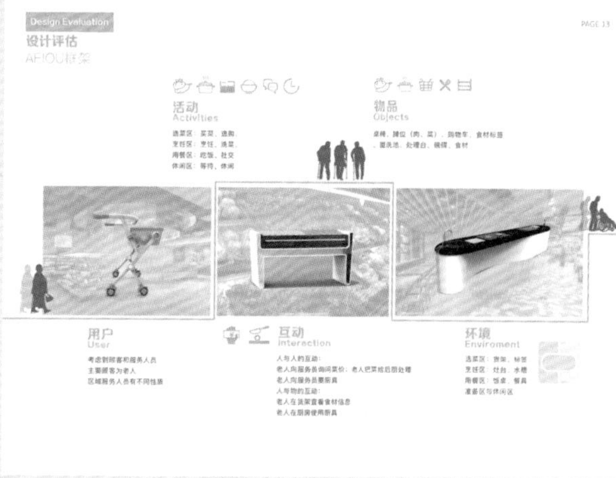
Design Evaluation
设计评估
活动
Activities
物品
Objects
用户
User
互动
Interaction
环境
Environment

Design Evaluation
设计评估
商业模式画布
合作伙伴
关键业务
价值服务
客户关系
客户群体
核心资源
渠道通道
成本结构
收入来源
Business Model Canvas

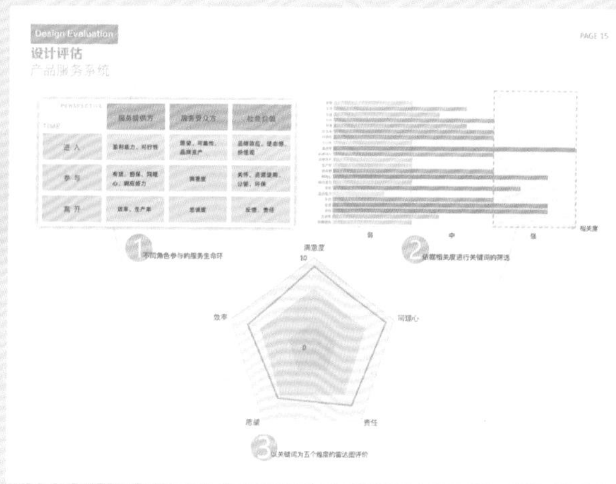
Design Evaluation
设计评估
产品服务系统

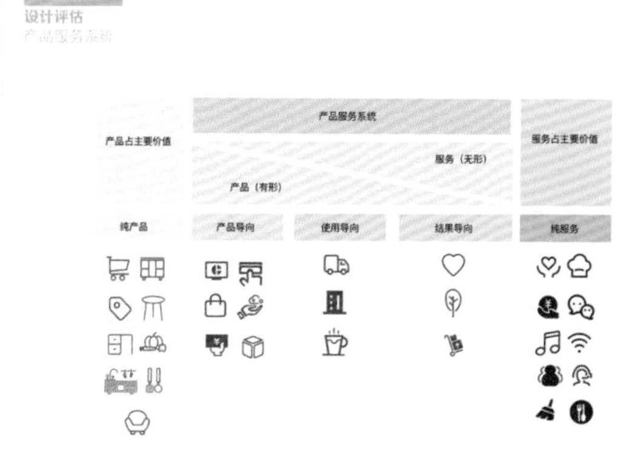
Design Evaluation
设计评估
产品服务系统
产品服务系统
产品占主要价值
服务占主要价值
服务（无形）
产品（有形）
纯产品
产品导向
使用导向
结果导向
纯服务

CO-OK
谢谢观看
2018 Industrial Design — Product System

E2 银幸农场 / Silver Happy Farm

基于物联网的智能种植农场

类别：服务设计、交互设计、游戏设计

年度：2019

地区：中国

作者：李芳宇、刘爽、孙智捷、刘音、唐楚、安然、李琳

标签：游戏化、种植农场、娱乐社交、中国

引自：2019年设计马拉松

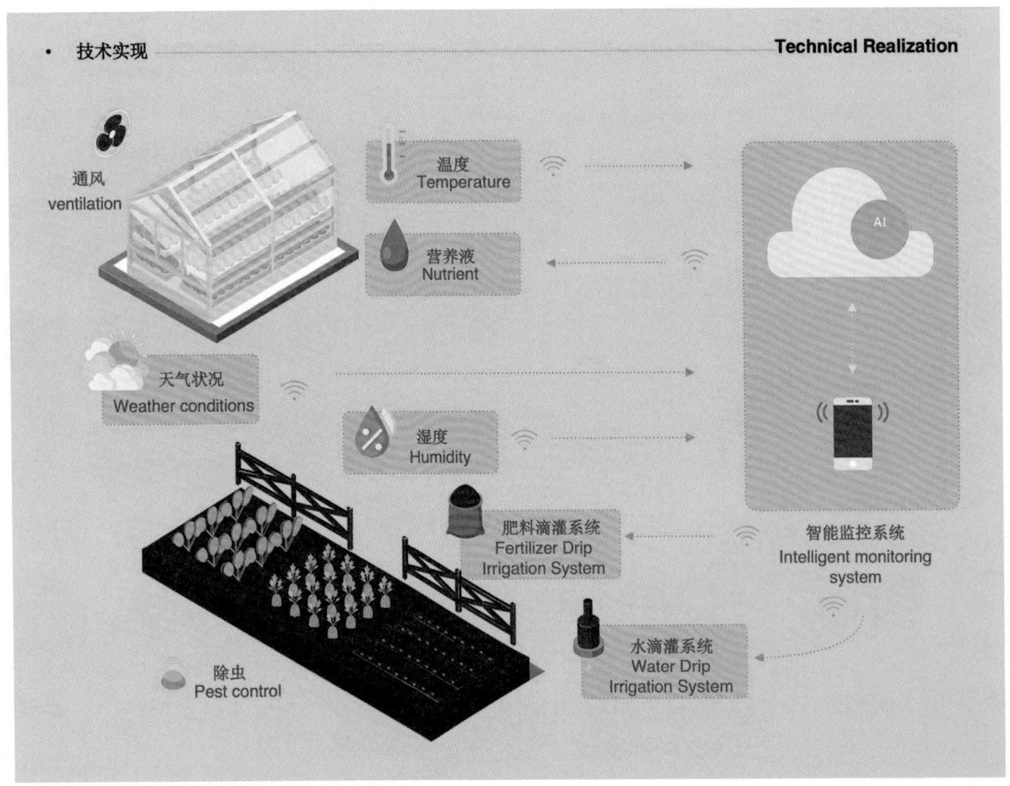

城市老年人的文娱活动单一，再加上他们对社区活动参与度不高，因此普遍存在生活需求未被满足的情况。通过用户研究，设计师们了解到城市老年人使用手机的情况及他们对手机游戏的接受度，结合日常生活中的种植机会点，创造出了一个线上和线下结合的种植农场游戏。这个农场游戏主打种菜+养生+散步，让久居农场的老年人获得互联网带来的乐趣和便利。与此同时，也鼓励老年人多走出家门来满足其社交情感需求。

专家点评：

游戏主题（种植农场）是老年人较为熟悉的，容易提高老年人的参与兴趣。“线上+线下”的模式一方面通过游戏让老年人更好地度过空闲时光，另一方面有助于增加体力活动，促进身心健康，减小孤独感和抑郁症的概率，提高老年人的生活质量和满意度。简明的Q版图标也易于老年人接受。

——西南交通大学　杨林川

- **信息架构** ······ **Information Architecture**

银幸农场 Silver Happy Farm

趣味互动
Playing
游戏化种植体验
Gamification planting experience

游戏化学习
Soup Recipe
Learning
养生食谱
Health recipe

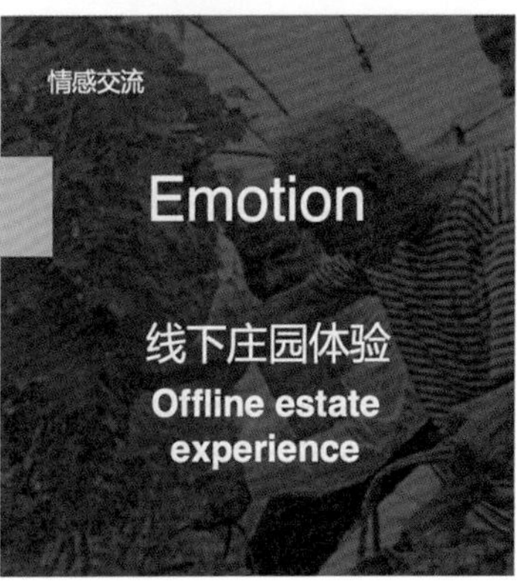

情感交流
Emotion
线下庄园体验
Offline estate experience

9:41
28℃
土壤湿度
30%
录制
我的作物
任务
打理菜园
菜园
社区
个人信息
考考你

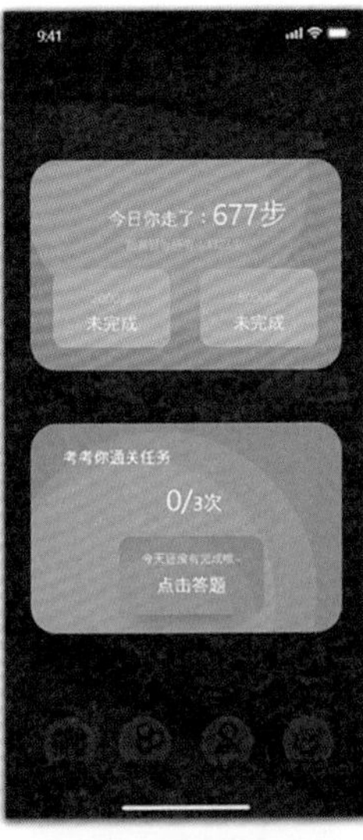

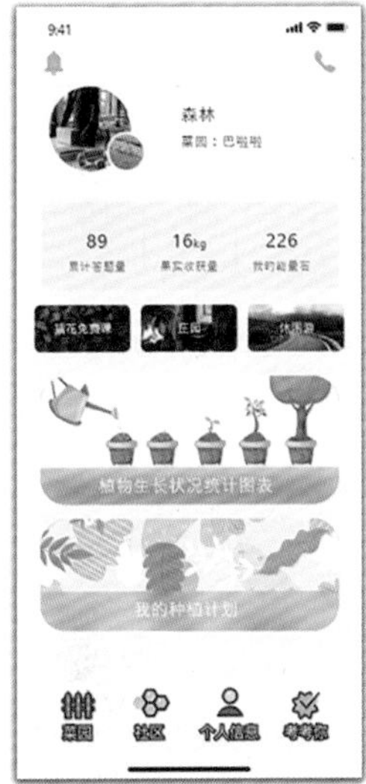

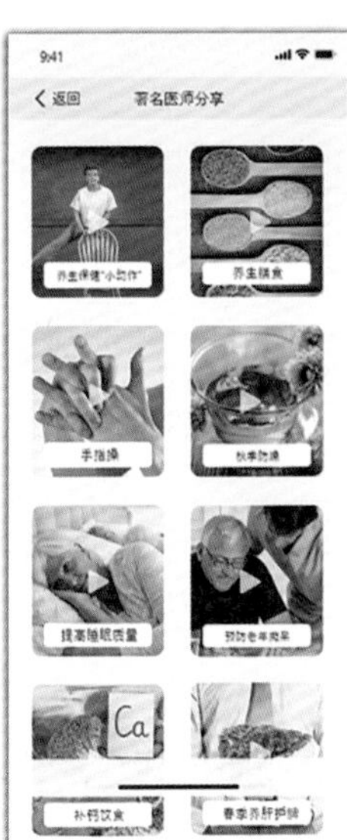

• 测试迭代 Test and Iteration

共测试4人 Tested 4 people in total

测试对象 / Testing Object

姓名：屈阿姨 Name: Aunt Qu

年龄：63岁 Age: 63 years old

惊喜 Surprise

小蜜蜂精灵助手
Little bee elf assistant

界面色彩鲜亮
Bright color of the interface

获得养生知识
acquire Health knowledge

线下活动拓展生活圈
Offline activities to expand their life circle

困惑 Confusion

收费项接受度不高
Low acceptance of charging items

社区层级多
More community levels

答题时不知还剩多少题
They don't know how many questions remain

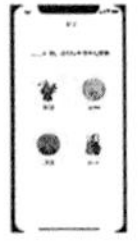

不知如何中途退出
They don't know how to quit answering

改进1 Adjustment1

3个月免费体验活动
3 months free experience

改进2 Adjustment2

减少社区视频浏览层级，社区首页分类点击直接进入视频流
Reduce the layer of community video browsing, click community home page classification directly into the video stream

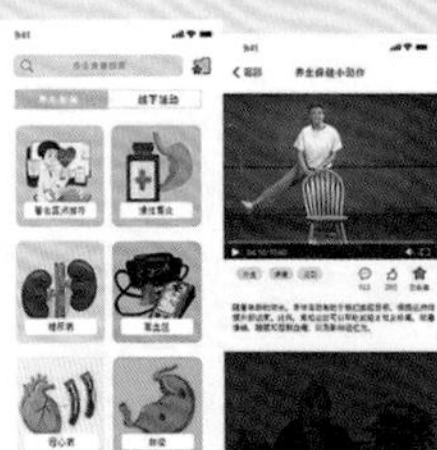

改进3 Adjustment3

答题页面加入退出按钮和视听反馈
Add exit button and audio-visual counter-reaction to answer questions.

• 服务蓝图 Service Blueprint

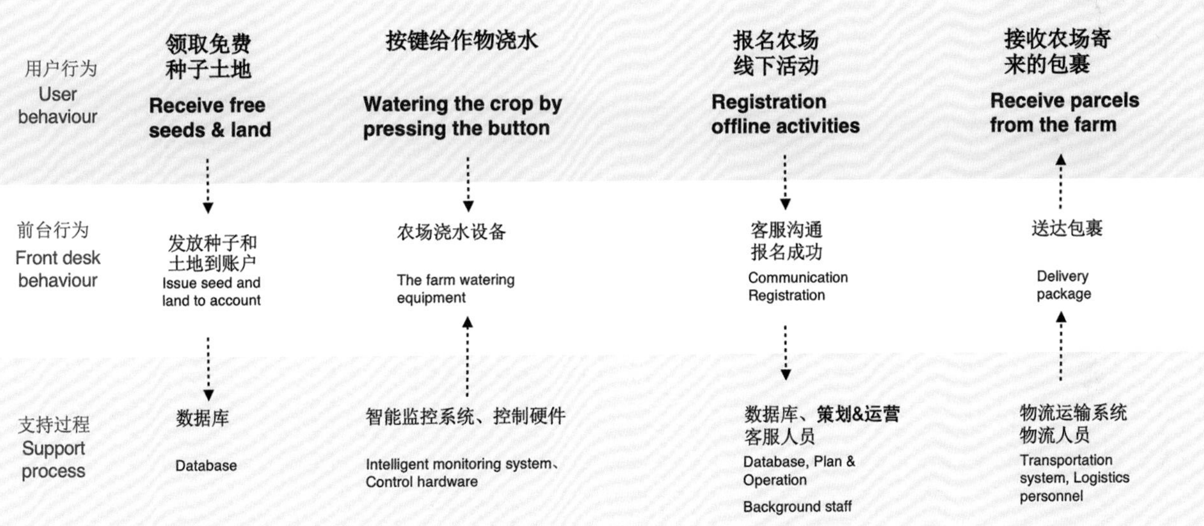
用户行为
User behaviour
领取免费种子土地
Receive free seeds & land
按键给作物浇水
Watering the crop by pressing the button
报名农场线下活动
Registration offline activities
接收农场寄来的包裹
Receive parcels from the farm
前台行为
Front desk behaviour
发放种子和土地到账户
Issue seed and land to account
农场浇水设备
The farm watering equipment
客服沟通报名成功
Communication Registration
送达包裹
Delivery package
支持过程
Support process
数据库
Database
智能监控系统、控制硬件
Intelligent monitoring system、Control hardware
数据库、策划&运营客服人员
Database, Plan & Operation
Background staff
物流运输系统物流人员
Transportation system, Logistics personnel

E3 不插电的Facetime / Facetime Unplugged 代际沟通的社交性与互动性空间

类别：室内设计、服务设计

年度：2019

地区：中国

作者：Stenffen Kaz、Abbey Telfer、Felicia Chang、Jee Da Hye、莎妮、赵恺如

标签：健康生活、心灵放松、社交联系、互动空间、中国

引自：2019年设计马拉松

这是一个联系代际的社区互动空间。在现代城市的空间中，建筑体量间的私人互动空间往往由开发商自行规划，造成了彼此衔接上的困难。而由政府提供的公共互动空间普遍数量不足，基于上述原因也形成了城市代际的疏离感。针对生活在中国城市的老年人和年轻人，该团队设计了一个对两代人都有益的互动性空间。

通过用户研究，我们了解若想产生平等的群体关系，就要让老年人和年轻人拥有共同的目标与成就感，这样的合作强关系就可以建立并且创造出更多互动的意愿和价值。此空间通过种植蔬菜活动、烹饪与烘焙课程、健体和瑜伽课程、认知刺激训练活动等促进健康的生活方式，为社区提供两代人互动的机会，形成一个可以让彼此相互学习的空间。

专家点评：

如何打破老年人社交圈主要局限于同辈群体和社会代际关系不融洽等问题对老年人生活质量的影响是一个重要的理论和现实命题，而本设计则提供了一个较好的探索路径。如果我们将老年人视为普通的社会个体，而非需要特殊照顾的对象，让老年人和青年人乃至儿童在特定设计环境中平等合作完成一项共同面临的任务，则可能会更有利于构建轻松愉快的环境，促进参与者实现自身价值。这是一个非常好的创意，希望能尽快应用于实践。

——成都市社会科学院　明亮

Unique design 设计亮点

02 运动空间 Exercising

Unique design 设计亮点

03 烹饪空间 Cooking Space

Unique design 设计亮点

01 种植 Gardening

Roof Garden 屋顶花园

Design ideas 设计思路

根据老人与年轻人的共同需求，我们的屋顶空间是花园的组合，与可用于社会活动的生活空间交织在一起。

健康生活

通过烹饪种植的蔬菜、瑜伽、精神刺激和活动，促进健康的生活方式。

环保

绿化和植物具有环境效益，有助于改善空气质量。

社交联系

为邻居和社区提供与青年和老年人互动的机会。老年人可以教年轻人的空间。

E4 自治空间 / Autonomous Space
自治式养老院的个性化居住空间

类别： 室内设计、建筑设计、服务设计

年度： 2009

地区： 西班牙

作者： BmesR29建筑事务所

标签： 养老建筑、个性化居住、改良式养老院、西班牙

所谓的自治空间，就是在传统养老院中辟出一部分区块，打造相对个性化、具有弹性且独立的公共区域。在这个空间使用的家具不再是冷冰冰的统一标配，而是像自家客厅一样舒适而温馨。除了睡觉之外，老年人的一切活动都可以在这个公共区域进行，这里有护工和护士值班，老年们可自由安排自己的活动。

自治空间是欧洲养老院较受到老年人欢迎的空间，即使是那些受到身体条件限制、必须接受照护的老年人，也愿意选择在院内的自治空间里度过白天的时光。因为这个空间就好像为他们提供了一个半私密的庇护所，即使这些老年人无法亲身参与群体社交活动，但是他们却可以置身于热闹而忙碌的同伴当中，观察与注视着这些生活在养老院的伙伴们，就仿佛他们也能获得社交的满足感。

专家点评：

对养老机构内的老年人而言，安全的环境和自由的空间，有效的照护和生活的尊严往往处于不同程度的博弈之间。而这一设计模式可以有效调和这一系列矛盾，同时通过创造这一充满活力和生活氛围的环境，激发老年人的社交活力和对自身的积极认知。当然，中西方老年人和子女对养老院的功能认知，以及什么是对老年人更积极的照护方式存在一定的差异。这种模式对中国未来的老年人群体而言，相信会有很大的吸引力和市场。

——上海国展展览中心有限公司　马智雯

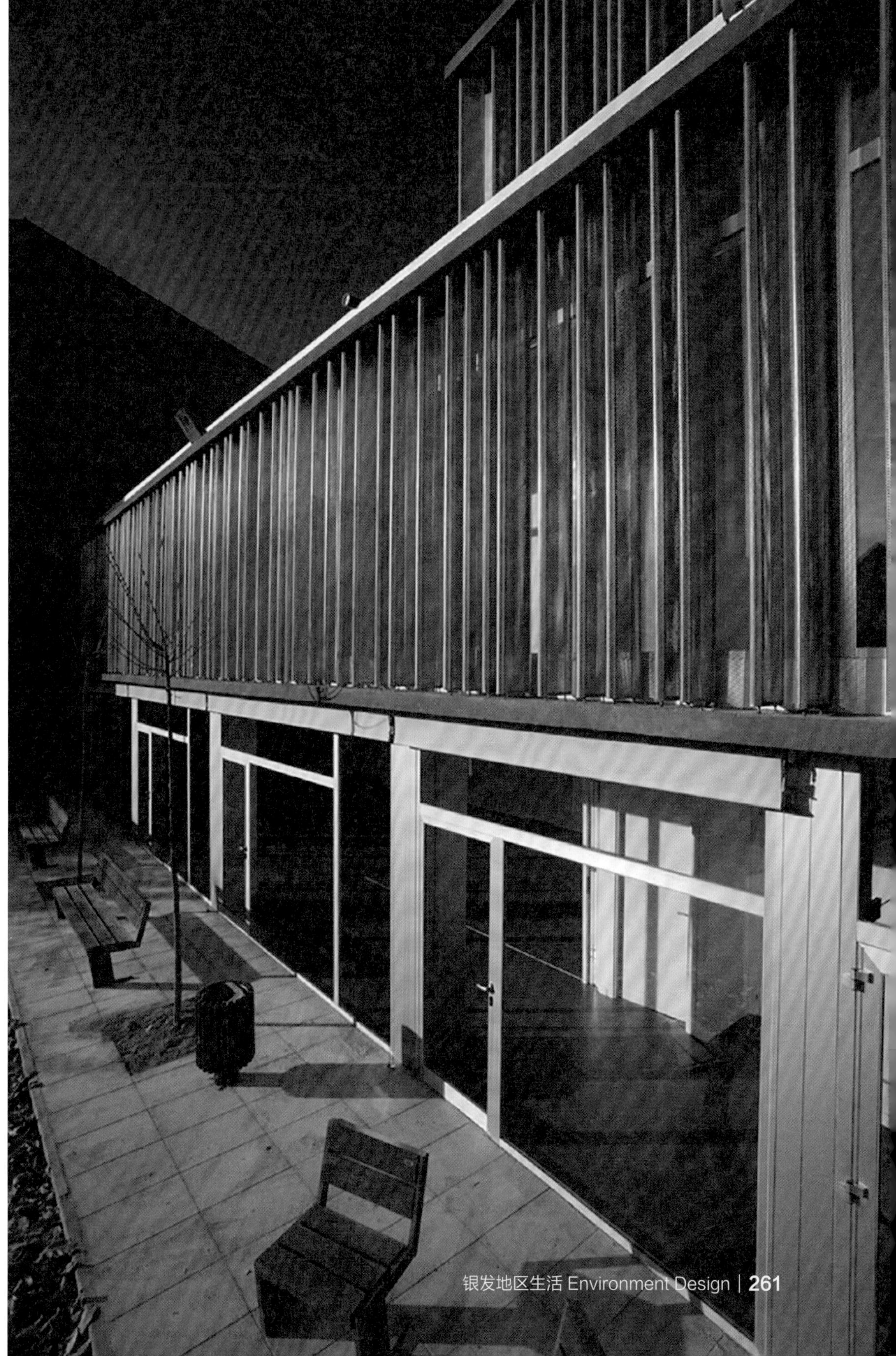

E5　霍格威克失忆症镇 / Hogeweyk Amnesia Town
针对阿尔茨海默病患者设计的照护小镇

类别：服务设计、无障碍设计

年度：2009

地区：荷兰

作者：霍格威克（Hogeweyk）

标签：失智症、照护小镇、健康老龄化、养老院、荷兰

这是为老龄失智症患者打造的一个特殊功能小镇。作为全球第一的失智症照护小镇，位于荷兰阿姆斯特丹附近的霍格威克于2009年开幕，整座小镇的建筑分别仿造20世纪50年代、70年代及21世纪初等的设计风格修建。在这个小镇上，除了失智症居民外，霍格威克的商店店员、餐厅服务生等都是受过专业训练的医疗人员，能随时在居民跌倒或走失时给予适当帮助。为了避免让失智者居民与世隔绝，小镇也开放非居民民众参观拜访，并允许失智症患者带着宠物入住。

在失智症病发的过程中，童年和青年时期的记忆是最长久的。为了尽量减少病人对于新环境的抵触和焦虑，让病人在记忆中的场景里生活，从而降低他们的焦躁感，延缓病情。工作人员会根据老年人的生活习惯，将风格相似的老年人安排住在一起。罹患失智症的老年人也许在记忆上虽有所欠缺，但这并不妨碍他们对日常生活和周围环境的感知。他们也常会到处闲逛，霍格威克村对于他们来说就是一个心灵上的堡垒，在大门和围墙的防护下，老年人可以在小镇里自由行走，如同正常人一样开心快乐且有尊严地生活。

专家点评：

对患有阿尔茨海默病的老年人而言，如何让他们在熟悉的记忆里舒适感受生活的同时，保持他们与现实生活中的交互感和活力感是需要解决的重要问题之一。通过设计一个相对独立的小镇，把旧时停驻的时光和当下流动的现实完美结合在一起，让他们尽情感受过去，感知现实，将人的尊严和人性的光芒发挥到极致，在某种程度上，这其实是相当奢侈的事情。

——上海国展展览中心有限公司　马智雯

HOGEWEYK SUPER
OLA
Share Happy
OLA

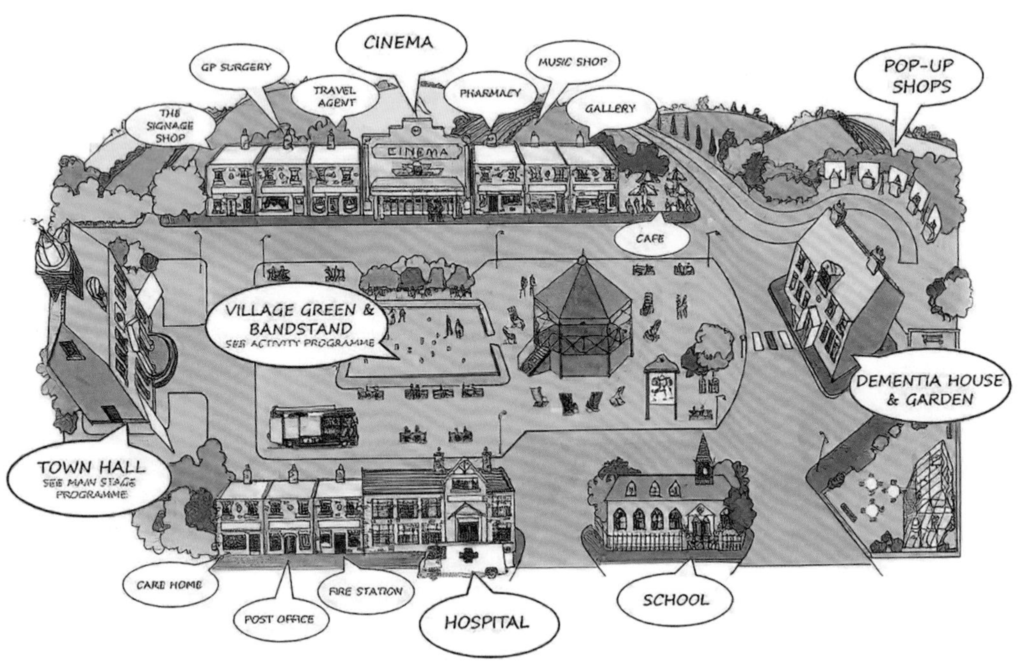
CINEMA
GP SURGERY
TRAVEL AGENT
MUSIC SHOP
PHARMACY
POP-UP SHOPS
THE SIGNAGE SHOP
GALLERY
CINEMA
CAFE
VILLAGE GREEN & BANDSTAND
SEE ACTIVITY PROGRAMME
DEMENTIA HOUSE & GARDEN
TOWN HALL
SEE MAIN STAGE PROGRAMME
CARE HOME
FIRE STATION
POST OFFICE
HOSPITAL
SCHOOL

Paul Tolenaar/Hogeweyk

E6　森林精灵小屋 / Forest Hut

专为老年人设计的森林小屋

类别： 建筑设计、服务设计

年度： 2015

地区： 日本东京

作者： 须磨一清、藤冈幸子

标签： 森林住宅、退休住宅、女性老年人、日本

这套小型建筑综合体是为两位60岁女性老年人设计的复合式退休住宅，由日本建筑师须磨一清操刀完成。整个空间是由五个相连的锥形尖顶小屋组成，设计师在屋子外墙贴上了细长条的木板，以打造成森林小木屋的感觉。

这五座小屋彼此相连，每个屋子具备不同功能，除了常规的起居室和卧室之外，也规划了服务周边老年人的社交公共场所。这些场所有提供餐饮服务的小餐厅，以及一间客房，房内配置适合轮椅者使用者所需的专用浴缸，以方便需要护理的老年人或残疾人士安心地在此生活。东面的建筑体是五座小屋中最为特别的，这栋建筑空间里面有一个螺旋状的游泳池。这样的设计是为了帮助坐轮椅的房客方便下水，也起到了很好的视觉点缀作用。

专家点评：

森林小屋是复合式退休住宅。它让多名老年人互相陪伴、共同居住和安度晚年，促进彼此之间的交往，从而减少孤独感和抑郁症的概率。建筑的造型（锥形外观）和材质（木质）也与周边环境（山峰和森林）相契合。此外，游泳池的设计也充分考虑了特殊老年人（坐轮椅的老年人）的需求。

——西南交通大学　杨林川

资　源
Resources

专业网站 / Professional Website

长期护理福利与未来项目 / 介護福祉のこれからプロジェクト

该项目由日本studio-L公司于2018年建立，旨在探讨护理/福利行业的现状以及未来所需，并着重对老年人护理工作中的痛点进行研究。项目内容包括一所设计学校和一个展览活动，参与者是那些长期工作在护理/福利行业的工作人员，以及对护理/福利行业感兴趣的人们，并最终产出了67个设计成果。

OATS 老年人技术服务 / OATS Older Adults Technology Services

汤姆·坎伯（Tom Kamber）和一群志愿者于2004年发起了老年人技术服务（OATS），其使命是帮助老年人学习和使用技术，使他们在数字时代更好地生活。这个项目通过向老年人提供免费课程，通过线上和线下的方式学习，帮助老年人利用技术改变他们的生活和社区，使他们可以更好地融入数字化生活。

AARP 美国退休人员协会 / America Association of Retired Persons

美国退休人员协会（AARP）致力于向50岁以上的人们赋权，使其能够随着年龄的增长而选择自己的生活方式。它倡导并维护老年人健康保障、财务稳定和个人成就感等，协助老年人拥有独立和尊严的权益，提高其生活品质，鼓励老年人不仅仅是被服务对象，而应拥有更高的社会参与度。

虚拟老年中心 / Virtual Senior Center

虚拟老年中心（VSC），是指通过实时互动在线课程，让老年人进行学习并与其他老年人相互交谈，每周提供数十种技能、娱乐和文化课程。中心的主题范围包括计算机技能、柔和运动和改善幸福感等，使老年人可以加入一个充满活力的在线社区，减少他们在社会上的孤独感。

赛马会龄活城市计划 / Jockey Club Age-Friendly City

赛马会龄活城市计划是为回应人口老龄化带来的各种机遇和挑战而举办的活动，主要探讨关于老年人生活的八大范畴，包括：社会参与、房屋、交通、尊重与社会包容、公民参与、就业、信息交流、社区与健康服务等。此活动的目的是让我国香港地区成为一个适合不同年龄人士生活的“龄活城市”。

活动网站 / Event Website

日本“Ooi”老龄展 / Japan "Ooi" Aging Exhibition

该老龄展由日本“长期护理福利与未来”项目组举办，其对当今护理/福利行业的现状进行研究，并探讨未来所需。该展览共有约500名该行业的专业人士参加，共诞生了67个设计成果。

中国国际老龄产业博览会 / Silver Industry China

该博览会是国内规模较大的银发产业博览会，旨在呈现全球养老市场中的最新趋势研究和设计成果，集中展示养老机构及适老龄化改造所需的各项配套设施，为助力银发产业发展提供一个广阔的展示和交流平台。

上海国际养老辅具及康复医疗博览会 / Shanghai AID

上海国际养老辅具及康复医疗博览会（AID），主要探讨以养老和康复行业发展趋势为中心的适老龄化产品。其活动主要围绕养老服务、康复医疗、辅助器具、生活护理、宜居建筑和健康管理，以老年人作为服务对象，让产品更好地贴近老年人的生活需求。

中国台湾辅具暨长期照护大展 / Taiwan Assistive Technology for Life，ATLife

“辅具”是用于提升个人生活品质的产品，台湾辅具暨长期照护大展（ATLife）是台湾地区规模最大的辅具暨长照专门展，其集结了包括使用者、从业者、专业人员、政府代表等多元辅具产业成员，以“人的生活”为主轴，打造中国台湾辅具专门展。

亚洲乐龄智慧生活展 / Elder Care Asia

我国台湾地区已进入高龄化社会，2020年45岁以上的占人口结构的大多数。亚洲乐龄智慧生活展致力将展会方向重新定义为“乐龄族群”而不是“银发族”。亚洲乐龄智慧生活展从2015年开始至今，希望能借由展会平台的效益，让所有乐龄族群得到更多、最新的乐龄生活资讯及技术。

北京国际养老产业博览会 / China International Senior Care & Rehabilitation Expo

北京国际养老产业博览会将围绕国家老龄事业和养老体系政策全局导向，聚焦中国养老产业发展趋势，依托中国老龄产业市场需求，汇集国内、国外养老产业领域领先企业，旨在为中国养老机构、从业人员及广大老龄人群，带来国内外最新的产品、技术和服务，共同促进中国养老事业快速发展，探索中国老龄事业新蓝海。

趋势报告 / Trend Report

2019年世界人口老龄化报告 / World Population Ageing Report 2019

该报告由联合国经济和社会事务部（UN DESA）发布，深入细致地研究了当今世界人口老龄化的情况，并对世界人口老龄化发展趋势做出了合理预测。

2019年老年人科技趋势报告 / Tech Trends for the Elderly 2019 Report

该报告由美国退休人员协会（AARP）发布，从老年人使用科技产品趋势出发，指出在科技时代，老年人并没有落后，他们正在逐步学习智能手机、电脑和平板电脑等主导技术。可以看出，不止年轻一代对科技感兴趣，一半的老年人对学习新技术同样也感兴趣。

2019年中老年线上消费趋势报告 / Report on Online Consumption Trend of Middle Aged and Elderly People in 2019

这份报告是京东平台利用老年人消费产生的大数据进行的调研。报告显示，随着互联网在中高龄人群渗透率的不断提升，老年人消费观念不断改变，线上的消费支出呈现明显增长态势。在互联网向中高龄人群持续渗透的大背景下，线上老年消费市场将面临重大发展机遇。

老年网络消费发展报告 / Report on the Development of Elderly Online Consumption

此报告是中国国际电子商务中心内贸信息中心与京东战略研究院联合发布的，指出老年人网络消费年轻化和时尚化趋势明显，老年消费具有明显的补偿性特征，消费观念逐渐向年轻人靠拢。同时，消费内容更加多元化，消费方式更为广泛。

中国老年旅游产业发展现状和趋势研究 / Research on the Development Status and Trend of China's Elderly Tourism Industry

此报告对我国老年旅游业的现状和发展趋势进行了分析。目前，我国老年旅游市场需求巨大，老年旅游消费已经是一个万亿市场，拥有很大的发展空间。但总体来看，我国老年旅游的主体规模不够，专业化水平总体不高，老年旅游品牌尚未形成，老年旅游市场竞争加剧，老年旅游业发展依然任重道远。

书籍 / Books

老龄社会研究报告（2019）/ Report on the Development of Aging Society（2019）

作者：易鹏，梁春晓

出版：社会科学文献出版社

年份：2019

语言：中文

本书站在人类发展和社会转型的高度，将老龄化与全球化、城市化、信息化、智能化等趋势联系起来，综合运用定性、定量、专家座谈和大数据分析等研究方法，对老龄社会进行了前瞻性、整体性、全方位、大视野的研究。

银色经济——老龄化社会的中国 / Silver Economy—China in an Aging Society

作者：迟福林

出版：中国工人出版社

年份：2019

语言：中文

本书收录了国内外多位常年致力于研究老龄化问题的社会知名学者和企业家，以及挪威城市区域研究所的研究成果，是一本聚焦老龄化社会问题的集大成者。

低欲望社会：人口老龄化的经济危机与破解之道 / Low Desire Society：The Solution to the Economic Crisis of Population Aging

作者：大前研一

出版：日本PHP研究所

年份：2017

语言：日语

本书由日本著名管理学家、经济评论家，麻省理工学院博士大前研一先生所著，深刻分析了日本经济持续低迷25年的原因，并从政府、个人两个方面提出详尽的意见。这些建设性的意见对我国也有一定的借鉴意义。

老年城市规划：适老龄化城市规划设计研究与实践 / Planning for Greying Cities：Age-Friendly City Planning and Design Research and Practice

作者：Tzu-Yuan Stessa Chao

出版：劳特利奇出版社（Routledge）

年份：2017

语言：英语

本书从土地使用规划、城市设计、交通规划、住房、抗灾能力以及治理和赋权等角度全面审查了城市，以及社区和农村地区的老龄化境况、面临的挑战，为其提供了国际案例研究和适老龄化设计方面的研究成果。

老年人设计：原则和创造性的人为因素方法，第三版（人为因素和老龄化）/ Designing for Older Adults：Principles and Creative Human Factors Approaches，Third Edition（Human Factors and Aging）

作者：萨拉·J. 扎贾，沃尔特·R. 布特，
尼尔·查尔斯，温迪·罗杰斯

出版：CRC出版社

年份：2019

语言：英语

本书包括有关老年人口特征的最新概述，以及与设计有关的衰老过程的科学知识基础。第三版新的章节包括现有技术和新兴技术，工作与志愿服务，社会参与和休闲活动，还包括有关以用户为中心的设计的基本信息以及与老年人进行研究的具体建议。

为老龄化人群设计用户界面：面向通用设计 / Designing User Interfaces for an Aging Population：Towards Universal Design

作者：杰夫·约翰逊，凯特·芬恩

出版：摩根·考夫曼

年份：2017

语言：英语

本书提出了对年龄友好的设计指南。这些指南已确立可行且可在各种现代技术平台上使用。希望该书可以被老年人和其他人群轻松阅读与使用，其中成功的产品案例为工程师、设计师或学生提供实践指导。作者通过现实的角色探索了衰老的特征，这些角色证明了设计决策对55岁以上实际用户的影响。

设计老年人的培训和教学计划：人为因素和年龄 / Designing Training and Instructional Programs for Older Adults：Human Factors & Aging

作者：萨拉·J. 扎扎，约瑟夫·沙里特

出版：劳特利奇出版社（Routledge）

年份：2012

语言：英语

设计老年人的培训和教学计划是健康管理领域的新兴趋势。市场上大量新消费品的普及以及许多老年人接受新学习经验的愿望意味着，老年人和年轻人一样，需要不断从事新的学习和培训。因此，当务之急是了解老年人在面对新的学习和培训计划时所面临的挑战，并制定克服这些挑战的潜在策略。该书从适应老年人的能力和局限性出发，探讨老年人设计教学的意义和当前对教学设计方法的看法。

老龄化和数字技术：设计和评估老年人的新兴技术 / Aging and Digital Technology：Designing and Evaluating Emerging Technologies for Older Adults

作者：芭芭拉·巴博萨·内维斯，弗兰克·维特

出版：施普林格（Springer）

年份：2019

语言：英语

本书汇集了社会学家、计算机科学家、应用科学家和工程师，以探讨针对老年人的新兴技术的设计、实施和评估。其不仅对快速发展的当前数字技术和平台套件，而且对常年的理论、方法论和伦理学问题进行了创新而全面的概述，为寻求了解和促进老年人使用技术的研究人员、专业人员提供了支持。

数字世界的包容性设计：设计时要考虑到辅助功能 / Inclusive Design for a Digital World：Designing with Accessibility in Mind

作者：雷吉娜·吉尔伯特

出版：Apress

年份：2019

语言：英语

本书包含科技产品易用性的多个关键建议，以及作者基于用户体验设计提出的分步解决方案，提出了残障人士面临的大量数字产品与服务易用性的设计规范。这些规范涵盖了网站内容可访问性指南（WCAG 2.1），以及VR和AR等新兴技术的实践案例。

学术机构 / Academic Institution

英国皇家艺术学院设计时代研究所 / Royal College of Art，Design Age Institute

该研究所的主要目标是应对老龄化社会所面临挑战的包容性设计，专注于设计健康老龄化的理想产品和服务。其设计的主旨是使老年人在生活中可以保持一定的自主权和独立性。该研究所旨在利用设计主导的创新来降低英国卫生和社会护理的成本。

美国佛罗里达大学衰老研究所与老年医学研究系 / Institute on Aging Department of Aging & Geriatric Research，University of Florida

该单位致力于改善老年人的健康和生活质量，并通过相关课题的实践对其生活起到积极且持久的影响。单位成员来自不同学科的教师，他们专注于衰老研究，并积极推动跨学科的成果转化研究与长寿相关教育。在集中培训老年人以赋能相关健康知识的同时，也能帮助他们建立独立生活的条件。

荷兰马斯特里赫特大学老年与长期护理生活实验室 / Living Lab in Ageing and Long-Term Care，Maastricht University

该实验室是一个老年人护理学术合作中心，着重于改善老年人生活质量和长期护理质量。尤其是在长期护理中，该实验室本着以人为本的护理理念正在开发新的护理模式，重点关注老年人的生活质量，增加自主权并开展有意义的活动，使老年人尽可能长久地维持自己的生活方式。

瑞士西部应用科技大学高级生活实验室 / Senior Living Lab，University of Applied Sciences and Arts Western Switzerland

该实验室将跨学科的生活研究领域拓展到解决老年人的生活质量问题上。其任务是通过高级学校、公司、协会、基金会、个人之间的合作和交流，开发并提供具体和创新的解决方案，以提高老年人的生活质量。

台湾大学双连生活实验室 / Suan-Lien Living Lab

该实验室是由台湾大学师生团队为双连安养中心设计的学术研究生活实验室。该实验室是一个位于台北市双连安养中心的居家智能和生活技术创新与协同中心，于2009年成立，也是台湾地区第一个长期的老年人护理创新生活实验室的先驱。该实验室所覆盖的用户被视为未来老年人护理产品和服务的目标用户。双连区的居民参与生活实验室（Living Lab）项目，为创造未来老年人产品和服务做出了贡献。

美国爱荷华州立大学智能家具实验室 / Lowa State University Smart Home Lab

该实验室主要在普适计算上开发和应用辅助技术，为老龄用户带来更大的独立性和更高的生活质量。实验室中的一些重要领域包括：日常生活活动、药物管理、营养管理、家庭自动化、家庭安全等。其技术丰富性和以人为本的综合设计有助于老年人在社区独立地日常生活。

美国康奈尔大学健康老龄化实验室 / Cornell University Healthy Aging Lab

该实验室由科琳娜·洛肯霍夫（Corinna E. Loeckenhoff）博士领导，位于美国康奈尔大学人类发展系人类生态学院。其主要研究影响人类寿命与健康相关的行为、决定性的社会情感以及认知因素等。该实验室相信健康衰老与人们早期生活信念的指导有关，通过研究检查了时间跨度、压力性生活事件以及整个生命周期中的社会关系的作用，以全面了解日常决策及其终身健康的含义。

泰国塔亚武里皇家理工大学老年人视觉实验室 / Rajamangala University of Technology Thanyaburi Elderly Vision Laboratory

关于老年人的视觉研究是老龄化社会中容纳老年人的重要议题。该实验室的研究主题是研究老年人的视力，并有效地、创造性地应用色彩来支持老年人的日常生活。该实验室还专注于视觉环境、颜色编码、产品设计和用户界面的标准化，以改善视力障碍（如颜色缺陷）人群的视觉性能。

美国斯坦福长寿中心 / Stanford Center on Longevity

斯坦福长寿中心的任务是加速和实施科学发现、技术进步、行为习惯和社会规范，以使人健康长寿。为了履行这一任务，该中心开发了“新生活地图”的计划。该计划旨在开发和评估将老年人的力量引入家庭、工作场所和社区的基础设施。这主要包括改进尖端技术，以弥补听力、视力和平衡能力的缺陷。斯坦福长寿中心致力于了解和改善老年人如何做出有关医疗保健和财务事项的重要决定。

组织 / Organizations

国际老龄联合会 / The International Federation on Ageing，IFA

国际老龄联合会（IFA）是最早促成世界老龄化大会召开的组织之一，拥有联合国一般咨商地位，其发布的《老年人权利和责任宣言》被联合国大会通过为《联合国老年人原则》。由于世界人口老龄化面临的挑战和机遇众多而复杂，因此IFA在全球范围内为老年人发声，涉及视听、认知健康和维护老龄权利及尊严等众多领域。

国际老年病学和老年医学协会 / International Association of Gerontology and Geriatrics，IAGG

国际老年病学和老年医学协会（IAGG）是一个有关老龄化和老年人健康的组织。其主要任务是促进各国学者和科学家之间的学术交流以及观点交换，在全球范围内促进老年病学研究的发展，提高老年人的生活质量和健康水平。

国际阿尔茨海默病协会 / Alzheimer's Disease International，ADI

国际阿尔茨海默病协会（ADI）是由各国阿尔茨海默病协会组成的国际性组织，致力于提高人们对阿尔茨海默病的认识，鼓励进行科学研究，为阿尔茨海默病患者及其家人提供更多的信息，以提升其生活质量。协会举办的阿尔茨海默病协会国际会议让参与者能够了解到与阿尔茨海默病有关的预防、诊断、治疗、护理和管理等方面的最新研究进展。

日本高龄化综合研究中心 / The Japanese Study of Aging and Retirement

日本高龄化综合研究中心隶属于日本总务厅之下，是以研究人口问题为重点的综合研究中心。许多日本著名人口学家、社会学家担任了该中心的理事。该中心也收集包括有关老年人经济、社会和健康状况的各种数据信息。

美国国家老龄理事会 / National Council on Aging，NCOA

美国国家老龄理事会（NCOA）是美国第一个慈善组织，致力于改善数百万处于困境中的老年人的健康和经济安全，免费为老年人提供低收入补贴、医疗福利、资金管理咨询、低收入者再就业等服务。

美国建筑师学会纽约老龄化设计委员会 / The AIA New York Design for Aging Committee

美国建筑师学会（AIA）在建筑领域提供教育、政府宣传、社区重建和公共宣传等服务，促进建筑师专业发展。其纽约分部的老龄化设计委员会致力于探索城市环境中的老龄化人口需求，提倡老龄友好型住宅，其发布的《就地老龄化指南》为住宅的老龄化改造提供了广泛建议。

美国老龄化社会设计中心 / Center of Design for an Aging Society

美国老龄化社会设计中心由诺尔·瓦格纳（Noell-Waggoner）女士创立，旨在从景观、室内建筑设计方向改善老年人的生活，改造室内布局和照明，使老年人最大化发挥自身能力，提高自身独立性。该中心为阿尔茨海默病患者设计的波特兰记忆花园，通过园艺疗法刺激老年人感官能力，激发愉悦的记忆，使病人从多方面受益。

检索 / Index

汉字学习
工作手册
营养护理
梦想清单
居家养老
电动轮椅
助行器
听力损失
电动轮椅
助行器
隐蔽性
弹性纤维
听力障碍
耳聋
震颤
帕金森病
产品设计
血氧
可穿戴设备
吃药提醒
人体工程学

行人辅助技术
助行车
代步车
拐杖
移动器材
公共设施
公共家具
组合式沙发
无障碍交流
空间包覆
楼梯扶手
三轮车
实时监测
护理机器人
对话机器人
下肢运动障碍
轮椅
无障碍设计
智能手环
智能厨房
共享厨房

健康检测
健康监护
健康老化
健康生活
语音识别
云数据
伴侣机器人
报警器
家史整理
户外活动
失眠老年人
噪声助眠
老年机
无障碍设计
便利生活
视力障碍
行为障碍
触电风险
安全开关
光学夜灯
生理功能退化

居家安全
跌倒报警
髋关节摔伤
臀部气囊
意外跌伤
跌倒预判
智能鞋垫
智能地毯
智能互联
智能开关
智能音响
智能语音
智能平台
智慧医院
防摔鞋
升降辅助器
监护压力
即时定位
紧急呼叫
急救
淋浴机

移居老年人
三代同堂
不倒翁
老年人眼镜
MR
退休理财
投资
情景游戏
互联网电视
技能交换
数字化服务
数字化沟通
社会参与
社交软件
社交圈
社交服务
复杂服务空间
养老服务
新零售服务
社区服务
照料服务

餐具设计
餐饮服务
银发社交圈
娱乐社交
通用设计
可穿戴设备
身份识别
预约挂号
医疗照护
照护小镇
远程医疗监控
医疗系统
游戏化
种植农场
互动空间
养老院
导视系统
森林住宅
退休住宅

致　谢
Acknowledge

本书从2020年启动案例查找和调研，历经了多次内容的选择与案例的迭代，最终有了各位现在看到的样貌。我们收集到的案例多数来自以下渠道，包含：国内外重大设计赛事与奖项、设计入口网站的文章、大型国际展会的科技产品专题介绍、趋势报告与新闻报道、国内外高校的师生案例等。对于每个案例的分析主要分为三个模块：基本信息、案例功能分析和专家点评，帮助大家对案例进行更深层次的思考与观点碰撞。

附录中的延伸资源库中标注了主题为银发设计的国际专业网站、学术与科研机构、大型企业和检索关键词，以满足大家对银发设计案例多方位信息的了解。

在查找案例与分析案例以来，不少专家、老师与同学们贡献了自己的观点，给银发设计带来很多有价值的启示。在此特别表达诚挚的谢意，同时也对那些默默帮助我们但是没有出现在以下名单里面的个人抱持感谢！

编委会（拼音排序）：

Anne Farren　澳大利亚科廷大学时尚学专业主任

Park Jisun　韩国祥明大学创意融合设计中心专门教授

付志勇　清华大学美术学院信息艺术设计系长聘副教授

胡　鸿　北京工业大学艺术设计学院副教授

黄　石　中国传媒大学动画与数字艺术学院副教授

黄文宗　台湾中原大学商业设计系副教授兼设计学院全球化推动办公室主任

李芳宇　西南交通大学建筑与设计学院副教授

李信谦　台北医学大学医学院睡眠研究中心主任暨精神学科副教授

马智雯　上海国展展览中心有限公司项目总监

明　亮　成都市社科院社会学与法制研究所副所长

汪晓春　北京邮电大学数字媒体与设计艺术学院副教授

温国勳　澳门理工大学副教授，设计学硕士研究生带头人

吴旭静　中国质量认证中心现代服务业评测中心部长

熊红云　北京服装学院艺术设计学院副教授

易介中　中国城市发展研究会文化和旅游工作委员会执行会长

殷志刚　上海市老龄科学研究中心、上海养老产业研究中心首席专家

张雪永　西南交通大学文科建设处处长，国际老龄科学研究院院长

支锦亦　西南交通大学建筑与设计学院副院长

周铮瀛　上海国展展览中心有限公司副总经理

参与点评的专家（拼音排序）：

李芳宇　西南交通大学副教授

马智雯　上海国展展览中心有限公司项目总监

明　亮　成都市社会科学院副所长

汪晓春　北京邮电大学副教授

吴立行　南开大学副教授

吴旭静　中国质量认证中心现代服务业评测中心部长

熊红云　北京服装学院副教授

杨林川　西南交通大学建筑与设计学院研究员

杨一帆　西南交通大学国际老龄研究院副院长

殷志刚　上海市老龄科学研究中心主任

张雪永　西南交通大学教授

参与查找的同学（拼音排序）：

高昊天　北京服装学院

姜博文　北京服装学院

潘君豪　西南交通大学

王志国　北京服装学院

曾嘉懿　西南交通大学

郝　鑫　北京服装学院

姜靓雯　北京服装学院

邵琪雪　北京服装学院

温江亭　北京服装学院

胡一琳　北京服装学院

吕　静　北京服装学院

沈　鑫　北京服装学院

徐晓明　北京服装学院

封面设计：

陈奕冰　南开大学